"十二五"职业教育国家规划教材
经全国职业教育教材审定委员会审定

冷冲模具设计与项目实践

主　编　丁友生　邹吉权　柳玉起

副主编　杨秀文　苏　越　洪益辉

ZHEJIANG UNIVERSITY PRESS
浙江大学出版社

图书在版编目（CIP）数据

冷冲模具设计与项目实践/丁友生等主编. —杭州：
浙江大学出版社，2014.10
ISBN 978-7-308-13588-7

Ⅰ. ①冷… Ⅱ. ①丁… Ⅲ. ①冲模－设计－教材
Ⅳ. ①TG385.2

中国版本图书馆 CIP 数据核字（2014）第 167096 号

内容简介

针对冲压成形原理复杂、类型多样的特点，本书分六章按照"粗——细——统"螺旋上升的思路将冷冲压工艺设计、模具设计和模具制造工艺三个层次的内容有机地融合，力求内容实用、强弱分明、轻重得当、语言精细、案例典型、紧贴行业形势。全书共 6 章，第一章在总体介绍冲压及冲模概貌的基础上，适度地叙述了冲压成形理论，粗略而系统地介绍了冲压工艺及模具设计、模具制造的元素和过程；第二章侧重模具设计与制造，也是全书的重点，通过详尽的案例将冲裁模的设计要点和制造工艺展示给读者；第三、四章则强调弯曲和拉深的冲压工艺分析及模具设计；第五章以成形工艺为主，并强调与第四章的关联；第六章以综合案例的形式深化冲压工艺原理的综合应用和现代模具设计过程。鉴于冲压成形过程的复杂性和阅读对象的定位，本书摒弃了一些复杂的不适合初学者学习的工艺理论内容，如盒形件的拉深等，而将其应用直接在综合案例中体现。

针对教学的需要，本书不仅配套提供全新的立体教学资源库（立体词典）、教学软件和自动组卷系统，还配套提供冷冲模具结构认知及运动原理三维虚拟仿真动画，以先进的虚拟现实技术逼真地展示冷冲模具的三维结构、工作原理、设计知识等，使模具设计课程更生动形象。

本书是"十二五"职业教育国家规划教材，适合用作为高等职业院校冷冲模具设计与制造等课程的教材，还可作为各类技能培训的教材，也可供工厂模具工程技术人员的培训自学教材。

冷冲模具设计与项目实践

主　编　丁友生　邹吉权　柳玉起
副主编　杨秀文　苏　越　洪益辉

责任编辑　杜希武
封面设计　刘依群
出版发行　浙江大学出版社
　　　　　（杭州市天目山路 148 号　邮政编码 310007）
　　　　　（网址：http://www.zjupress.com）
排　　版　杭州好友排版工作室
印　　刷　杭州杭新印务有限公司
开　　本　787mm×1092mm　1/16
印　　张　21.5
字　　数　523 千
版 印 次　2014 年 10 月第 1 版　2014 年 10 月第 1 次印刷
书　　号　ISBN 978-7-308-13588-7
定　　价　48.00 元

前　言

冷冲压模具的设计与制造以塑性变形理论为基础,综合了塑性力学、材料力学、机械原理与设计、机械制造工艺等多学科的应用,是一门理论性和应用性都很强的课程。围绕着冷冲模设计,前向有冲压工艺,后向有制造工艺,在数字化技术应用高度发展的今天,冷冲模开发的三个层面已经高度集成、紧密融合在一起。而随着社会、经济的快速发展,冲压行业仍是方兴未艾,对各层次冲压技术人才的需求持续增长。因此,如何教、学好冷冲压模具设计与制造这门课程,成为众多人士呕心沥血苦苦探索的课题,而一本合适的教材是学习冷冲模技术的重要向导。

学习冲压成形及模具的核心在于对工艺原理的领悟和在工程实践中把握,初学者对本书的所有公式、表格都无需关注,而应注重理论结合实际,首先对冲压成形做到定性地理解,渐入佳境后再结合公式、表格对工艺规律进行分析、总结并掌握基础应用,最后才是系统把握和综合应用。在学习本课程之前,必须已修工程力学、机械原理、机械设计、机械制造工艺等课程,了解现代机械制造技术,并最好有一定的实践经验。同时,由于冷冲模技术已进入数字化设计与制造的新时代,CAD、CAM、CAE 的普遍应用对冲压模具制造精度和周期的影响巨大,特别是 CAE 技术的应用则对复杂的冲压成形理论实现了空前精准的量化,开辟了冲压工艺和模具设计的新纪元,同时,也为本课程的初学者提供了一个无尽的虚拟实验空间,弥补工程实践不足的缺陷,有效地帮助对复杂成形工艺的领会。因此,要学好冷冲模技术,作为重要的工具手段,CAD/CAE/CAM 软件也是不可不修的。

本书具有以下三个特点:(1)在结构编排上,融合了学科式教材与项目式教材的优点,兼顾了知识面的完整性、系统性和知识应用的综合性、灵活性,弥补了两种单一形式的教材在使用中的缺陷,非常有利于教师根据实际情况灵活组织教学和满足学生系统学习理论知识的要求。(2)配套提供冷冲模结构认知及运动原理三维虚拟仿真动画,以先进的虚拟现实技术逼真地展示冷冲模的三维结构、工作原理、设计知识等,使模具设计课程更生动形象。(3)与其他相关课程(模具制造、成型试模等)采用同一套教学案例,使各课程的教学内容能有效地衔接、融通,从而打破了课程壁垒,较好地解决了现有专业课程之间相互割裂、互不关联的问题,形成了全新的一体化教学系统。

此外,我们发现,无论是用于自学还是用于教学,现有教材所配套的教学资源库都远远无法满足用户的需求。主要表现在:1)一般仅在随书光盘中附以少量的视频演示、练习素材、PPT 文档等,内容少且资源结构不完整。2)难以灵活组合和修改,不能适应个性化的教学需求,灵活性和通用性较差。为此,我们提出了一种全新的教学资源。称为立体词典。所

谓"立体",是指资源结构的多样性和完整性,包括视频、电子教材、印刷教材、PPT、练习、试题库、教学辅助软件、自动组卷系统、教学计划等等。所谓"词典",是指资源组织方式。即把一个个知识点、软件功能、实例等作为独立的教学单元,就象词典中的单词。并围绕教学单元制作、组织和管理教学资源,可灵活组合出各种个性化的教学套餐,从而适应各种不同的教学需求。实践证明,立体词典可大幅度提升教学效率和效果,是广大教师和学生的得力助手。

本书是"十二五"职业教育国家规划教材,适合用作为高等职业院校的冲压模具设计与制造等课程的教材,还可作为各类技能培训的教材,也可供工厂模具工程技术人员的培训自学教材。

本书由丁友生(南京信息职业技术学院)、邹吉权(天津职业大学)、柳玉起(华中科技大学材料成形与模具技术国家重点实验室)、杨秀文(山西省高平市中等专业学校)、苏越(天津轻工职业技术学院)、洪益辉(温岭职业技术学校)等编写,由于编者水平有限,书中缺陷与错误在所难免,敬请广大读者及专业人士提出宝贵意见与建议,以便今后不断加以完善。请通过以下方式与我们交流:

● 网站:http://www.51cax.com
● E-mail:service@51cax.com,book@51cax.com
● 致电:0571—28811226,28852522

杭州浙大旭日科技开发有限公司为本书配套提供立体教学资源库、教学软件及相关协助,在此表示衷心的感谢。

最后,感谢浙江大学出版社为本书的出版所提供的机遇和帮助。

编　者

2014 年 10 月

目　　录

第一章 冷冲压模具基础

冷冲模即冷冲压模具,亦称冲压模具或冲模,是冲压生产必不可少的工艺装备。本章主要介绍冲压生产和冲模应用的基础知识,以及冲压与冲模技术的发展方向。

1.1 冷冲压模具的应用及发展方向

1.1.1 冷冲压生产及冷冲模的应用

1. 冲压的概念及特点

冲压是利用安装在冲压设备上的模具对材料施加压力,使其产生分离或塑性变形,从而获得所需零件(冲压件)的一种压力加工方法。由于通常是在常温下进行,故又称为冷冲压。冷冲压广泛应用于汽车、仪器仪表、电子电器、航空航天等工业领域以及日常生活用品的生产。

冷冲压与其他机械加工相比,具有以下特点:

(1)材料利用率高。冷冲压是一种少无切削加工方法,材料的一次利用率有时能达到100%,更突出的是,冲压加工几乎没有切削碎料产生,其废料一般均可再为利用,冲制其他零件,从而进一步提高材料利用率,降低材料成本。

(2)生产效率高。普通的冲压设备行程次数为每分钟几十次,高速冲压设备可达每分钟数百次甚至数千次,而每次冲压行程可加工一个或多个冲件。此外,冲压加工操作简单,便于实现自动化的流水作业,减少辅助生产时间。

(3)产品互换性好。这是因为冲压件的尺寸、形状精度均由模具保证,而呈现出"一模一样"的特征,而模具的寿命一般较长,因此冲压件的质量稳定,互换性好。

(4)加工范围广。利用冲压既可加工金属材料,也可以加工多种非金属材料;既可加工简单零件(如圆垫片),又可加工极其复杂的零件(如汽车覆盖件);既可加工极小尺寸的零件(如钟表指针等),又可加工超大尺寸零件(如飞机、汽车覆盖件)。

2. 冲压工序分类

根据冷冲压加工的不同形式,可将其分为分离工序和成形工序两大类。分离工序也称冲裁,是将本来一体的坯料按一定的轮廓线相互分开,从而获得一定的制件形状、尺寸和断面质量的工序;成形工序是使坯料在不破裂的前提下产生塑性变形而获得一定形状和尺寸的制件的工序。此外,还有以冷挤压为代表的立体冲压工序,本书不作讲述。

分离工序和成形工序中,又分有很多具体的基本工序,表1-1和表1-2列出了部分冲压基本工序。

表 1-1 分离工序

工序名称	工序件图	特点及应用
冲 孔	零件 废料	将废料沿封闭轮廓从材料或工序件上分离出去,在材料或工序件上获得需要的孔
落 料	废料 零件	将板料沿封闭轮廓分离,轮廓线内的材料为零件或工序件
切 口		在材料或工序件的边缘上切出槽口
切 舌		使材料沿敞开轮廓局部而非完全分离,并使相互分离的材料达到要求的空间位置
切 边		修切成形工序件的边缘,使满足形状、尺寸的要求
切 断	废料 零件	将材料沿敞开轮廓分离,得到所需要的零件或工序件

表 1-2 成形工序

工序名称	工序件图	特点及应用
弯 曲		使坯料沿确定的轴线,以一定曲率弯成一定角度。可加工多种形状复杂的弯曲件

工序名称	工序件图	特点及应用
拉 深		使平板毛坯或工序件变形为开口空心件,或使开口空心件进一步改变形状和尺寸
胀 形		将空心工序件或管状零件沿径向往外扩张,使局部径向尺寸按要求增大
起 伏 成 形		通过局部材料的伸长变形,使工序件形成局部凹陷或凸起
外 缘 翻 边		沿外形曲线将外缘材料翻成侧立短边
内 缘 翻 边		将内孔边缘的材料沿封闭曲线翻成竖边
缩 口 缩 颈		使空心工序件或管状零件的口部或中部直径按要求缩小
扩 口		使空心工序件或管状零件的敞开处向外扩张,形成口部直径较大的零件
卷 缘		将空心件开口边缘处的材料沿封闭曲线卷成圆形
校 平 整 形		校平是将带拱弯或翘曲的平板形零件压平,以提高其平直度;整形是通过材料的局部变形来少量改变成形工序件的形状和尺寸,以保证工件的精度

3. 冲压生产的要素及冷冲模的应用

冲压设备、冲压工艺及模具和冲压材料是冲压加工的三个基本要素。冲压设备是冲压生产的动力基础,一般为通用的标准化装备,可根据需要和条件选用。冲压材料多为板材,按冲压工艺要求以一定的形状、尺寸和状态作为冲压加工的毛坯。冲压工艺是冲压加工的核心,是冷冲模设计的理论依据,冷冲模则是冲压工艺的重要体现,是实施冲压加工的关键。因此,冲压模具在冲压加工中至关重要,并且与冲压工艺密不可分,没有符合冲压工艺要求的冲压模具,批量生产冲压件就难以实现,甚至得不到符合技术要求的冲压件。

1.1.2 冷冲压技术的发展方向

到 20 世纪中叶,塑性变形的理论研究已经相当成熟,但由于受工程技术条件的限制,冷冲模开发和冲压生产却处于较低效率和精度的水平。随着计算机技术、控制技术、材料科学以及机床工业等的快速发展,近二十多年来,冲压技术的应用发生着日新月异的变化,总的来说,冷冲压技术和冷冲模开发正不断朝着信息化、数字化、精细化、高速化、自动化的方向发展。

1. 冲压工艺方面

冲压成形是极其复杂的多重非线性过程,在工程应用中,依靠人工计算来量化塑性变形的理论研究成果是不可能的,在我国,长期以来都是采用定性分析和经验数据初定冲压工艺,复杂而微妙的参数量化则留待模具调试阶段现场确定。到上世纪 90 年代,冲压成形的计算机辅助工程(CAE)技术开始在我国进入工程应用,它是采用有限元分析方法,通过计算机软件模拟冲压成形过程,从而实现对工艺方案和模具参数准确、快速的预先评估和优化。目前,CAE 软件对复杂冲压成形的仿真程度能达到 90% 左右,大大缩短了模具开发周期,降低了模具成本。近年来,加热成形工艺在冲压生产中也得到越来越广泛的应用。

2. 模具设计和制造方面

(1)模具设计标准化,模具制造专业化、集群化。模具的标准化程度是一个国家模具技术水平的重要标志之一,模具零件的标准化和商品化程度越高,行业内分工就越细,专业化生产的规模就越大,模具的产量、产值就越高,在美、日等发达国家,模具零件的标准化率达到 80% 以上。我国在上世纪中叶就开始建立自己的模具标准,但直到上世纪 90 年代才开始有了标准件的商品化,并且品种和规格较少,不过此后发展很快,尤其是进入 21 世纪以来,随着日本等国家和我国台湾地区的模具零部件企业的进入,带来了更完整的标准体系和先进的柔性制造技术,模具产业结构发生较大变化,模具标准化率迅速提高,目前已超过 40%。模具制造方面,在告别了传统的小而全、自给自足式的生产模式后,专业的模具制造厂家已发展到两万多家,目前,全国各地涌现出许多"以我为主"的"模具城",模具产业链以被支撑的主行业为载体,正在快速覆盖和延伸,因此,模具制造模式在不断专业化的同时,正在形成地区性与行业性相结合的集群化协作生产模式。可以预见,模具的标准化和专业化生产还将继续深化和扩展到更高水平和更大规模。

(2)模具技术数字化、模具制造自动化、生产管理信息化,CAE/CAD/CAM 一体化。随着数字技术的不断发展,一些知名软件系统(CATIA、UG、Cimatron 等)的功能在不断完善和快速升级,CAD(计算机辅助设计)、CAM(计算机辅助制造)以及前面提及的 CAE 技术正在向集成化方向发展,并且与 CAPP(计算机辅助工艺过程设计)技术以及 ERP(企业资源计

划)、PLM(产品寿命周期管理)等企业管理系统相结合。集成化数字技术的应用使得模具开发各环节的界限变得更加模糊,冲压产品设计、冲压工艺方案设计、模具设计、模具零件的加工编程,将作为系统化的方案由专业技术软件和管理软件全盘优化解决。目前,以机器人代替人工进行数控机床操作的自动化制造模式在一些高端模具企业开始实施,模具制造技术的柔性化和快速化进一步提升。数字化技术和信息化管理相结合不仅使得模具开发周期大为缩短,企业经济效益得到全面提升,而且对模具行业从业人员的岗位结构变化发生重大影响。

(3)加工手段精细化、高速化。慢走丝线切割、数控电火花成型(电火花铣削)、数控磨削、高速铣削、精密三坐标测量等加工、检测技术及设备的普遍应用,一方面使模具制造精度大为提高,尺寸精度达到微米级,表面粗糙度达到 Ra0.2μm;另一方面,在硬加工方面大显神威,除磨削外,电火花、线切割、高速铣削均能高精度地加工淬硬钢件。各种不同特点的加工技术的综合应用,不仅适应了不同模具结构的精微加工,而且加工效率得到极大的提高。

(4)模具产品特征多极化。随着汽车、航空、电子、信息等国民经济支柱产业的迅猛发展,冲压模具一方面趋向于大型化、复杂化、精密化,同时又朝着高效率、高寿命、多功能、多工位方向发展。同时,为了适应现代工业产品更新换代快的特点以及小批量生产和新品试制的需要,各种快速经济模具也逐渐成为冲模行业的一个独特领地,以快速成型技术(RT)为基础的快速制模技术将得到进一步发展和更广泛应用。

另外,新型模具材料及热处理方法也在不断发展,以适应各类模具的质量要求,真空热处理、气相沉积等先进处理方法将得到进一步完善和更广泛的应用。

3. 冲压自动化方面

基于前述冲压加工的特点,自动化作业是冷冲压生产当然的发展方向,主要体现在两个方面:一方面,自动化的冲压设备对提高生产效率起着至关重要的作用,同时也使冲压模具的效能得到充分发挥,目前冲压设备正朝着多工位、多功能、高速和数控方向发展;另一方面,电气控制技术、光电控制技术的应用以及自动机械机构、机械手甚至机器人的使用,也大幅提高了冲压生产的自动化程度,使冲压生产的效率大大提高,并确保了劳动安全。

1.2 冷冲压模具及模具零件的分类

冲压模具是冲压工艺方案的具体实现,冲压模具的结构形式对冲压件的质量与精度、冲压加工的生产效率与经济效益、模具的使用寿命与操作安全都有着重要的影响,必须综合适应各方面的条件。

1.2.1 冷冲压模具的分类

冷冲模一般按以下几种方式进行分类。

1. 按工序性质

冲压加工的各类零件其形状、尺寸和精度要求各不相同,因而生产中采用的冲压工艺方法也是多样的。概括起来,按其冲压工序的性质可以将冷冲压模具分为以下几类。

冲裁模——使材料分离,得到所需形状和尺寸制件的冲模,主要包括落料模、冲孔模、切断模、切边模、半精冲模、精冲模以及整修模等。

弯曲模——将毛坯或半成品制件沿弯曲线弯成一定角度和形状的冲模。

拉深模——将板料成形为空心件,或者使空心件进一步改变形状和尺寸,而料厚没有明显变化的冲模。

成形模——使板料发生局部塑性变形,按凸模与凹模的形状直接复制成形的冲模,如翻边模、胀形模、缩口模等。

2. 按工序组合程度

在实际生产中,根据冲压件生产批量、尺寸及公差要求,通常会在工艺上对基本工序进行一定的组合,以提高生产效率。因此,按工序组合程度可将冲压模具分为以下几类。

单工序模——在压力机的一次行程中只完成一道冲压基本工序的冲模,如落料模、冲孔模、弯曲模、拉深模等。

复合模——在压力机的一次行程中,同一工位上同时完成两道或两道以上冲压基本工序的冲模,如冲孔落料复合模、落料拉深复合模等。

级进模——在压力机的一次行程中,依次在模具的不同工位上完成多道基本工序的冲模,又称为连续模。

另外,按有无导向或导向类型,冲压模具又可分为有导向冲模和无导向冲模、导柱导向冲模和导板导向冲模;根据送料和出件方式又可分为手动模、半自动模和自动模;还可根据工作零件的材料分为钢质冲模、硬质合金冲模、锌基合金冲模、橡胶冲模等。

1.2.2 冲压模具零件的分类

任何一副冲压模具都是由各种不同的零部件组成的,根据其复杂程度,可以由几个零件组成,也可以由几十个甚至上百个零件组成。

1. 冲压模具的结构组成

一般来说,冲压模具都是由上模和下模两个部分组成。上模通过模柄或上模座固定在压力机的滑块上,通过导向零件做定向的上、下往复运动,是冲模的整体活动部分;下模通过下模座固定在压力机的工作台面或垫板上,是冲模的固定部分。

如图1-1所示为一副落料模。下模部分由下模座9、导柱13、凹模8、挡料销6、导料销14、销钉12、顶件块7、顶杆11、弹顶器10以及其他紧固零件组成;上模部分包括上模座1、导套15、模柄19、垫板2、固定板3、凸模4、卸料板5、卸料螺钉20以及弹簧16、销钉17、18和其他紧固件。上模随着压力机滑块做上、下往复运动,在条料上依次冲出制件,并在弹顶器10和顶杆11的作用下,由顶件块7将制件顶出凹模。

2. 冲压模具零部件的分类

根据冲压模具的各零部件在模具中所起的作用,可将其分为工艺零件和结构零件两大类,其详细分类及作用如表1-3所示。

从加工工艺角度考虑,根据冲压模具零件的结构形状特征,又可将其分为杆类零件、套类零件、板类零件和复杂结构及型面类零件四类。

杆类零件有导柱、简单而较规则的凸模以及顶杆、推杆等,它们往往有较高的尺寸精度和诸如圆柱度、圆度、同轴度等形状和位置精度要求。

套类零件包括导套、镶套、凹模套等,它们的共性是内孔和外圆的形状、尺寸精度及其同轴度要求高。

1-上模座　2-垫板　3-固定板　4-凸模　5-卸料板　6-挡料销　7-顶件块　8-凹模　9-下模座　10-弹顶器
11-顶杆　12、17、18-销钉　13-导柱　14-导料销　15-导套　16-弹簧　19-模柄　20-卸料螺钉

图 1-1　落料模结构图

板类零件在冲压模具中比较多,如固定板、卸料板、凹模板、垫板、模座、推板等。板类零件常带孔系结构,其精度要求主要包括:上、下平面的平面度及其平行度,各孔的形状尺寸和坐标尺寸精度,孔系轴线对平面的垂直度等。

由于冲压件的结构、形状往往很复杂,相应的模具零件(工作零件、卸料、压料、顶料零件等)结构或型面当然也复杂,其精度和表面质量要求各有特点,加工方法也相差较大,但总的来说加工工艺比较复杂,故可独立归为复杂结构及型面类零件。

表 1-3　冲压模具零部件分类

零件种类		零件名称	零件作用
工艺零件	工件零件	凸模、凹模、凸凹模	直接对毛坯或工序件进行冲压加工,完成材料分离或成形的冲模零件
		刃口镶块	
	定位零件	定位销、定位板	确定毛坯或工序件在冲模中正确位置的零件
		挡料销、导正销、定距侧刃	
		导料销、导料板、侧压板、承料板	
	卸料与出件零部件	压料板、卸料板、压边圈	使冲件与废料得以顺畅出模,保证冲压生产正常进行的零件
		顶件块、推件块	
		废料切刀	

续表

零件种类		零件名称	零件作用
结构零件	导向零件	导柱、导套	用于确定上、下模的相对位置,保证其定向运动精度的零件
		导板	
	支承与固定零件	上、下模座	将凸、凹模固定于上、下模,及将上、下模固定在压力机上的零件
		固定板、垫板	
		模柄	
	紧固件及其他零件	螺钉、销钉、键	用于模具零件之间的相互连接或定位连接等的零件
		弹簧、橡胶、气缸	
		斜楔、滑块等	

1.3 冲压设备及冷冲模的安装

1.3.1 通用冲压设备简介

冲压设备作为模具工作的动力机构,是冲压生产的三要素之一,同时也是冲压工艺方案和模具设计的重要依据。

1. 压力机的分类

常规的冲压设备,在工程习惯上主要是指压力机。根据冲压设备驱动方式的不同,冲压设备可作如下分类。

(1)机械压力机

利用机械传动来传递运动和动力的一类冲压设备,有曲柄压力机、摩擦压力机等多种形式。机械压力机在冲压生产中应用广泛,其中又以曲柄压力机的应用最多。

(2)液压机

利用液压(油压或水压)传动来产生运动和压力的一种压力机械。液压机容易获得较大的压力和行程,并且可以在较大范围内实现对压力和速度的无级调节。但是由于采用液体工作介质,不可避免的泄露使能量损失较大,降低了生产效率。

通常还可按冲压设备的工艺用途对其进行分类。国内锻压机械的分类和代号见表1-4。

表1-4 锻压机械类别代号

类别	机械压力机	液压机	自动锻压机	锤	锻机	剪切机	弯曲校正机	其他
字母代号	J	Y	Z	C	D	Q	W	T

2. 曲柄压力机工作原理

曲柄压力机是通过传动系统把电动机的运动和能量传递给曲轴,使曲轴做旋转运动,并通过连杆使滑块产生往复运动,从而实现加工的运动及动力要求。

如图1-2所示为一种曲柄压力机结构原理简图。曲柄压力机在冲压过程中,电动机通过小齿轮、大齿轮和离合器带动曲轴旋转,再通过连杆使滑块沿床身上的导轨做往复运动。将模具的上模固定在滑块上,下模固定在床身工作台上,压力机便能对置于上、下模之间的

材料加压,依靠模具将其制成工件,实现压力加工。

大齿轮空套在曲轴上,可以自由转动,离合器壳体和曲轴则通过抽键刚性连接。通过抽键插入到大齿轮中的弧形键槽或从键槽中抽出来,实现传动的接通或断开。制动器与离合器密切配合,可在离合器脱开后将曲柄滑块机构停止在一定的位置上。大齿轮同时还起到飞轮的作用,使电动机的负荷均匀和能量有效利用。

根据其工作原理可以看出,曲柄压力机一般由以下几个部分组成:

(1)传动系统　一般由皮带轮、皮带、齿轮、传动轴组成,其作用是将电动机输出的能量和运动按照一定的要求传递给曲柄压力机的工作机构。

(2)工作机构　一般为曲柄滑块机构,由曲轴、连杆和滑块组成,其作用是将曲轴的旋转运动变为滑块的直线往复运动,以实现曲柄压力机的动作要求。

(3)操纵与控制系统　主要包括离合器、制动器、电器控制元件等。离合器和制动器协调

1-曲轴　2-连杆　3-滑块　4-上模　5-下模
6-工作台　7-脚踏板　8-机身　9-电动机
10-小齿轮　11-大齿轮(兼做飞轮)
12-离合器　13-制动器　14-导轨
图1-2　曲柄压力机结构原理简图

作用以控制曲柄压力机工作机构的启动与停止,电器元件用来控制包括主电动机在内的所有运动元件或机构的正常和顺序工作。

(4)能量系统　曲柄压力机的能量是由电动机供给的,但由于压力机在整个工作周期内进行工艺操作的时间很短,大部分时间为无负荷的空程,因此设置了飞轮将电动机空程运转时的能量储存起来,以有效地利用能量。

(5)机身　几乎所有的零部件都装在机身上联结成一个整体,工作时由机身承受工艺力和超载力,因此其强度与刚度对曲柄压力机的正常使用和加工件的精度有极大影响。

1.3.2　压力机的选用与冷冲模的安装

冲压模具是安装在压力机上并由其引导和驱动来进行工作的,模具的设计就必须与冲压设备的类型和主要参数相匹配。冲压设备的选择,不仅关系到冲压工艺方案的顺利实施及冲压件质量、冲压生产效率和设备资源的合理利用,还涉及生产安全、模具寿命等重大问题。

1. 压力机类型的选择

压力机类型的选择主要根据冲压件的生产批量、成形方法与性质以及冲压件的尺寸、形状与精度等要求来进行,见表1-5、1-6。

表 1-5　根据冲压件大小选择设备类型

零件大小	设备类型	特　点	适用工序
小型或中小型	开式机械压力机	可保证一定的精度和刚度;操作方便,价格低廉	浅深度工件的分离及成形
大中型	闭式机械压力机	精度与刚度更高,结构紧凑,工作平稳	大深度及复合工序件的分离及成形

表 1-6　根据生产批量选择设备类型

生产批量		设备类型	特　点	适用工序
小批量	薄板	通用机械压力机	速度快,效率高,质量稳定	各种工序
	厚板	液压机	行程不固定,不会因超载而损坏设备	拉深、胀形、弯曲等
大中批量		高速压力机 多工位自动压力机	高效率 高效率,消除了半成品堆储问题	冲裁 各种工序

2. 压力机规格的选择

在压力机的类型选定之后,还必须确定设备的规格,这项工作是在模具设计时,根据工艺方案和工艺计算结果,协调模具尺寸与设备参数来确定的。选择冲压设备的规格主要依据以下技术参数。

(1)公称压力

压力机滑块在下行过程中能够产生的冲击力就是压力机的压力,机械压力机的压力大小随滑块下行的位置(对曲柄压力机来说,亦可视为曲柄旋转的角度)不同而不同,公称压力是指滑块滑动至下死点前某一特定距离,或曲柄旋转到离下死点前某一特定角度时,滑块能够承受的最大冲击力。这一特定的距离称为公称压力行程,所对应的曲柄转角为公称压力角。公称压力一般用 P 表示,其值反映了压力机本身能够承受的冲击力大小。

公称压力是选用压力机规格的重要技术参数,为保证冲压生产安全地进行,冲压加工所需的工艺力必须即时小于压力机的许用压力。在冲压过程中,不同类型的冲压加工其冲压力的变化规律也不同,同时,压力机滑块的最大冲击力也在变化,因此,应根据压力机的许用压力曲线和特定冲压加工类型的实际压力曲线选择公称压力,使实际冲压曲线完全位于压力机许用压力曲线以下。

在如图 1-3 所示的压力曲线中,a、b 为压力机许用压力曲线,P_a、P_b 为公称压力,1、2、3 分别为冲裁、弯曲、拉深的实际压力曲线。图中可见,尽管公称压力值 P_b 大于拉深的最大实际压力,但由于拉深的实际压力峰值与压力机的许用压力峰值错位较大,实际压力曲线突破了许用压力曲线,因而不能选用 b 曲线的压力机进行曲线 3 的拉深加工,而应选用更大公称压力(如 P_a)的压力机。对于冲裁,由于实际压力峰值与压力机基本

a、b-压力机许用压力曲线　1-冲裁实际压力曲线
2-弯曲实际压力曲线　3-拉深实际压力曲线
图 1-3　压力曲线

同步,直接按冲压力峰值确定压力机吨位即可保证实际压力曲线位于许用压力曲线以下。

实际生产中,为了简便起见,压力机的公称压力常按以下经验公式确定。

对于施力行程较小的冲压工序(如冲裁、浅弯曲、浅拉深等)

$$P \geqslant (1.1 \sim 1.3)F_\Sigma \qquad (1-1)$$

对于施力行程较大的冲压工序(如深弯曲、深拉深等)

$$P \geqslant (1.6 \sim 2)F_\Sigma \qquad (1-2)$$

式中　　P——压力机的公称压力,kN;

　　　　F_Σ——总冲压力,kN。

(2)闭合高度与装模高度

当压力机滑块处于下死点时,其下端面与工作台上表面之间的距离称为压力机的闭合高度。压力机的闭合高度减去机床垫板的厚度所得差值即为装模高度。若无机床垫板,则闭合高度等于装模高度。调节连杆中的调节螺杆可实现装模高度在一定范围内的调整。当滑块调整到上极限位置时,装模高度达到最大值,为最大装模高度;反之,当滑块调整到下极限位置时,其装模高度为最小装模高度。两者的差值为装模高度的调节量。

冲模的闭合高度是指模具在工作行程的终了状态(即闭合状态)下,上模座的上平面与下模座的下平面之间的距离。选择压力机时,必须保证模具的闭合高度介于压力机的最大和最小装模高度之间,如图1-4所示。一般地,冲模闭合高度与压力机装模高度之间应满足

$$H_{min} + 10 \leqslant H \leqslant H_{max} - 5 \qquad (1-3)$$

式中　　H_{min}——压力机的最小装模高度,mm;

图1-4　压力机的装模高度与模具的闭合高度

　　　　H_{max}——压力机的最大装模高度,mm;

　　　　H——冲模的闭合高度,mm。

(3)滑块行程

滑块行程是指滑块从上死点下行到下死点所经过的距离,对于曲柄压力机来说,滑块行程等于曲柄半径的两倍。其大小反映了压力机的工作范围,行程长则能冲压高度较高的零件。压力机滑块行程的确定主要考虑冲压坯料的顺利放入模具和冲压件的顺利取出,压力机滑块行程应大于冲压件高度的2倍。

(4)行程次数

行程次数是指压力机滑块每分钟往复运动于上、下死点之间的次数。行程次数对生产率的影响较大,主要依据生产率要求、材料允许的变形速度和连续作业的可行性等来确定。

(5)工作台面尺寸

压力机工作台面(或垫板平面)尺寸应大于下模的水平尺寸,一般每边须大50～70mm,以便于模具安装;同时,下模的平面尺寸还必须大于工作台面上孔的尺寸,一般每边须大40～50mm,而工作台孔尺寸又必须大于可能的漏料件尺寸。

（6）模柄孔尺寸

中小型压力机滑块下端中心处开出有模柄孔，以方便安装上模。模具的模柄直径应与压力机模柄孔直径一致，模柄的夹持部分长度应稍小于压力机模柄孔的深度。

选择冲压设备时，还应考虑生产现场的实际条件。如果目前没有较理想的设备供选择，则应设法利用现有设备来实现冲压生产；如果满足要求的设备不止一台，则应通盘考虑其他产品的生产要求和设备资源的合理利用。附录3列举了几种常用压力机的主要技术规格。

3. 冲模的安装步骤

冲模的安装是否正确、合理，不仅影响冲压件的质量，还会影响模具的工作寿命及生产安全。通常情况下冲模的安装步骤如下。

（1）检查、核对模具和压力机。在安装模具前，要确认压力机为冲压工艺指定的型号，并检查模具的尺寸、工作要求是否与指定压力机的技术参数（装模高度、滑块行程等）相匹配，压力机的状态是否良好。

（2）清除压力机滑块底面、工作台面（或垫板平面）以及模具的上、下模座平面内的任何杂物或异物。

（3）手工扳动压力机飞轮（或操纵点动按钮），调整上滑块到上死点位置，并转动调节螺杆，将连杆长度调到最短（即闭合高度最大）。

（4）将闭合的模具放置于压力机工作台或垫板上适当位置，如果使用气垫，先要放好顶杆，并标记好模具的摆放位置。

（5）手工扳动压力机飞轮（或操纵点动按钮），使机床上滑块下行并停于下死点位置。

（6）转动压力机的调节螺杆，调小闭合高度，直至上滑块底面与上模座上平面贴紧。若有模柄，此过程中应适时调整模具位置使模柄进入上滑块的孔内。然后紧固上模（或锁紧模柄）。

（7）操纵上滑块带动上模做2～3次空行程运动，并停止于下死点。

（8）紧固下模。

（9）放入坯料试冲。

1.4 冲压成形理论简介

冲压成形是塑性成形加工方法之一，是建立在复杂的塑性力学理论基础上的材料成形工程技术。本节简单介绍冲压成形的理论知识。

1.4.1 金属塑性变形及其影响因素

在没有其他外力作用的条件下，金属物体由于原子之间的作用力而保持自有的形状和尺寸。当物体受到外力作用后，其形状和尺寸将发生变化，这种现象称为变形，其实质就是物体内部原子间的距离发生变化。

1. 塑性变形

塑性变形，是指作用于物体的外力消失后，物体并不能完全恢复到原有的形状和尺寸的变形。反之，若外力消失后，由外力引起的变形随之消失，则属于弹性变形。这两种变形都是在变形体不被破坏（或局部区域不被破坏）的条件下进行的，即物体形状的连续性不被破坏。

材料发生塑性变形的能力通过塑性来反映,塑性是指物体在外力作用下,产生永久变形而不破坏其完整性的能力。

塑性和柔软性是两个不同的概念,后者反映的是材料发生塑性变形的难易程度,而前者反映了材料能维持的最大塑性变形程度。变形抗力小的软金属可能塑性不好,而柔软性不好的硬金属可能有很好的塑性。例如:奥氏体不锈钢的塑性好而柔软性却差。

塑性不仅仅取决于变形物体的材质,还与变形方式以及变形条件有关。例如,铅通常具有很好的塑性,但在三向拉应力作用下,却呈现出极大的脆性,容易发生破裂而几乎没有塑性变形。又如,对极脆的大理石施加三向压力的作用,却能产生较大的塑性变形。

2. 影响金属塑性的因素

金属的塑性不是固定不变的,它受许多因素的影响。除金属本身的内在因素(晶格类型、化学成分和金相组织等)外,其外部因素如变形方式(应力与应变状态)、变形条件(变形温度与变形速度)的影响也很大。

(1)金属成分及组织结构

金属的塑性受其化学成分的影响很大。工业用金属材料除基本元素外,大都还含有一定的杂质,以及为改善金属使用性能而加入的一些其他合金元素。合金元素对金属塑性的影响,取决于加入元素的特性、数量、元素之间的相互作用及分布等。

金属的组织结构对塑性也会产生很大的影响。一般来说,大部分金属单晶体在室温下都有较高的塑性,然而多晶体的塑性则较低。这是因为一般情况下多晶体晶粒的大小不均匀、晶粒方位不同、晶粒边界的强度不足等原因造成的。晶粒越细小,则晶界面积越大,晶界强度提高,变形多集中在晶内,因而表现出更高的塑性。

(2)变形时的应力、应变状态

由于金属的塑性变形主要依靠晶面的滑移作用,而金属变形时的破坏则是由于晶内滑移面上裂纹的扩展以及晶间变位时结合面的破坏造成的。压应力有利于封闭裂纹、阻止其继续扩展,使晶间结合力增加,减小晶间破坏的倾向。与此相反,拉应力则易于扩展材料的裂纹与缺陷,所以拉应力的成分越多,以及拉应力值愈大,愈不利于金属塑性的发挥。同样地,压缩变形有利于金属塑性的发挥,而延伸变形有损于塑性,所以主变形中压缩分量越多,对充分发挥金属的塑性越有利。

(3)变形温度

就大多数金属而言,塑性随温度的升高而有所改善。因为随着温度的升高,金属组织发生了回复与再结晶;滑移所需临界切应力降低,使滑移系增加;产生了新的变形方式等。

由于温度对金属塑性的影响,在冲压工艺中有时也采用加热冲裁或加热成形的方法来提高材料塑性和降低变形抗力,以提高变形极限和减小冲压力。而有些工序(如差温拉深)中还采用局部冷却的方法,以增强特定区域的变形抗力,提高坯料危险断面的强度,从而达到延缓破坏、增大变形程度的目的。

(4)变形速度

变形速度是指单位时间内应变的变化量,但在冲压生产中不便控制和计算,故以压力机滑块的移动速度来近似反映金属的变形速度。当变形速度不大时,随变形速度的提高,由于要驱使数目更多的位错同时运动,且要求位错运动的速度增大,而断裂抗力基本没有变化,所以塑性是降低的。而当变形速度较大时,由于温度效应使塑性的提高超过了加工硬化引

起的塑性下降,从而使塑性回升。

变形速度对塑性的影响相当复杂,还没有找到确切的定量关系,一般可用图1-5所示的曲线概括。

(5)材料的形状和尺寸

在塑性变形过程中,坯料的各个部分的材料都在相互制约着,坯料形状的不同,甚至稍有改变,材料的约束平衡、应力分布都会发生较大变化,从而影响局部的变形。另外,坯料体积越大,内部组织和化学成分越不一致,杂质分布越

图1-5 塑性随变形速度的变化趋势

不均匀,从而使不均匀变形越强烈,在组织缺陷处容易引起应力集中,造成裂纹源,因而引起塑性的降低。

1.4.2 塑性变形时材料的加工硬化

1. 硬化现象与硬化曲线

对于一般常用金属材料,随着塑性变形程度的增加,其变形抗力是增加的,强度和硬度指标也增加,而塑性和韧性则逐渐降低,这种现象称为加工硬化。材料不同,变形条件不同,其加工硬化的程度也不同。

材料加工硬化对冲压成形既有有利的方面,也有不利的方面。一方面,材料的硬化能减少过大的局部变形,使变形趋向均匀,增大成形极限,尤其对伸长类变形有利;但是另一方面,硬化导致塑性降低和变形抗力的增大,不利于后续成形工序的进行,有时候不得不增加退火工序以消除硬化。

材料的硬化规律可以用硬化曲线来表示。硬化曲线实际上就是材料变形时的应力随应变变化的曲线,可以通过拉伸、压缩或胀形试验等多种方法获得。如图1-6所示,为拉伸试验时获得的两条应力-应变曲线。

1-实际应力曲线 2-假想应力曲线 σ_s-屈服点应力
$\sigma_j(\sigma_b)$-缩颈点应力 σ_d-断裂点应力

图1-6 金属的应力-应变曲线

其中,曲线1的应力是以各加载瞬间的载荷F与该瞬间试件的截面积A之比F/A来表示的,考虑了变形过程中材料截面积的变化,真实反映了硬化规律,故又称之为实际应力曲线。曲线2的应力是按各加载瞬间的载荷F与变形前试样的原始截面积A_0之比F/A_0来表示的,没有考虑到变形过程中材料截面积的变化,因此并不能反映材料在各变形瞬间的真实应力,所以称之为假想应力曲线。

不同材料的硬化曲线差别很大,建立硬化曲线必须经过试验,难以用一个统一的函数精确表示。为了实用上的需要,常用直线或指数曲线来近似代替实际硬化曲线。

用直线代替硬化曲线时,在实际应力-应变所表示的硬化曲线上,与缩颈点处作切线来近似代替实际硬化曲线,得到该硬化直线的方程式:

$$\sigma = \sigma_0 + D\varepsilon \tag{1-4}$$

式中　σ_0——近似屈服强度(硬化直线在纵坐标轴上的截距);

　　　D——硬化模数(硬化直线的斜率)。

但是这种硬化直线仅在缩颈点附近精度较高,当变形程度很小或很大时,与实际硬化曲线之间存在很大差别。所以在冲压生产中常用指数曲线表示硬化曲线,其方程式为:

$$\sigma = A\varepsilon^n \tag{1-5}$$

式中　A——系数;

　　　n——硬化指数。

硬化指数 n 是表示材料冷变形硬化的重要参数,对板材的冲压成形性能及制件质量都有较为重要的影响。n 值大表示在冷变形过程中,材料的变形抗力随变形程度的增加而迅速增大,材料均匀变形能力增强。A 和 n 与材料的种类和性能有关,可通过拉伸试验求得,其值列于表 1-7。指数曲线与材料的实际硬化曲线比较接近。

表 1-7　几种金属材料的 A 与 n 值

材　料	A/MPa	n	材　料	A/MPa	n
软铜	710~750	0.19~0.22	银	470	0.31
黄铜($w_{Zn}=40\%$)	990	0.46	铜	420~460	0.27~0.34
黄铜($w_{Zn}=35\%$)	760~820	0.39~0.44	硬铝	320~380	0.12~0.13
碳青铜	1100	0.22	铝	160~210	0.25~0.27
磷青铜(低温退火)	890	0.52			

2. 加载-卸载规律及反向加载软化现象

(1)加载-卸载规律

拉伸应力-应变曲线反映的是单向拉伸时材料的拉应力与拉应变之间的关系。如果加载以后卸载,此时应力与应变之间的关系将按图 1-7 所示规律发生变化。

拉伸变形在 OA 段,材料处于弹性变形状态,应力与应变是线性关系。在弹性范围内卸载,则应力、应变仍然按照直线 OA 回到 O 点,不产生残余变形。如果试样被拉伸至超过屈服点 A 到达 B 点再卸载,此时应力-应变关系将沿直线 BC 逐渐降低,直至载荷为零,而不是沿 BAO 路线返回。

图 1-7　拉伸试验的卸载和反向软化曲线

卸载直线 BC 与加载时弹性变形的直线段 OA 是平行的,因此加载时的总应变 ε_B 等于卸载后因弹性回复而消失的一部分 ε_t 与仍然保留下来成为永久变形的另一部分 ε_s 之和,即

$$\varepsilon_B = \varepsilon_t + \varepsilon_s \tag{1-6}$$

（2）卸载-重新加载时应力应变规律

在卸载后对试件重新加载拉伸，随着载荷的增大，应力-应变的关系将沿着直线 CB 逐渐上升，到达 B 点应力 σ_B 时材料又开始屈服，随后应力-应变关系继续沿着加载曲线 BE 变化。这表明，材料屈服后，在发生塑性变形的每一点，其应力值均为继续发生塑性变形的屈服点，即：由于产生了加工硬化，材料的屈服强度随塑性变形程度的增大而提高。

（3）卸载-反向加载时应力应变规律

当试件卸载后进行反向施加载荷时，其应力-应变关系将沿着曲线 $OABCA'E'$ 变化。反向加载材料屈服后，应力应变之间基本上按照正向加载时的曲线规律变化。试验表明，反向加载时材料的屈服应力 σ'_s 比拉伸时屈服应力 σ_s 有所降低，出现反向加载软化现象。反向加载屈服应力的降低量视材料种类及正向加载的变形程度而异。

1.4.4　塑性变形时的应力与应变

在冲压过程中，材料的塑性变形都是冲模对材料施加的外力所引起的内力作用的结果。一定的力的作用方式和力的大小都对应着一定的变形，为了研究和分析金属的塑性变形过程和规律，必须了解坯料内各点的应力状态和应变状态以及它们之间的关系。

1. 点的应力状态

通常将坯料内每一点的受力情况称为点的应力状态。为研究变形体内各点的应力状态，假设从变形体内任意一点截取一个无穷小的六面单元体，单元体的各个面与坐标平面平行。显然，在所取单元体的六个面上，有着大小不同、方向不同的应力，设为 S_x、S_y、S_z，如图 1-8（a）所示。其中每一个应力又可分解为平行于坐标轴的三个分量，即一个正应力和两个切应力，如图 1-8（b）所示。由此可见，无论变形物体的受力状态如何，为了确定物体内部任意点的应力状态，只需知道九个应力分量（三个正应力，六个切应力）即可。又由于所取单元体处于平衡状态，绕单元体各轴的力矩必定相等，因此其中的三对切应力应互等，即

$$\tau_{xy} = \tau_{yx}, \quad \tau_{xz} = \tau_{zx}, \quad \tau_{zy} = \tau_{yz}$$

于是，要充分确定变形体内任意点的应力状态，实际上只需知道六个应力分量，即三个正应力和三个切应力即可。

(a) 任意坐标系　　　　　(b) 任意坐标系　　　　　(c) 主轴坐标系

图 1-8　点的应力状态

必须指出，如果坐标系选取的方向不同，虽然该点的应力状态并没有改变，但是用来表示该点应力状态的各个应力分量就会与原来的数值不同。不过，这些属于不同坐标系的应

力分量之间是可以相互换算的。

实际上，由塑性力学的分析可以证明，对任何一种应力状态来说，总存在这样的唯一一个坐标系，使单元体各表面上只出现正应力而无切应力，如图 1-8(c) 所示。这时，三个坐标轴就称为应力主轴；三个坐标轴的方向称为主方向；三个正应力称为主应力，一般按其代数值大小依次用 σ_1、σ_2、σ_3 表示，即 $\sigma_1 \geqslant \sigma_2 \geqslant \sigma_3$；三个主应力的作用面称为主平面。带正号的正应力或主应力表示拉应力，带负号的正应力或主应力表示压应力。以主应力表示点的应力状态，大大简化了分析、运算工作。

以主应力表示的应力状态称为主应力状态。表示主应力个数及其符号的简图，称为主应力图。可能出现的主应力图共有九种，包括四个三向主应力图，三个平面主应力图，两个单向主应力图，如图 1-9 所示。

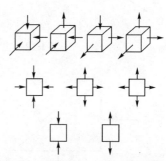

单元体上三个主应力的平均值称为平均主应力，用 σ_m 表示，其值为

$$\sigma_m = \frac{1}{3}(\sigma_1 + \sigma_2 + \sigma_3) \tag{1-7}$$

图 1-9　主应力图

任何一种应力状态都可以将其分解为两部分，如图 1-10 所示。第一部分是以平均应力 σ_m 为各向应力值的三向等应力状态，其特点是只能使物体在三个主应力方向产生等量的弹性变形(体积发生变化)，而物体的形状不发生改变；第二部分是以各向主应力与 σ_m 的差值为应力值构成的偏应力状态，其特点是只能改变物体的形状，不能改变物体的体积。

图 1-10　应力状态的分解

根据前述应力状态对金属塑性的影响情况，图 1-9 所示九种主应力状态对金属塑性的影响程度可按图 1-11 所示的顺序排列，图中序号越小的主应力状态，越有利于金属的塑性变形。

图 1-11　主应力状态对金属塑性影响的顺序

除主平面上不存在切应力外，单元体其他方向的截面上都有切应力，而且在与主平面成 45° 的截面上切应力达到最大值，称为主切应力。主切应力的作用面称为主切应力面。主切

应力及其作用面共有三组,如图 1-12 所示。主切应力面上的应力情况如图 1-13 所示。

图 1-12 主切应力面及主切应力方向(用阴影线表示)

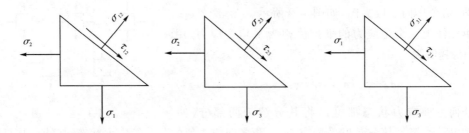

图 1-13 主切应力面上的应力状态

主切应力面上的主切应力和正应力值为

$$\tau_{12} = \pm \frac{1}{2}(\sigma_1 - \sigma_2), \quad \tau_{23} = \pm \frac{1}{2}(\sigma_2 - \sigma_3), \quad \tau_{31} = \pm \frac{1}{2}(\sigma_3 - \sigma_1) \qquad (1\text{-}8)$$

$$\sigma_{12} = \frac{1}{2}(\sigma_1 + \sigma_2), \quad \sigma_{23} = \frac{1}{2}(\sigma_2 + \sigma_3), \quad \sigma_{31} = \frac{1}{2}(\sigma_3 + \sigma_1) \qquad (1\text{-}9)$$

由于主应力 $\sigma_1 \geqslant \sigma_2 \geqslant \sigma_3$,则绝对值最大的主切应力为

$$\tau_{\max} = \pm \frac{1}{2}(\sigma_3 - \sigma_1) \qquad (1\text{-}10)$$

最大切应力与金属材料的塑性变形有着十分密切的关系。

2. 点的应变状态

变形体内各点的应变状态也是通过单元体的变形来表示的。与应力状态一样,当采用主轴坐标系时,单元体就只有三个主应变分量 ε_1、ε_2、和 ε_3,而没有切应变分量,如图 1-14 所示。同样地,一种应变状态只有一组主应变。

与主应力状态的分解一样,点的主应变状态也可分解成两部分,如图 1-15 所示。第一部分是以平均应变 ε_m 为各向应变值的三向等应变状态 $\left(\varepsilon_m = \dfrac{\varepsilon_1 + \varepsilon_2 + \varepsilon_3}{3}\right)$,表示了单元体体积的

图 1-14 点的应变状态

变化(弹性变形);第二部分是以各向主应变与 ε_m 的差值为应变值构成的应变状态,表示了单元体形状的变化(塑性变形)。

可以证明,物体在塑性变形前后的体积保持不变,即

$$\varepsilon_1 + \varepsilon_2 + \varepsilon_3 = 0 \qquad (1\text{-}11)$$

图 1-15　应变状态的分解

这就是塑性变形的体积不变定律,它反映了三个主应变之间的数值关系。由此可见,塑性变形的主应变图只可能有三类,如图 1-16 所示。即:一个正应变两个负应变、一个负应变两个正应变、一个零应变两个大小相等符号相反的应变。

图 1-16　三类主应变图

3. 应力与应变的关系

物体的弹性变形是可以恢复的,变形过程可逆,与变形物体的加载过程无关,应力和应变之间的关系可以通过广义虎克定律来表示。但是,当外部载荷所引起的应力超过了物体的屈服点以后,其应力与应变之间的关系就不同了。在单向受拉或单向受压时,应力与应变关系可以用硬化曲线或用硬化曲线的数学表达式来表示。在受到二向以上应力作用的复杂应力状态下,其应力与应变关系是相当复杂的。具有代表性的分析方法有增量理论和全量理论,前者描述的是塑性变形的每一瞬间应力与应变增量之间的关系,应力与应变全量之间的关系需对历史应变增量进行积分而获得;后者则直接建立应力与应变全量(累积变形)之间的关系,但必须满足简单加载的条件,即加载过程中只能加载不能卸载,各应力分量按同一比例增加。全量理论的方程式为

$$\frac{\sigma_1 - \sigma_2}{\varepsilon_1 - \varepsilon_2} = \frac{\sigma_2 - \sigma_3}{\varepsilon_2 - \varepsilon_3} = \frac{\sigma_3 - \sigma_1}{\varepsilon_3 - \varepsilon_1} = C \tag{1-12}$$

式中,C 为非负常数。在一定的变形条件下,它只与材料的性质和变形程度有关,而与变形物体所处的应力状态无关。简言之,材料一定,变形程度一定,C 值也一定。故 C 值可用单向拉伸试验求出。

式(1-12)也可以表示为

$$\frac{\sigma_1 - \sigma_m}{\varepsilon_1} = \frac{\sigma_2 - \sigma_m}{\varepsilon_2} = \frac{\sigma_3 - \sigma_m}{\varepsilon_3} = C \tag{1-13}$$

全量理论是在简单加载的条件下建立起来的,一般用来研究小变形问题。但对于冲压成形中非简单加载的大变形问题,只要变形过程中是加载,主轴方向变化不太大,主轴次序基本不变,实践证明,应用全应变量理论也不会引起太大的误差。

上述全量理论的表达式(1-12)和(1-13)是冲压成形中各种工艺参数计算的基础。另外,针对工程中的冲压案例,也可利用它们对坯料的应力应变状态作定性分析。例如:

(1)由式(1-13)可知,塑性变形时,某个方向上的主应变是伸长还是缩短,与该方向是受拉还是受压没有对应关系,即:拉应力方向不一定是伸长变形,压应力方向也不一定是收缩变形,而应看该方向主应力与平均应力的差值,若为正值,则为伸长变形,反之,为收缩变形。

(2)若$\sigma_1 = \sigma_2 = \sigma_3 = \sigma_m$,由式(1-13)可知,$\varepsilon_1 = \varepsilon_2 = \varepsilon_3 = 0$。可以判断,坯料受三向等拉或三向等压的应力作用时,坯料不会产生任何塑性变形,仅有物体体积的弹性变化。三向等压力又称为静水压力。

(3)三个主应力与三个主应变的代数值大小次序一一对应,即:$\sigma_1 \geqslant \sigma_2 \geqslant \sigma_3$时,根据式(1-13),必有$\varepsilon_1 \geqslant \varepsilon_2 \geqslant \varepsilon_3$。再结合式(1-11)的体积不变定律,不难得出:代数值最大的主应力方向,必为拉应变;代数值最小的主应力方向,必为压应变。并且可进一步得出:绝对值最大的主应力方向,应变与应力的符号相同。

(4)当$\sigma_2 = \sigma_m$,即$\sigma_2 = \dfrac{1}{2}(\sigma_1 + \sigma_3)$时,由式(1-13)并结合体积不变定律,有$\varepsilon_2 = 0$,$\varepsilon_1 = -\varepsilon_3$,称为平面应变(或平面变形)状态。即:在主应力值等于平均应力的方向上,不产生塑性变形。宽板弯曲就属于这种情况。

(5)当$\sigma_1 > 0$,且$\sigma_2 = \sigma_3 = 0$时,材料受单向拉应力作用。由式(1-13)可得$\varepsilon_1 > 0$,且$\varepsilon_2 = \varepsilon_3 = -\dfrac{1}{2}\varepsilon_1$。也就是说,当单向受拉时,在拉应力作用方向上为伸长变形,其余两方向上为收缩变形,且变形量为伸长变形之半,翻孔变形时孔边缘就属于此类情况。同样地,对单向压应力作用,即$\sigma_3 < 0$,$\sigma_1 = \sigma_2 = 0$时,有$\varepsilon_3 < 0$,且$\varepsilon_1 = \varepsilon_2 = -\dfrac{1}{2}\varepsilon_3$,即压应力作用方向为收缩变形,其余两方向为伸长变形,且变形量为收缩变形之半,缩口变形时材料边缘即属此类情况。

(6)当$\sigma_1 = \sigma_2 > 0$,且$\sigma_3 = 0$时,由式(1-13)及$\varepsilon_1 + \varepsilon_2 + \varepsilon_3 = 0$可得:$\varepsilon_1 = \varepsilon_2 > 0$,$\varepsilon_3 = -2\varepsilon_1 = -2\varepsilon_2$,即当材料受两向等拉时,拉应力方向上为伸长变形。而在材料厚度方向为压缩变形,其值为伸长变形的两倍。平板材料胀形时的中心部分就是双向等拉应力状态。

1.4.4　冲压成形的变形类别及趋向性

在冲压成形过程中,坯料的各个部分在同一模具的作用下,通常发生不同形式的变形,即表现出不同的变形趋向性。

1. 板料冲压成形的特点和类别

除冷挤压等工艺外,用于冲压成形的材料多为板料。大多数情况下,板料在冲压成形过程中,其厚度方向的应力与其他两个方向的应力比较,往往可以忽略不计,故可近似看作平面应力状态,使材料变形区发生塑性变形是由板料平面内相互垂直的两个主应力作用的结果。平面应力问题的分析计算过程比三向应力问题简单,为研究冲压成形的力学问题提供了方便。

在材料变形方面,板料的冲压成形可分为三类,即:剪切类成形、伸长类成形和压缩类成形。剪切类成形中,坯料在料厚方向受剪切而沿一定轮廓线分离,其厚度基本不发生变化,冲压加工中只有冲裁属于剪切类成形。伸长类成形是指料厚变薄的成形,成形时拉应力占

主导地位,如胀形。而压缩类成形时,板料增厚,成形时压应力占主导地位,如拉深。不同的成形类型,实施的工艺条件不同,产生的问题和解决问题的方法也不同。

2. 冲压成形中的变形趋向性

坯料的冲压成形是通过特定形状和尺寸的模具施加外力,从而引起材料内部应力状态发生不均匀的变化,使得材料的不同区域有着不同的应力状态、变形趋向以及变形条件,并相互制约着,当某区域的应力首先达到临界状态时,该区域便开始发生所趋向的塑性变形,被称为"弱区",而其他区域则仍然只有变性趋向而并不发生塑性变形,被称为"强区"。因此,冲压过程中的坯料可以划分为变形区和非变形区,非变形区中又有待变形区、已变形区和不变形区之分,其中,为变形区传递变形力的又称为传力区。如图 1-17 所示为拉深和缩口成形时某瞬间的坯料分区。

(a)拉深　　　　　　　　　(b)缩口

A-变形区　B-传力区　C-已变形区　D-不变形区　E-待变形区
图 1-17　冲压成形时坯料的不同区域

可见,在冲压成形过程中,"弱区必先变形,先变形的必为弱区","传力区不变形,传力区必为强区"。这就是冲压成形的所谓最小阻力定律。因此,在设计冲压工艺和模具时,必须保证变形区为弱区,非变形区为强区。即:变形区发生期望的变形所需要的变形力最小,而传力区发生变形所需要的变形力最大。

3. 控制坯料变形趋向性的措施

为确保冲压过程的顺利进行,必须将塑性变形局限于变形区,排除传力区产生任何不必要的塑性变形的可能。在实际生产中,通常采取以下一些措施控制坯料的变形趋向性。

(1)合理确定坯料各部分的相对尺寸

改变坯料各部分的相对尺寸关系,是控制坯料变形趋向性的重要方法。如图 1-17(a)所示的拉深成形,要确保坯料的 A 区为弱区,坯料尺寸 D 与凸模尺寸 d 之间必须具有合理的比例关系。当 $D-d$ 太大时,意味着环形的 A 区材料更多,材料发生塑性流动成为 B 区所需的变形力更大,当此变形力超过 D 区胀形(径向伸长)所需变形力时,则 D 区成为弱区首先发生变形,而 A 区成为强区不产生变形。又如图 1-18 所示的单角弯曲,圆弧 A 区为变形区,应为弱区,直边 B 区为非变形区,应为强区,但若 B 区尺寸 h 太小,对 A 区的制约较小,不能完全传递 A 区变形所需的力,使得 A 区塑性变形的成分减少,弯曲后的回弹较大。

（2）改变模具工作部分的几何形状和尺寸

这种方法主要是通过改变模具的凸模和凹模圆角半径来控制坯料的变形趋向。仍以图 1-17(a) 为例，若增大凸模圆角半径 r_d、减小凹模圆角半径 R_A，可减小 D 区胀形变形阻力，增大拉深变形阻力，有利于胀形的实现。反之，则有利于拉深的实现。生产中常采用修磨模具的过渡圆角的方法来控制坯料的变形趋向。

图 1-18 弯曲成形的变形区与非变形区

（3）改变坯料和模具接触面之间的摩擦力

如图 1-17(a) 中，若通过加大压力 F_Y 或减少润滑的方式，使坯料与压料圈及坯料与凹模端面之间的摩擦力增大，则由于坯料沿凹模面流动的阻力增大，不利于实现拉深变形而利于实现胀形变形；若增大坯料与凸模表面间的摩擦力，减小坯料与压料圈之间的摩擦力，则有利于实现拉深变形。

（4）改变坯料局部区域的温度

采用局部加热或局部深冷的方法，可以降低变形区的变形抗力或提高传力区强度，从而实现对坯料变形趋向的控制，使一次成形时的成形极限增大。例如在拉深或缩口时对变形区局部加热使其软化，在不锈钢坯料拉深时对传力区局部深冷增大其承载能力，都可以达到增大极限变形程度的目的。

1.4.5 冲压材料及其成形性能指标

冲压成形性能是指材料对各种冲压成形方法的适应能力。它是一个综合性的概念，主要包括两个方面：一是成形极限，二是成形质量。

1. 成形极限

在冲压成形过程中，材料能达到的最大变形程度称为成形极限。对于不同的冲压工序，成形极限常用不同的极限变形系数来表示。由于板料在冲压成形时为平面应力状态，因此在变形坯料内部凡是受到过大拉应力作用的区域，就会使坯料局部严重变薄，甚至破裂而使冲件报废；而受到过大压应力作用的区域，在超过临界应力的情况下坯料将丧失稳定而起皱。所以，为提高成形极限，从材料方面必须提高抗拉和抗失稳能力，从冲压工艺参数考虑则必须严格限制坯料的极限变形系数。

对于伸长类成形，坯料有产生严重变薄或破裂的倾向，应通过提高材料塑性、减少变形不均匀性以及热处理等方式改善成形性能。对于压缩类成形，坯料变形区产生失稳起皱的倾向较大，但厚板料（$t \geqslant 3$mm）几乎不发生起皱；其传力区则依受力性质的不同而呈不同的破坏倾向，如拉深时传力区有拉破的倾向，缩口时传力区有失稳的倾向。因此，要提高压缩类成形的成形性能，应从提高材料的塑性和刚度指标以及成形时对坯料增加辅助支撑的工艺措施着手，如拉深时的压边和缩口时的管壁支承等。

2. 成形质量

成形质量是指材料经冲压成形以后所得到的冲压件能够达到的质量指标，包括尺寸精

度、厚度变化、表面质量及物理力学性能等。影响成形质量的因素很多,不同的冲压工序情况又各不相同。

材料在塑性变形的同时总伴随着弹性变形,冲压载荷卸除以后,由于材料的弹性回复,造成冲件的形状与尺寸偏离模具工作部分的形状与尺寸,影响了冲件的尺寸和形状精度。因此,掌握回弹规律,控制回弹量是非常重要的。

冲压成形后,一般板厚都会变薄或变厚。厚度变薄直接影响冲压件的强度和使用,对强度有要求时,往往要限制其最大变薄量。

材料经过变形后,除产生硬化效应外,还会由于变形不均造成残余应力,导致冲压件尺寸和形状的变化,严重时还会引起冲压件的自行开裂。对于这些潜在缺陷,可通过冲压后及时进行热处理工序消除。

影响工件表面质量的主要因素是原材料的表面状态、晶粒大小以及模具对冲压件表面的擦伤等。其中,产生擦伤的原因除冲模间隙不合理或不均匀、模具表面粗糙外,往往还由于材料粘附模具所致。

3. 冲压成形性能指标

板料的冲压成形性能是通过试验来测定的,其中拉伸试验简单易行,不需要专用板料试验设备,且所得结果能从不同角度反映板料的冲压性能。

板料的拉伸试验又称为单向拉伸试验。试验时须在板料的不同部位和方向上截取试样,按标准制成图1-19所示的拉伸试样,然后在万能材料试验机上进行拉伸。根据试验结果或利用自动记录装置,可绘得板料拉伸时的实际应力-应变曲线及假象应力-应变曲线,如图1-20所示。

图1-19 拉伸试验用标准试样

通过拉伸试验,可以测得板料的强度、刚度、塑性、各向异性等力学性能指标。根据这些性能指标,可以从不同角度反映板料的冲压成形性能。

(1)强度指标(屈服点 σ_s、拉伸强度 σ_b 或缩颈点应力 σ_j)。强度指标对冲压成形性能的影响通常用屈服点与抗拉强度的比值 σ_s/σ_b(称为屈强比)来表示。屈强比小,则容易产生塑性变形而不易产生拉裂,即从产生屈服至拉裂有较大的塑性变形区间。因此,σ_s/σ_b 愈小,材料的冲压成形性能就愈好。

(2)刚度指标(弹性模量 E、硬化指数 n)。弹性模量 E 愈大或屈服点与弹性模量的比值 σ_s/E(称为屈弹比)愈小,在成形过程中抗压失稳的能力愈强,卸载后的回弹量小,有利于提高冲压件的质量。硬化指数 n 可根据拉伸试验结果由公式(1-5)求得。n 值大的材料,硬化效应就大,变形过程中材料局部变形程度的增加会使该处变形抗力增大,从而补偿该处因截

面积减小而引起的承载能力的减弱,制止了局部集中变形的进一步发展,具有扩展变形区、使变形均匀化和增大极限变形程度的作用。

(3)塑性指标(均匀伸长率 δ_j 或细颈点应变 ε_j、断后伸长率 δ 或断面收缩率 ψ)。均匀伸长率 δ_j 是在拉伸试验中开始产生局部集中变形(即刚出现缩颈时)的伸长率(即相对应变),它表示板料产生均匀变形或稳定变形的能力。一般来说,δ_j 和 δ 愈大,材料允许的塑性变形程度也愈大。

(4)各向异性指标(板厚方向性系数

图 1-20　实际应力曲线与假象应力曲线

r、板平面方向性系数 Δr)。由于板料轧制时出现的纤维组织等因素,板料的塑性会因变形方向不同而出现差异,这种现象称为塑性各向异性。板厚方向系数 r 是指板料试样拉伸时,宽度方向与厚度方向的应变之比,即

$$r=\frac{\varepsilon_b}{\varepsilon_t}=\frac{\ln(b/b_0)}{\ln(t/t_0)} \qquad (1-14)$$

式中,b_0,b,t_0,t 分别为变形前后试件的宽度与厚度,一般取伸长率为 20% 时试样测量的结果。

r 值的大小反映了在相同受力条件下板料平面方向与厚度方向的变形性能差异,r 值越大,说明板平面方向上越容易变形,而厚度方向上越难变形,这对拉深成形是有利的。

由于板料轧制后晶粒沿轧制方向被拉长,杂质和偏析物也会定向分布,形成纤维组织,使得平行于纤维方向和垂直于纤维方向材料的力学性能不同。因此在板平面上也存在各向异性,其程度一般用板厚方向性系数在几个特殊方向上的平均差值 Δr(称为板平面方向性系数)来表示,即

$$\Delta r=(r_0+r_{90}+2r_{45})/2 \qquad (1-15)$$

式中,r_0,r_{90},r_{45} 分别为板料的纵向(轧制方向)、横向及 45°方向上的板厚方向系数。

Δr 值越大,则方向性越明显,对冲压成形性能的影响也越大。拉深时在零件口部出现不平整的凸耳现象,就是材料的各向异性造成的,它既浪费材料又要增加一道工序。

1.4.6　常用冲压材料的选用

冲压材料的选用包括材料牌号及质量等级的选用和材料规格的选用。

冲压材料牌号及质量等级的选用主要考虑冲压件的使用要求和冲压工艺要求。一方面,为保证冲压件在机器或部件中正常工作,从而要满足相关的强度、刚度、韧性以及防腐、耐热等方面的要求;另一方面,所选材料的冲压成形性能应满足冲压件的冲压工艺要求,以保证能稳定地冲出质量合格的产品。一般来说,冲压件材料牌号及质量等级在产品设计时确定。附录1列出了常用冲压材料的机械性能。

冲压材料规格的选用也很重要,它涉及冲压生产方式、材料的剪裁方案和利用率。冲压

用材料有各种规格的板料和带料。较大尺寸规格的板料,一般用于大型零件的冲压,对于中小型零件,多数是将板料剪裁成条料后使用。带料(也称卷料)有各种规格的宽度,展开长度较大,适用于自动送料的冲压生产。附录 2 列出了轧制薄钢板的常用尺寸规格。

另外,在选用冲压板材时,还要注意有冷轧、热轧之分和软硬状态之别。一般地,冷轧板尺寸精确,偏差小,表面缺陷少,内部组织致密,冲压性能更优。板料的供货状态则有软(M)、半硬(Y2)、硬(Y)和特硬(T)四种,相应的力学性能是有差别的。

1.5 冷冲模设计与制造概论

冲压模具是实现冲压加工的工艺装备,冲模的设计必须遵从冲压成形的原理和规律,因此,冲压模具的开发总是从冲压工艺的设计开始,冲压工艺与冲压模具密不可分。

1.5.1 冲压模具开发的流程

一般来说,冲压模具的开发包括四个阶段,即:冲压工艺设计、模具设计、模具制造和模具调试。随着模具开发技术和管理手段的日趋先进,以及标准化程度的不断提高,各环节之间的衔接越来越紧密,甚至集成化进行,例如 CAE/CAD/CAM 技术的集成应用。图 1-21 所示为冲压模具开发的一般工艺流程。

图 1-21　冲压模具开发的工艺流程

1.5.2 冲压模具设计的内容和步骤

冲压工艺及模具的设计过程牵涉到的内容很广、很多,要综合考虑、全面兼顾各方面的要求和具体实施条件,大体可依下述步骤进行。需要说明的是,有些步骤的内容相互联系、相互制约,应前后兼顾和呼应,有时还要互相穿插进行。

1. 充分了解原始资料

在接到冲压件的生产任务后,首先要熟悉原始资料,透彻地了解产品的各种要求和生产条件,作为后续各设计步骤的依据。原始资料一般包括以下各项:

(1)生产任务书或产品图及其技术条件。若是按样件生产,要了解冲压件的功用以及在机器中的装配关系和技术要求,并反映于测绘图中。

(2)原材料情况。包括板材的尺寸规格、质量状态及相关机械性能指标。

(3)冲压件的生产纲领或生产批量。

(4)现有冲压设备的型号、技术参数和使用说明书,以及生产车间的平面布置情况。

(5)模具制造的能力和技术水平。

(6)各种技术标准及资料。

2. 冲压件的工艺性分析

对冲压件的形状、尺寸、精度要求和材料性能进行分析,对其必需的冲压工艺进行技术和经济上的可行性论证,判断该产品在技术上能否保质、保量地稳定生产,经济效益如何。

首先,判断该零件需要哪几类、什么性质的冲压工序,各中间半成品的形状和尺寸由哪道工序完成,有时根据冲压原理可分几种情况考虑。然后,逐个分析各道工序的冲压工艺性,裁定该冲压件加工的难易程度,确定是否需要采取特殊的工艺措施。凡冲压工艺性较差的,须会同产品设计人员,在保证产品使用要求的前提下,对冲压件的形状、尺寸、精度要求及原材料作必要的修改。

3. 确定冲压工艺方案

结合必要的工艺计算,并经综合分析和比较,确定最佳工艺方案。这是十分重要的环节,现详述其过程如下。

(1)列出冲压工艺所需的全部单工序

根据产品的形状特征,判断出它的主要属性,如冲裁件、弯曲件、拉深件或翻边件等,初步判定它的工艺性质,如落料、冲孔、弯曲、拉深等。许多冲压件的形状能直观地反映出其冲压加工的性质类别。如图 1-22 所示的平板件,需用剪裁、冲孔和落料工序,有的冲压件则需进行精细的分析和计算才能确定其生产过程应包含的所有冲压工序。

图 1-22 冲裁件

如图 1-23 所示的两个冲压零件,形状极为相似,仅管壁高度不同,图 1-23(a)为油封内夹圈,管壁高 8.5mm,经工艺计算可用落料、冲孔、圆孔翻边三道冲压工序完成。而图 1-23(b)所示的外夹圈,管壁高 13.5mm,经计算,若用落料、冲孔、圆孔翻边三道工序进行冲压,圆孔翻边超过了材料的极限变形程度,翻边时必然产生开裂,因而应先采用拉深工艺获得一部分管壁高度,然后于拉深件底部冲孔,最后进行圆孔翻边获得零件高度。因此,零件应由落料、拉深、冲孔、翻边五道工序加工生产。

有时,为了保证冲压件的精度和质量,以及冲压加工的稳定性,或为了减少工序数、提高材料利用率等,也要改变工序性质和工艺安排。

如此确定了产品的基本工序性质后,即可进行毛坯外形尺寸计算。对于拉深件,还应进一步计算拉深次数、是否采用压边圈等,以确定拉深工序数。甚至弯曲件、冲裁件等也要根

图 1-23　油封内夹圈和外夹圈的冲压工序

据其形状、尺寸和精度要求,确定一次或几次加工。

(2)冲压顺序的初步安排

对于所列各道加工工序,根据其变形性质、质量要求、操作的方便性等因素,对工序的先后次序作出安排。其一般原则为:

1)对于带有孔或缺口的冲裁件,若选用单工序模,一般先落料,再冲孔或冲缺口;若用级进模生产,则落料应作为最后工序。

2)对于带孔的弯曲件,其冲孔工序的安排,应参照弯曲件的工艺性分析,并考虑孔的位置精度、模具结构和操作方便等因素来决定。

3)对于带孔的拉深件,一般应先拉深,后冲孔,但当孔的位置在材料的非变形区,且孔径相对较小,精度要求不高时,也可先冲孔,后拉深。

4)多角弯曲件,有多道弯曲工序,应从材料变形影响和弯曲时材料窜动的趋势两方面来分析、确定弯曲顺序。一般先弯外角,后弯内角。

5)对于形状复杂的拉深件,为便于材料的变形流动,应先成形内部形状,再拉深外部形状。

6)有的冲压件不仅形状复杂,而且需要变形性质不同的多种成形工序,这时要仔细分析材料流动的规律、特点及相互影响,并考虑模具结构,来安排各工序顺序。一般来说,变形程度大、变形区域大的成形工序应安排在前面,所以,工程中这类零件往往是先进行拉深,后安排局部胀形、翻边、弯曲等工序。

7)必要的整形、校平等工序,应安排在相应的基本成形工序之后。

(3)工序的组合

将所有的单工序初步排序后,为提高生产效率,降低模具成本,还须根据产品的生产批量、精度要求、尺寸大小以及模具制造水平、设备条件等多种因素,进行综合分析,对某些单

工序进行必要而可行的组合或复合,并有可能对原来的排序作个别调整。一般来说,厚板料、低精度、小批量、大尺寸的冲压件宜单工序生产,用单工序模;薄板料、大批量、小尺寸的冲压件宜用级进模进行连续生产;而大批量、形位精度高的产品,可用复合模生产,也可只复合部分工序。

经过冲压工序的顺序安排和组合,就形成了工艺方案。可行的工艺方案可能不止一个,还须从中进行筛选,取其最佳方案。

(4)最佳工艺方案的确定

技术上可行的各种工艺方案总是各有其优缺点的,还要从综合经济效益方面深入研究、认真分析、反复比较,从中选取一个最佳方案,使其既能可靠保证产品质量和生产率,又使设备资源和人力资源的占用最少,原材料利用率最高,同时,模具的制造和维修成本最低,生产操作安全、方便。总的来说,在保证产品质量的前提下,生产批量较大时,应着重考虑劳动生产率和材料利用率,生产批量较小时,则着重考虑模具成本,并兼顾生产率。

4. 完成工艺计算

工艺方案确定后,要对每道冲压工序进行工艺计算,其内容大致如下:

(1)毛坯或工序件形状和尺寸及材料利用率,若用条料生产,还须画出完整的排样图。

(2)各种力的计算,并得出总的冲压力和冲压功。

(3)求解压力中心。

(4)凸、凹模工作部分尺寸计算。

5. 确定冲模类型及总体结构

其实,这个环节的内容在确定冲压工艺方案时就有所考虑,这里作进一步细化。针对每一道冲压工序,它包括以下内容:

(1)确定模具类型:是简单模、级进模还是复合模(顺装式还是倒装式)。

(2)确定操作方式:是自动化操作、半自动化操作还是手工操作。

(3)确定毛坯或工序件的送进、定位方法和零件的取出及整理方式。根据工序内容、特点和零件精度来考虑,保证定位合理、可靠,操作安全、方便。例如:以毛坯的哪部分定位,能否用导正销导正,侧刃的结构类型如何等等。

(4)确定压料与卸料方式:压料或不压料、弹性或刚性卸料、用弹性件还是机床气垫等。

(5)确定合理的导向方式:包括导向类型、导向间隙、导向数量及分布、是否对凸模采用导向保护等。

(6)绘制模具草图,估算模具总体尺寸。

在这个过程中,一定要注意人身安全的考虑。包括操作者的站位和移位,送料、取件和除废料等所有动作,都要尽量保证操作者肢体不易进入模具危险区,或增加防护措施。另外,较重的模具或零件(20kg 以上)要有起重措施,保证运输安全。

6. 选择冲压设备

根据工艺计算和模具总体尺寸的估算值,结合现有设备条件,合理选择各道冲压工序的冲压设备。具体要求见第一章相关内容。

7. 完成模具设计

针对每道冲压工序,在模具总体结构和尺寸的基础上,完成各零部件的结构、装配关系的设计以及标准件的选用,绘制模具装配图和非标准零件图。其主要内容和要求如下:

（1）主要零部件的结构设计要充分考虑其制造、装配和维修的工艺性。对易损件或易损部分，以及局部强度和刚性差的零件，条件允许下，尽量采用快换结构或镶拼、镶套结构，各非标准零件之间的联结方式在合理、可靠的前提下，要考虑拆卸、装配的方便。

（2）尽量选靠已经标准化（国家标准、行业标准、企业标准），尤其是已经商品化的零件。

（3）根据零件的功用、形状结构和尺寸，合理选用材料及热处理要求。

（4）通过计算，确定弹性元件（弹簧、橡胶等）的规格和数量。

（5）绘制模具装配图和非标准件的零件图。

8. 编写工艺文件和设计计算说明书

工艺文件一般指冲压工艺卡片，它将工艺方案及各工序的模具类型、冲压设备等以表格形式表示出来。其栏目有工序序号、工序名称、工序件形状和尺寸示意图、模具类型与编号、冲压设备型号、检验要求等。

设计计算说明书应简明而全面地记录各工序设计的概况：工艺性分析及结论，工艺方案的分析、比较和最佳方案的确认，各项工艺计算结果，各工序模具类型、结构和设备选择的依据和结论。并插以必要的简图说明。

冲压工艺卡片是重要的技术文件，是组织和实施冲压生产的主要依据。

1.5.3 冷冲模制造特点

模具作为成型加工的专用工具，有其不同于一般机械产品制造的特点、要求和工艺手段。在确定其制造工艺方案以及制造过程中，甚至在模具设计阶段，应该有充分的考虑，以保证模具质量，降低模具成本。

1. 模具的制造精度高

冲压加工是在冷冲模的上、下模相向运动而闭合的过程中完成的，冲压成形工艺的复杂性以及冲压件的质量要求决定了模具的制造精度较高，一般来说，模具的制造精度要比相应的冲压件精度高 3～4 个等级。主要体现在模具零件的制造精度和模具的装配精度两方面。

在模具零件的制造方面，首先是凸、凹模工作面的形状、尺寸精度。凸、凹模是直接使坯料成形的工作零件，在工作面的形状上，必须有完全的相似性，并且与制件相同；在尺寸控制上，必须满足冲压工艺要求，有时凸、凹模工作尺寸相差极小，几近于零，如薄板料的冲裁模；工作面的粗糙度往往很低，如拉深、成形模。而冲压件的结构形状往往很复杂，并且，尺寸很大时，凸、凹模需多块镶拼，尺寸很小时，强度与刚度差，需采取措施。其次，为保证每对凸、凹模的工作间隙均匀，以及工作时上、下模的定向运动，相关的众多零件必须具有很高的尺寸、形状和位置精度，如：导向零件的配合精度，模座、固定板等板类零件的平面度、平行度和孔系坐标精度等。如图 1-24 所示的冲孔，冲裁间隙为 0.05 mm，凸、凹模间隙均匀度允差为 0.012mm，尽管冲压件的孔距尺寸为 $30 \pm 0.1mm$，但凸模固定板的两个凸模固定孔与两

图 1-24 凸、凹模的坐标尺寸控制

个凹模孔的孔距尺寸公差之和应小于间隙均匀度允差 0.012mm,凹模孔及凸模固定孔的孔距偏差均需控制在±0.003mm 以内。

在模具装配方面,尽管模具零件的制造精度较高,但装配时的累积误差有时仍然会很大,满足不了模具的工作要求,所以,还需要有正确的装配工艺,严格控制各装配环节(部件装配、总装配、检测等)的质量,以保证模具的整体精度要求。

2. 模具的使用寿命长

对于模具的使用寿命,除了时间概念上的理解外(一定的使用频率下),更重要的依据是正常使用时连续生产产品的数量,或模具工作行程的次数。

冲压模具在工作中承受的冲击载荷大,表面摩擦强烈,磨损与发热严重,有时还产生材料附着,造成制件不合格。另外,由于冲压模具工作行程的频率较高,最低的也接近每分钟十次,高的达到每分钟数千次,严重的机械疲劳和发热使工作零件的强度、硬度和耐磨性受到削弱而失效,从而影响产品质量。

这些因素一旦造成模具工作不正常或产生不良制件,就必须停机修模,或更换相关零件。修模的过程有时很复杂,甚至需要将模具从压力机上卸下,如果占用时间较长,势必造成严重停产,频繁或长时间修模无论是对生产进度还是对机床利用率都是极其不利的,最终影响企业效益。对此,一方面要合理选用模具材料,同时对零件的加工工艺要再三斟酌,尽量消除不良因素的潜在影响,尤其是热处理工艺,应合理采用一些新的强化手段,提高模具的寿命。

3. 模具属于单件制造

冲压生产效率较高,一般都能满足产品的批量要求,因此,在生产企业里,对应于某具体零件的冲压加工,一般只需一副或一套模具,生产批量特别大的,有时制造几副或几套模具,都属于单件制造。

模具的这一属性首先决定了模具制造不可能采用专用设备,也不可能为模具制造开发专用夹具,最多有时制作一些简单的二类工具;其次,由于单件制造,加之精度较高,需要反复调试,势必使得制造周期较长,有时会与产品开发期限相冲突;第三,由于制造周期长,资源(资金、人力和设备)占用时间必定也长,所以模具成本较高。这几方面连带的影响,要求模具企业要有先进、高效的管理理念和机制,采用先进的制造技术和设备,培养高水平的模具设计人员、工艺人员和技术工人,从而降低模具成本和缩短制造周期。

1.5.4 冷冲模零件材料及毛坯

1. 模具零件材料

目前,冲压模具的制模材料以钢为主,少数零件采用铸铁、硬质合金等材料制造。在进行模具零件选材及热处理安排时,应根据具体零件的作用、工作条件和寿命要求,结合工程材料相关知识,合理而灵活地确定。例如,冲模的垫板主要承受冲击载荷,分散冲击力,以免模座被压陷(铸铁抗冲击能力差),当冲压力较大时,应选 T7 或 T8 材料并淬火处理,当冲压力较小时,用 45 材料即可,冲压力太小时甚至不用垫板。表 1-8 所示为冲模工作零件常用材料及热处理,表 1-9 所示为冲模其他零件常用材料及热处理。

表 1-8　冲模工作零件常用材料及热处理

模具类型及特点		常 用 材 料	最终热处理	硬度（HRC）	
				凸模	凹模
冲裁模	形状简单，板料厚度＜3mm	T8A，T10A 9Mn2V，Cr6WV	淬火＋低温回火	58～62	58～62
	形状复杂，板料厚度＞3mm，要求耐磨性高	7 CrSiMnMoV Cr12，Cr12MoV， Cr4W2MoV，Cr WMn	淬火＋低温回火	56～60	58～62
弯曲模	一般弯曲模	T8A，T10A	淬火＋低温回火	54～58	56～60
	形状复杂，生产批量特大，要求耐磨性很高的弯曲模	Cr WMn，Cr12 Cr12MoV	淬火＋低温回火	60～64	60～64
	热弯曲模	5CrNiMo，5CrMnMo	淬火＋低温回火	52～56	52～56
拉深模	一般拉深模	T8A，T10A	淬火＋低温回火	58～62	60～64
	生产批量特大，要求耐磨性很高的拉深模	Cr12，Cr12MoV YG8，YG15（硬质合金）	淬火＋低温回火 —	62～64 —	62～64 —
	不锈钢拉深模	W18 Cr 4V YG8，YG15（硬质合金）	淬火＋低温回火 —	62～64 —	62～64 —
	大型拉深模	QT600	表面淬火	60～64	60～64
	热拉深模	5CrNiMo，5CrMnMo	淬火＋低温回火	52～56	52～56
成形模	一般成形模	T8A，T10A	淬火＋低温回火	58～62	60～64
	复杂成形模	Cr WMn，Cr12	淬火＋低温回火	62～64	62～64
	大型成形模	QT600	表面淬火	60～64	60～64

表 1-9　冲模附属零件常用材料及热处理

零件名称	常用材料	热处理	硬度（HRC）
上、下模座	HT200，HT250，Q235，45	铸件时效	—
模柄	Q235，Q275	—	—
导柱、导套	20 QT400	渗碳＋淬火＋回火 表面淬火	60～64
固定板、顶板、托料板、卸料板	Q235，Q275 45	— 调质	— 22～28
导料板、挡料销	45	淬火＋回火	40～45
导正销、定位销、定位板、垫板	T7，T8 45	淬火＋回火	50～55 43～48
推杆、推板、顶杆	45	调质	22～28
侧刃、侧刃挡块	T8A，T10A	淬火＋回火	53～58
压边圈	T8A	淬火＋回火	53～58
滑块、镶块	T8A，T10A	淬火＋回火	56～60

2. 模具零件的毛坯形式

　　由于各类模具零件的功用和要求不同，形状、尺寸也千差万别，采用不同的毛坯形式对模具零件的性能、寿命及模具成本有较大的影响。模具零件的毛坯一般有型材、锻件和铸件三种形式，现分别简介如下。

　　（1）型材。型材是市场上大量供应的各种截面形状和规格尺寸的材料，如各种牌号和直径的圆钢、六角钢、钢管以及各种厚度的板材等。显然，选用型材作为毛坯最简便，毛坯制作

周期短,成本也较低。

(2)锻件。锻件是将圆钢在高温下通过反复锻打成型所得到的毛坯制件。锻造的主要目的有三个方面:

一是得到合理的毛坯几何形状和机械加工余量,节省原材料和减少机械加工工作量。同时,通过锻打,提高了材料的致密度,并能得到良好的机械加工性能。

二是改善坯料的纤维方向,使其分布合理,提高零件的承载能力,并且由于纤维流线分布复杂,材料的各向异性降低,减少了淬火时各方向变形的差异。例如:图 1-25 所示为以圆钢作为毛坯加工后的纤维断续分布情况,图 1-26 所示为采用锻件毛坯,先将 V 形面锻出,加工后,材料纤维仍然沿 V 型表面连续分布,二者的抗拉、抗弯能力,强弱立判。

图 1-25　圆钢毛坯加工的凹模

图 1-26　锻件毛坯加工的凹模

三是改善材料内部碳化物的形态和分布。目前,模具的工作零件都大量使用高碳、高铬工具钢,这类钢在冶炼、轧制过程中往往留下极硬、极脆且分布不均匀的网状碳化物组织,降低了材料的力学性能和热处理工艺性能,从而降低模具的使用寿命,通过锻造,上述缺陷将大大减少甚至消除。

由于模具是单件制造,模具零件的锻件毛坯一般用自由锻造而非模锻方式制造。

(3)铸件。铸件是使液态金属在特定型腔内凝固后所得一定形状和尺寸的毛坯制件。模具中,铸件一般用作承受压应力、受摩擦、尺寸不太小的零件的毛坯,多为铸铁。铸件毛坯在进行机械加工前需进行时效处理,以消除内应力。

模具零件的毛坯形式可根据表 1-10 所列几个方面因素来综合确定。一般地,铸件毛坯比较容易确定,基本上只有铸铁,有时也用铸钢件;钢件毛坯是用型材还是锻件,主要考虑零件的工作要求和结构尺寸,有时,结构比较简单的零件也需用锻件毛坯,图 1-25 和图 1-26 已经说明了这一点。

表 1-10　模具零件的毛坯形式选择

	型　材	锻　件	铸　件
材料类别	各种钢材,但 Q235 等工程用钢不能进行热加工,只能用型材毛坯		铸铁或铸钢
零件功用	载荷简单或较次要的零件。如顶杆、模柄、凸模、凹模套等	承载能力要求高或比较关键的零件。如凹模、凸模等	仅受压应力或表面摩擦强烈的零件
结构形状	比较简单、规则	比较复杂	
零件尺寸	中等或较小	中等或较大	较大。如冲模模座、大尺寸导柱和导套等

1.5.5　冷冲模的精密加工

对于形状规则、结构简单、技术要求不是很高的模具零件,在普通的机械加工设备(车、铣、刨、钻、平面磨、内外圆磨)上即可直接加工完成,但冲压模具中更多的是形状和结构比较复杂或技术要求较高的零件,必须采用先进的加工设备或特殊的工艺方法才能高质量、高效率地完成零件的加工。

1. 成形磨削加工

大多数情况下,凸模和凹模的截面轮廓并非简单的圆形或矩形,而是由一些圆弧与直线组成的复杂形状,如图 1-27 所示。成形磨削就是将需要磨削的轮廓划分成单一的直线和圆弧段,逐段进行磨削,并使他们互相连接圆滑、光整,达到图面的技术要求。

图 1-27　复杂的凸、凹模截面形状

成形磨削可以在成形磨床、平面磨床、万能工具磨床和工具曲线磨床上进行,但使用比较广泛的是在平面磨床上采用成形砂轮或夹具进行磨削。

(1)成形砂轮磨削法

成形砂轮磨削法是将砂轮修整成与工件被磨削表面完全吻合的形状,进行磨削加工,以获得所需要的成形表面,如图 1-28 所示。此法一次所能磨削的表面宽度不能太大,否则砂轮的修整比较困难。

(2)夹具磨削法

夹具磨削法是借助夹具,使工件的被加工表面处在所要求的空间位置上,或使工件在磨削过程中获得所需要的进给运动,磨削出成形表面。图 1-29 所示是用夹具磨削圆弧面的加工示意图,工件除作纵向进给 f 外(由机床提供),还可以借助夹具使工件作圆周进给。

这里介绍两种简单的成形磨削夹具。

1)正弦精密平口钳和正弦磁力夹具

正弦精密平口钳如图 1-30(a)所示,夹具由

图 1-28　成形砂轮磨削法

图 1-29　用夹具磨削圆弧面

带正弦规的平口虎钳和底座 6 组成。正弦圆柱 4 被固定在虎钳体 3 的底面,用压板 5 使其紧贴在底座 6 的定位面上。在正弦圆柱和底座间垫入适当尺寸的量块,可使虎钳倾斜成所需要的角度(不超过 45°),以磨削工件上的倾斜表面,如图 1-30(b)所示。量块尺寸按下式计算:

(a) 正弦精密平口钳　　　　　　　　(b) 磨削示意图

1-螺柱　2-活动钳口　3-虎钳体　4-正弦圆柱　5-压板　6-底座

图 1-30　用正弦精密平口钳磨斜面

$$h = L \sin \alpha \tag{1-16}$$

式中　h——垫入量块尺寸(mm)；

　　　　L——正弦圆柱的中心距(mm)；

　　　　α——工件需要倾斜角度。

图 1-31 所示为正弦磁力夹具,其结构和应用情况与正弦精密平口钳相同,其电磁吸盘能倾斜的最大角度也是 45°,二者的唯一区别在于正弦磁力夹具是用磁力代替平口钳夹紧工件。这两种磨削夹具,若配合成形砂轮也能磨削平面与圆弧面组成的复杂形状表面。

1-电磁吸盘　2-电源线　3、6-正弦圆柱　4-底座　5-锁紧手轮

图 1-31　正弦磁力夹具

利用上面两种夹具进行成形磨削时,被磨削表面的尺寸,常采用测量调整器、量块和百分表进行比较法测量。测量调整器的结构如图 1-32 所示,量块座 2 能在三脚架 1 的斜面上沿 V 形槽上下移动,当移动到适当位置后,用滚花螺母 3 和螺钉 4 固定。为了保证测量精度,量块座沿着三脚架的斜面移到任何位置时,量块支承面 A、B 都应分别与测量调整器的安装基面 C、D 保持平行,其误差不大于 0.005mm。

2)正弦分中夹具

正弦分中夹具主要用于在普通磨床上磨削凸摸上具有同一轴线的不同圆弧面、等分槽及平面,夹具结构如图 1-33 所示。

工件支承在顶尖 7 和 6 上,顶尖座 4 可沿底座上的 T 形槽移动,用螺钉 3 固定。旋转手轮 5 能使尾顶尖 6 移动,用以调节工件和顶尖间的松紧程度。顶尖 7 装在主轴的锥孔内。转动手轮(图中未画出),通过蜗杆 13、蜗轮 9 传动,带动主轴、工件(通过鸡心夹头)以及装在主袖后端的分度盘 11 一同转动,可使工件实现圆周进给以磨削圆弧面,或停在某一方位磨削平面。

分度盘的作用是控制工件的回转角度,其工作原理如图 2-30 所示。分度盘上有四个正

1-三脚架　2-量块座　3-滚花螺母　4-螺钉

图 1-32　测量调整器

1-前顶尖座　2-底座　3-螺钉　4-后顶尖座　5-手轮　6-尾顶尖　7-前顶尖　8-主轴
9-蜗轮　10-读数指示器　11-分度盘　12-正弦圆柱　13-蜗杆　14-量块垫板

图 1-33　正弦分中夹具

弦圆柱,其中心均处于直径 D 的圆周上,并将所在圆周四等分。磨削时,如果工件回转角度的精度要求不高,则转角可直接由分度盘外圆周面上的刻度和读数指示器读出,若回转角的精度要求较高,可在量块垫板 14 和正弦圆柱 12 之间垫入适当尺寸的量块进行控制。

例如,工件需要回转的角度为 α,转动前,正弦分度盘的位置如图 1-34(a)所示,转过角度后,正弦分度盘的位置如图 1-34(b)所示。为控制转角,垫入的量块尺寸为:

$$h_0 = h - \frac{d}{2} \tag{1-17}$$

及

$$h_1 = h - \frac{D}{2}\sin\alpha - \frac{d}{2} \tag{1-18}$$

式中　h_1, h_2——控制工件回转角度需要垫入的量块尺寸(mm);

h——夹具主轴中心至块规支承面的距离(mm);

D——正弦圆柱中心所在圆的直径(mm);

α——工件转过的角度(°)

d——正弦圆柱的直径(mm)。

图 1-34　分度盘的工作原理

2. 坐标镗床加工

坐标镗床最早研发于瑞士,至今已应用、发展了近百年。精密的坐标定位系统是坐标镗床的核心组成,因此,坐标镗床最适合加工高精度的孔系零件,如冲模的固定板等。在坐标镗床上镗孔,孔径尺寸精度能达到 IT6 级,坐标定位精度能达到 0.002~0.006mm。此外,在坐标镗床上还可以进行铣削加工、精密划线以及精密测量,精铣平面时,尺寸精度能达到 IT6 级以上,表面粗糙度可达 Ra0.8μm,平面度误差在 0.004~0.01mm 之间,位置度误差可控制在 0.01mm 以内。

3. 光学曲线磨床加工

光学曲线磨床是利用投影放大原理,在磨削时将放大的工件影像与相同比例的放大图样进行比较,操纵砂轮将图线以外的余量磨去,而获得精确的型面。用于磨削由平面曲线、直线单向平移或回转后所构成的型面,适合加工较小的凸模和凹模镶块、形状复杂的精密样板等零件,磨削精度可达±0.01mm。

光学曲线磨床由光学投影测量系统、多自由度磨头和带有坐标测量装置的工作台等组成。机床各部分的运动如图 1-35 所示,即:

(1)砂轮做高速旋转运动($C_{y砂}$)。

(2)磨头沿磨头座上的滑板导轨做上下往复运动($Z_磨$)。

(3)磨头可绕水平 Y 轴扳动一定角度($C_{y磨}$)。

(4)磨头座可做纵向运动($X_磨$)和横向移动($Y_磨$);

(5)磨头座可绕水平 X 轴做回转扳动($C_{x磨}$)一定角度。

(6)磨头座可绕垂直 Z 轴扳动一定角度($C_{z磨}$)。

(7)坐标工作台可在 3 个坐标方向移动,分别为 $X_工$、$Y_工$ 和 $Z_工$。

可见,在光学曲线磨床上加工零件,可以灵活控制从工件到刀具(磨头)的多自由度运动,从而能加工复杂形状的型面。

目前,光学曲线磨床的光学系统放大倍数为 25、30、50 倍。磨削较大工件时,由于光屏

图 1-35　光学曲线磨床的运动

尺寸有限,必须分段磨削,此时放大图应按一定的基准线分段绘制,磨削时,按基准线互相衔接,完成加工。这样,在磨削过程中,就必须改变工件的安装位置,所以一般不将工件直接固定在工作台面上,而是利用专用夹板、精密平口虎钳等附件固定工件,或是使用简单夹具根据预先设计的工艺孔定位。

由于光学曲线磨床是以逐步磨削的方式加工工件,砂轮的磨削接触面小,磨削点的磨粒容易脱落,所以选用的砂轮比平面磨床所用的成型砂轮硬 1~2 级,多为薄片形式。

4. 数控切削加工

数控机床是用计算机控制的高效自动化机床,它综合应用了自动控制、计算机技术、精密测量和机床结构等方面的最新成就。数控加工就是由机床的控制系统根据输入程序发出数字信息指令控制机床的运动,使刀具与工件之间产生精确的相对运动从而实现对零件的加工。数控加工的技术优势在于:复杂形状的加工能力强、加工精度高、加工效率高、加工柔性好。

目前,数控加工在机床方面趋向更高程度的自动化、加工柔性和效率,如自动换刀的加工中心;在工艺及编程方面已普遍应用 CAM 技术,与 CAD 实现无缝衔接。广泛用于冲压模具制造的数控切削机床主要为数控铣床、数控加工中心、数控磨床。

(1)数控铣床加工。数控铣床主要用于各种平面、沟槽和复杂曲面的加工。根据零件的复杂程度和精度要求不同,可采用两坐标联动、三坐标联动或四、五坐标联动的数控铣床。数控铣床的加工精度可达 IT6 级,坐标定位精度达 0.005mm,但不适于加工淬火件,加工模具工作零件的复杂型面时,后续工序一般是热处理后进行数控磨削或直接抛光。

(2)加工中心加工。加工中心与一般数控机床最主要的差别是可预先配置刀库,实现自动换刀,从而工序集中程度和加工效率更高,加工柔性更好。冷冲模造中常用的加工中心为铣镗加工中心,用于精密孔系和复杂型面的加工。

(3)数控成形磨床加工。数控成形磨削有两种形式:第一种形式是利用数控修整装置,自动修整出所需的成形砂轮,然后利用成形砂轮磨削工件,磨削精度比前述的普通成形磨削高。第二种形式是通过控制机床的多轴联动对复杂的空间型面进行精密磨削,砂轮的修整可在线进行,并自动补偿修整量,磨削曲面轮廓度可达±0.006mm。数控成形磨削适于加工拉深模、成形模的复杂型面。

(4)连续轨迹数控坐标磨床加工。连续轨迹数控坐标磨床加工的最大特点是可对复杂轮廓形状进行连续的轨迹磨削,除砂轮主轴的自转外,其主要的机床运动如图1-36所示。图中各轴运动均为数控,并且能实现多轴联动。Z、U、C三轴联动可磨削锥孔,X、Y联动可磨削复杂的平面曲线,利用特殊附件和Z轴运动可磨削内型的尖角,若辅以回转工作台和沿X轴的翻转,可加工更复杂的型面。数控坐标磨床能磨削小于ϕ1mm孔,其坐标定位精度可保证0.003mm,坐标重复定位精度0.002mm,单独加工凸、凹模,能保证0.002～0.003mm的单边间隙。在高精密冲模、多工位级进模的制造中,连续轨迹数控坐标磨床加工的优越性十分显著。

5. 高速切削加工

高速切削机床也是数字控制的机床,这里因其"高速"的特点而独立出来。20世纪30年代,有科学家通过实验发现:在常规的切削速度范围内,切削温度随着切削速度的增大而提高,但当切削速度增大到某一数值以后,切削速度再增大,切削温度反而降低。此后引发了众多科学家对此进行大量的研究,目前对高速切削的机理仍在探索中,较有代表性的解释是:由于刀具和工件的相对运动速度提高到一定数值后,切削热来不及传到工件和刀具上,而被切屑带走。

高速切削是一个相对概念,到目前为止,世界各国对高速切削的速度范围尚未作出明确的定义,通常把切削速度比常规切削速度高5～10倍以上的切削称为高速切削。不同的材料、不同的切削形式,高速切削速度的范围也不同,对于钢材的切削加工,一般应在500m/min以上,磨削在10 000m/min以上。高速切削具有以下特点:

x-工作台纵向　　y-工作台横向
z-主轴套筒上下方向　w-主轴箱上下方向
c-砂轮的行星运动　u-行星运动的径向进给
图1-36　连续轨迹数控坐标磨床的运动

(1)切削效率高。切削速度比传统的切削加工高5～10倍,大大缩短了零件加工时间,生产效率普遍提高3倍以上。

(2)加工精度高。高主轴转速、高进给速度的高速切削加工,其激振频率特别高,远远超出机床-工件-刀具系统的固有频率范围,使加工过程平稳、振动较小,可实现高精度、低粗糙度加工,获得接近磨削的加工质量。另外,由于切削力小,可减少工件变形。高速切削的尺寸精度可达到0.01mm;表面粗糙度可低于Ra1μm,可作为最后加工工序。

(3)可加工高硬度材料。高速切削能加工淬硬钢件,工件硬度可达55～60HRC。

高速切削机床的主轴转速一般为15 000～40 000r/min,更高的可达100 000r/min以上,相应的进给速度也较高,一般为50～120m/min,因此,机床的结构和控制系统以及使用

的刀具都比一般数控机床的规格高。高速切削机床自20世纪末问世以来,就在模具制造中发挥了无与伦比的优越性,某种程度上有代替磨削和电火花加工的前景。

用于冷冲压模具制造的高速切削主要为高速铣。与常规铣削相比,高速铣削有着加工精度高、表面质量好、生产效率高、刀具寿命长、可加工淬硬工件的巨大优势。与电火花成型相比,加工效率更是天壤之别,除窄缝、深槽等细微结构不宜采用高速铣削外,一般的内、外型面加工都可代替电火花加工,并且工件表面层组织不受破坏。

6. 特种加工

特种加工是相对上述机械切削加工而言,即其去除工件余量的原理不是利用刀具对工件材料的机械切削。用于冲压模具制造的特种加工方法主要有电火花成形和电火花线切割,下面仅简单介绍它们的原理和特点,详细的工艺及操作参见相关专业书籍。

(1)电火花成型加工

电火花加工是一种利用电、热能量对金属进行腐蚀加工的方法。在加工过程中,工具电极和工件之间不断产生脉冲性的火花放电,靠放电时局部、瞬时产生的高温将金属腐蚀掉。电火花加工的主要特点是:无显著"切削力"、能以较软的工具电极加工任何硬度的导电材料、通过调整电参数可进行不同精度的加工。

电火花成型是在电火花成型机床上,利用专用工具电极,在工件上加工出与工具电极相同形状和尺寸的型面。电火花成型可分为两类,即型腔加工和穿孔加工,二者的加工方法有很大不同。目前冲压模具制造应用电火花成型加工较少,且一般是穿孔加工。穿孔加工是指利用电极加工通孔,多数情况下已为线切割所代替。

此外,近年还发展了数控电火花成型技术,它是控制极小尺寸电极沿复杂轮廓线运动而获得所需形状,因此也称电火花"铣削"。其粗、中、精加工能自动变换、自动定位,还能实现多轴联动,适合加工复杂、细微结构的型面,如复杂轮廓的冲裁刃口、成形模的复杂型面。

(2)电火花线切割加工

电火花线切割加工简称"线切割",其基本原理与电火花成型完全一样,也是利用工具电极与工件电极间的放电腐蚀进行加工,不同的是,其工具电极无需根据零件形状专门制造,而是一根标准的、直径为$\phi0.06mm \sim \phi0.3mm$的金属丝。图1-37所示为电火花线切割原理示意图,工件与电极丝分别与脉冲电源的正、负极相连,电极丝缠绕在储丝筒上,并通过上、下导轮闭合循环。工作时,储丝筒正反旋转,带动电极丝往复运动,同时,工作台带动工件按程序指令做水平面内的运动,从而实现电极丝按一定轨迹"切割"工件而获得所需形状。线切割适合加工上下贯通的各种形状的内孔和外廓面。

图1-37 电火花线切割加工原理

线切割加工的工艺过程如图 1-38 所示,其中,准备工作十分重要,主要有机床调整(上电极丝、电极丝垂直度校核等)、工件准备(磨基准面、钻必要的穿丝孔、工件装夹及校准等)和编程(选择工艺基准、确定切割路线、编写程序等)三部分。目前线切割程序指令主要用 3B 代码或 G 代码,这里不予细述。

图 1-38　线切割加工的步骤

广泛使用的线切割机床有快走丝和慢走丝两种(近年市面上也出现了性价比更佳的中走丝线切割机床),表 1-11 所示为两种线切割加工的比较。

表 1-11　快走丝与慢走丝线切割的比较

项　目	快走丝线切割	慢走丝线切割
加工极性	正极性	
脉冲电源	高频、窄脉冲	
常用电极材料	钼、铜、钨	铜锌合金(CuZn20,CuZn37),熔点更高
走丝速度	7～10m/s	<0.2m/s
电极丝使用	单向紧丝调整;反复使用	双向张紧,抖动更小;一次性使用
加工精度	±0.01mm;Ra0.8～1.6mm	±0.002～0.005mm;Ra0.4～0.2mm
工件要求	无特殊要求	热处理时,穿丝孔加堵塞保护

线切割加工在冲压模具制造中应用非常普遍,断面形状复杂的凸模、凹模、固定板、卸料板等以及形状、位置尺寸精度较高的孔系零件,通常都采用线切割加工。尤其慢走丝线切割,是精密冲压模具制造不可缺少的加工手段。

7. 冲模零件的光整加工

光整加工是指以降低零件表面粗糙度、提高表面形状精度和增加表面光泽为主要目的的研磨和抛光加工,统称为光整加工。在模具制造中,光整加工主要用于模具的成型表面、精密导向面等,对提高形状精度和模具寿命,保证成型质量有着重要的意义。

研磨使用的磨粒非常细小,磨粒在低速、低压作用下对工件凸峰产生微量切削,可获得高精度表面,尺寸精度可达 $0.025\mu m$。同时,磨粒数量庞大,运动轨迹复杂而无重复,因此可获得较高形状精度和较低粗糙度的表面,圆柱体工件的圆柱度可达 $0.1\mu m$,表面粗糙度达 Ra0.1μm。研磨后的零件表面的耐磨性和疲劳强度都得到提高,但无法提高位置精度。

抛光加工的过程与研磨加工基本相同,但抛光使用的研具普遍较软,磨粒对工件的切削和塑性挤压作用更微弱,因而不能改变零件表面的形状精度,其目的仅为降低表面粗糙度,

都是在精加工或精密加工以后进行。一般抛光后的零件表面粗糙度可达 Ra0.4μm 以下,超声波抛光、电解抛光等可达 Ra0.1μm 以下。研磨抛光的类别及其特点如表 1-12 所示。

表 1-12　研磨抛光的分类

分类规则	类　别	说　明
按人工参与的程度	手工作业研磨抛光	加工质量依赖操作者技艺水平,工作量大,效率低。用于机械研磨抛光受限的场合
	机械设备研磨抛光	加工质量不依赖操作者技艺,效率高,已是模具光整加工的主要手段
按磨料的运动轨迹	游离磨料研磨抛光	磨料以游离态于研磨抛光工具和工件表面之间运动
	固定磨料研磨抛光	研磨抛光工具本身含有磨料,磨料运动轨迹与工具相同
按研磨抛光的机理	机械式研磨抛光	利用磨料的微切削和塑性挤压加工
	非机械式研磨抛光	依靠电能、化学能等非机械能的形式进行加工
按研磨抛光剂的使用条件	湿态研磨抛光	用液体研磨剂加工,效率高,适于粗研
	干态研磨抛光	将磨料均匀地压嵌于研具表层中,加工精度高,适于精研
	半干态研磨抛光	用固体研磨剂(研磨膏)加工

常用的模具研抛工具有油石、砂纸、平面抛光器、球面抛光器、自由曲面抛光器、研磨环、研磨芯棒、电动抛光机、风动抛光机、超声波抛光机等。淬火钢或铸铁表面的研磨余量一般控制在 0.03~0.06mm,抛光余量一般都小于 0.02mm。

8. 模具零件的配制

模具零件的配制也称配作,是指当两个或两个以上零件相互接合或配合的精度要求很高,分别加工各零件无法满足装配要求时,采用先加工其中一件(基准件),然后按其实际尺寸配制另一件的制造工艺。零件的配制在传统的冲模制造中占有重要地位,但在现代制造技术的条件下,一些手工配制方法(如压印锉修等)已基本淘汰,不过,有些配制方法十分经济实用,几乎不可替代,因而仍然被广泛应用。

(1)组合加工法

组合加工是指将接合要求极高的两个或多个零件组合后固定,再一体加工接合或配合的相关表面。图 1-39 所示列出了组合加工法的几种应用,(a)图为两个零件(多为板类零件)上不同尺寸的孔要求同心时的组合加工(镗孔)方法,如模座上的导柱、导套固定孔。(b)图所示为将一个零件上的孔引到另一零件上,或两件一体钻、铰相关孔的组合加工,被称为配钻孔或引钻孔,模具零件的销钉孔、螺钉沉孔、螺纹底孔等常用这种方法加工。(c)图是装配后将凸模底面和固定板平面磨至共面(使 A1=A2)的组合加工。可见,组合加工是一种经济、实用并能很好保证位置精度的工艺方法,因而在冲模制造中得到广泛的应用。

(a)　　　　　　　　(b)　　　　　　　　(c)

图 1-39　组合加工法

（2）调整修配法

图 1-40 所示为镶拼结构的凹模，要求各镶块接合紧密无缝隙。制作时先加工镶块 1 和 2，保证其内、外形尺寸符合模套和产品要求，镶块 1 和 2 镶入模套后，修配镶块 3、4 的结合面达到要求，装入模套，组成完整的镶拼凹模，这就属于调整修配法。对于这种镶拼结构部件，目前通常采用先拼合镶块毛坯，在数控机床上组合加工凹模工作面的方法，热处理则采用空冷淬火的方式。

图 1-40　凹模镶块的调整修配

（3）凸凹复制法

凸凹复制法就是按实际的凸形配制凹形（或按凹形配制凸形），这种方法早年应用较广，

并且手工配制居多，如研配凸、凹模及卸料板的复杂型面、配作复杂轮廓的冲裁刃口等，目前则多利用机床加工，后续的手工操作较少，一般仅为局部修配及表面抛光。凸凹复制法在冲压模具制造中的应用主要有：

（1）规则形状的配磨。对于冲裁间隙极小的规则形状（圆形、矩形）的刃口，可按经济精度制造基准件，再根据基准件刃口的实际尺寸，在万能外圆磨床或平面磨床、工具磨床上配磨另一刃口，保证冲裁间隙。由于配合公差（合理间隙的极限差）全部分配到一个零件上，制造公差扩大，降低了刃口制造的难度。

（2）复杂形状的复制。对于复杂形状的冲裁刃口，在不能分别加工凸、凹模的情况下，可采用电火花穿孔加工配制凹模刃口，通过电极尺寸和放电参数保证间隙要求；也可根据基准件的实测尺寸，或通过比对基准件或精密样板，采用其他精密加工或手工配制。对于复杂的空间型面，在缺少 CAM 加工能力的情况下，可用电火花成型或手工研配的方法配制。

1.5.6　冷冲模的检测和柔性制造工艺

1. 冷冲模的检测

检测是贯穿于模具制造全程的重要内容，也是评估模具精度和质量的基础和依据。从模具设计初期可能涉及的模型测绘（逆向设计），到模具加工工序测量、修模测量，以及模具验收测量和后期的模具修复测量，都需要高精密的检测手段。复杂形状的线轮廓和面轮廓的精度测量是影响冲压模具制造周期的重要因素，目前普遍采用的检测手段有精密样板和三坐标测量机。三坐标测量的原理和方式有接触式测量和非接触式测量两种。

（1）接触式测量。接触式测量是通过触发式传感器（探针测头）识别被测点及矢量方向，控制系统将光栅信号锁存并进行补偿运算，再传输到计算机软件系统处理。接触式测量的精度较高，中、小尺寸测量可达 0.002mm，多用于零件的几何形状尺寸和位置尺寸的检测，也可用于型面的扫描和拟合。

（2）非接触式测量。非接触式测量是通过对零件的几何型面进行光学扫描获得其三维数字化数据（点云），再通过计算机软件拟合，反求被测曲面或实体，与理想的 CAD 数模比较得出被测对象的误差。非接触式测量的精度较低，多用于模具的逆向设计和冲压件产品的检测。

可见，当前的测量技术融合了机、电、光、算（计算机）等多领域的尖端技术成果，但要进一步满足模具制造要求，实现高效的在机精密测量，仍有较大发展空间，也是模具行业提高

竞争力的一个重要方向。

2. 冷冲模的柔性制造

所谓柔性,是指对不同对象的快速适应性,是介于通用性与专用性之间的状态。在全球经济一体化,产品更新周期不断缩短的今天,柔性制造技术的研究和应用显得越来越重要。模具属于多品种、单件制造的产品,提高模具制造的柔性对缩短制造周期、降低成本具有非常重要的意义。

尽管现代加工设备日益发展的精密化和自动化对模具制造给予了强有力的支撑,但常规的模具制造工艺仍存在以下几个方面的缺陷:

(1)工件的校正、装夹等环节占时较多,待机时间长,降低了设备利用率。

(2)工件多次定位的累积误差较大,降低了设备加工精度的发挥。

(3)在缺少高效的在机精密测量条件下,降低了凸、凹模分别加工的可行性。

模具的柔性制造工艺着眼于将模具制造的加工和检测设备整合为一个标准的工艺平台,各设备通过精密的标准接口与系列柔性夹具联接,工件装夹在机外进行,并随夹具在设备间无误差流转,如图1-41所示。由于夹具与设备的联接操作迅捷、重复定位精度高(可达 ± 0.001mm),零件加工的效率大为提高,机床的加工精度在零件上得到最大程度复制。同时,工件的精密测量虽在机外进行,却在一定程度上起到了在机测量的效果,为确定复杂模具零件的制造方式(单独加工或配制)提供了评价依据。

图 1-41　柔性制造工艺流程

1.5.7　冷冲模装配基础

模具装配就是将诸多模具零件按照一定工艺顺序进行配合、定位、连接、紧固,甚至再加工,使之成为符合要求的模具总成。

1. 冷冲模的装配要求

冷冲模装配的总体要求就是要保证模具零件或部件之间的配合精度、位置精度和模具开合以及其他辅助机构(如卸料、顶件等)的运动精度。针对不同的冲模类型和尺寸以及不同的冲压件要求,模具装配的各项技术指标有不同等级,下面是几个主要项目的常规要求。

(1)导柱、导套与模座装配后,其轴线与模座平面的垂直度允差不超过0.02mm,无间隙

导向时不超过 0.005mm。并且,上模座的上平面与下模座的下平面的动态平行度允差,冲裁模小于冲裁间隙,成型模小于 0.1mm。

(2)冲裁模的凸、凹模与固定板装配后,其轴线对固定板安装基面的垂直度允差应小于单边冲裁间隙。

(3)总装配后,凸、凹模间隙的均匀度允差,冲裁模应小于冲裁间隙的 20%～30%,成形模应小于料厚偏差。

(4)卸料机构动作自如,无卡阻现象,静态位置要保证能顺利卸料或出件。

2. 冷冲模装配的一般工艺过程

在模具装配前,应设计好装配工艺,选择装配基准,确定装配顺序和装配方法,再依次进行部件装配和总装配,并即时检测相关的技术指标,最后安装、调试,直至合格交付。尽管不同类型的冲压模有着不同的装配要点和规律,但总体上按图 1-42 所示的工艺过程进行。

图 1-42 冲压模具装配工艺过程

3. 冷冲模装配方法

根据不同的条件和要求,模具部件的组装以及模具总装配的方法通常有互换法、修配法和调整法三种,实际中往往根据具体条件将三种方法组合使用。

(1)互换装配法。

互换装配法是指要装配的零件不经修配、调整,直接组装、紧固便能满足装配要求,现通过装配尺寸链的分析来说明。

在装配关系中,由相关装配零件的尺寸(如表面或轴线之间的距离)或相互间的位置关系(如同轴度、平行度、垂直度等)所组成的尺寸链称为装配尺寸链。冲压模的装配尺寸链比较复杂,并且有 X、Y、Z 三个方向。现以图 1-1 所示的简单落料模为例加以分析。该模具的装配尺寸链闭环为凸、凹模的铅垂同轴度(即间隙均匀度),而组成环包括众多的尺寸和位置要求,如在水平方向,包括凸模和凹模刃口侧面对模座平面的垂直度、导柱与导套的间隙、导向面对模座平面的垂直度、凸模和凹模中心到导柱和导套轴线的距离(包括 X、Y 两个方向,由销钉孔位置确定)等,现假设其他位置误差为零,凸、凹模间隙均匀度允差为 0.03mm,导向间隙为 0.012mm,仅就 X 方向上的主要尺寸以及导向间隙建立图 1-43 所示的总装配尺寸链。若要实现互换法装配,不难推得:$\Delta_1 + \Delta_2 + \Delta_3 + \Delta_4 \leqslant 0.018$,即:上下模座、凸模固定板以及凹模的销钉孔坐标尺寸公差之和必须小于 0.018mm。如果加工手段满足不了这

图 1-43 装配尺寸链

个要求,就不能用互换法进行总装配。在模具间隙较大、零件比较少(尺寸链中的组成环较少)、设备加工精度高的条件下,为缩短模具制造周期,可实现一定程度的互换装配。

但在多数情况下,模具装配的精度要求很高,若采用互换法装配,封闭环的公差极小,有时甚至为零,各组成环尺寸精度很难甚至不可能在零件加工时保证,这时往往采用修配法或调整法装配。

(2)修配装配法

修配装配法实际上就是利用前述的组合加工法和调整修配法,在模具装配阶段对零件装配要求较高的部位进行再加工,保证位置精度要求。从图 1-39 和图 1-40 可以看出,如果采用单独加工各零件,进行互换装配,由于闭环的公差几乎为零,实施难度极大。

(3)调整装配法

调整装配法是通过改变模具中可调整零件的相对位置来保证装配精度的方法。模具的总装配通常采用这种方法来保证凸、凹模的间隙均匀。

第二章　冲　　裁

　　冲裁是利用模具使板料或工序件的材料产生相互分离的冲压工序,包括落料、冲孔、切断、切边、切口、剖切等。落料和冲孔是最典型的冲裁工序。

　　冲裁是冲压加工的基础工序,几乎所有冲压件的生产都包含冲裁工序。根据变形机理不同,冲裁可分为普通冲裁和精密冲裁两大类。普通冲裁使材料在产生裂纹的条件下实现分离,而精密冲裁是使材料以塑性变形的方式实现分离。本章仅讲述普通冲裁工艺及模具。

2.1　冲裁变形分析

2.1.1　冲裁变形过程

　　冲裁工作时,凸、凹模分别固定于上、下模,它们都具有锋利的刃口并保持合理、均匀的间隙,坯料则置于下模表面。当上模随压力机滑块下行时,凸模刃口冲穿坯料而进入凹模,从而使材料分离,得到与冲裁刃口截面相同的冲裁件轮廓。如图 2-1 所示。

(a) 材料分离前　　　　　　(b) 材料分离后

1-凸模　2-凹模　3-板料

图 2-1　冲裁示意图

1. 冲裁时材料的受力和变形分析

　　图 2-2 所示为无压料装置冲裁时板料的受力情况。图中:

　　F_p、F_d——凸模、凹模端面对板料的垂直作用力;

　　F_{p1}、F_{d1}——凸模、凹模侧面对板料的挤压力;

　　μF_p、μF_d——凸模、凹模端面对板料的摩擦力;

　　μF_{p1}、μF_{d1}——凸模、凹模侧面对板料的摩擦力。

　　由于凸模与凹模之间存在间隙,使凸模、凹模施加于板料的力 F_p、F_d 产生一个力矩 M(实际上,即使间隙为零甚至负间隙,在刃口施加压力下,刃口两侧的材料在被剪切前必然相

图 2-2　冲裁时板料的受力

互作用而产生拉应力,其水平分量对等效料厚的材料便施加了一个力矩),力矩使板料发生翘曲、弯曲,模具与板料仅在刃口附近的狭小区域内保持接触。而凸模、凹模作用于板料的垂直压力呈不均匀分布,随着向模具刃口靠近而急剧增大。

坯料的翘曲是冲裁加工所不期望的,翘曲的程度与冲裁间隙的大小和坯料的刚度有关,因此,刚度较差的板料冲裁时都应有压料装置,使材料的变形局限于上、下刃口连线附近的较小区域。冲裁变形区的应力应变状态十分复杂,这里不作详细的分析,仅从图 2-3 所示的冲裁断面看,可以判定变形区材料在平面内有两种变形趋势,即:由于力矩的作用发生弯曲,在拉应力 σ_+ 作用下产生的伸长变形;由于侧压力 F_{p1}、F_{d1} 的作用,在压应力 σ_- 作用下产生的压缩变形,二者方向相反,最终结果视冲裁间隙的大小而定。

a-塌角　b-光亮带　c-断裂带　d-毛刺　σ_+-拉应力　σ_--压应力　τ-切应力

图 2-3　冲裁断面及应力、变形情况

2. 冲裁变形的过程

虽然冲裁变形是在短时间内完成的,其过程仍可大致分为以下三个阶段。

(1)弹性变形阶段。如图 2-4(a)所示,当凸模接触板料并下压时,板料产生弹性压缩、弯曲、拉伸($AB'>AB$)等变形。板料底面相应部分材料略挤入凹模口,并在与凸、凹模刃口接触处形成很小的圆角。同时,板料略有翘曲,凸、凹模间隙越大,翘曲越严重。随着凸模的下压,刃口附近板料所受的应力逐渐增大,直至达到弹性极限,弹性变形阶段结束。

(2)塑性变形阶段。变形区材料达到弹性极限后,随着凸模继续下压,凸模挤入板料和板料挤入凹模的深度逐渐加大,产生塑性剪切变形,形成光亮的剪切断面,如图 2-4(b)所示。当凸模继续下行,变形区材料塑性变形程度和硬化程度加剧,变形抗力也急剧上升,直到刃口附近侧面的材料因所受拉应力达到抗拉强度而产生微裂纹时,塑性变形阶段结束。在此过程中,因凸、凹模之间间隙的存在,变形区还伴随着弯曲和拉伸变形,且间隙越大,变形亦越大。

(3)断裂分离阶段。凸模继续下行,已产生的微裂纹即沿最大切应力方向向板料内部延伸,如图 2-4(c)所示。若凸、凹模间隙合理,上、下裂纹则相遇重合,板料被剪断分离,如图 2-4(d)所示。

图 2-4　冲裁变形过程

2.1.2　冲裁断面

由图 2-3 可见,冲裁断面由四部分组成,即塌角、光面(光亮带)、毛面(断裂带)和毛刺。

塌角 a:该区域的形成是当模具刃口压入材料时,刃口附近的材料产生弯曲和伸长变形,材料被拉入模具间隙的结果。

光面 b:该区域发生在塑性变形阶段,当刃口切入材料后,材料在剪切应力 τ 和压应力 σ 作用下而形成的垂直光亮断面,通常占断面高度的 $1/3\sim1/2$。塑性好的材料光面区域大,同时还与冲裁间隙及刃口磨损程度等加工条件有关。

毛面 c:该区域是在断裂阶段形成的,是由刃口附近的微裂纹在拉应力作用下不断扩展而形成的撕裂面。其断面粗糙,且向材料体内倾斜,因此对一般应用的冲裁件并不影响其使用性能。塑性差的材料,其毛面区域也较大。

毛刺 d:该区域形成于塑性变形阶段后期,它是由于裂纹的起点不在刃口顶点,而是在刃口附近的侧面上而形成的。在普通冲裁中毛刺是不可避免的,但间隙合适时毛刺的高度较小,易于去除。

冲裁断面的光面是冲裁件的测量和使用的基准,而塌角、毛面和毛刺则对冲裁件的使用

和美观起负面作用。四个特征区域在整个断面上的比例,主要受材料的力学性能、冲裁间隙和刃口状态的影响。

对于塑性较好的材料,冲裁时塑性剪切持续的时间较长,裂纹出现得较迟,因而光面所占的比例大,毛面较小,但是塌角、毛刺也较大。而对于塑性差的材料,情况则相反。

冲裁变形要求凸、凹模刃口锋利,当模具刃口磨损成圆角时,挤压作用增大,冲裁件的塌角和光面增大,并且即使间隙合理也会产生较大的毛刺。实践表明,凸模磨钝后,落料件的毛刺更大;凹模磨钝后,冲孔件的毛刺更大。

冲裁间隙是影响冲裁断面质量的重要因素,下面将详细分析其具体影响。

2.2　冲裁间隙

冲裁间隙是指冲裁模凸、凹模刃口之间的间隙。凸模与凹模单侧的间隙称为单面间隙,用 $Z/2$ 表示,两侧间隙之和称为双面间隙,用 Z 表示。冲裁间隙的数值等于凸、凹模刃口尺寸之差,如图 2-1 所示,即

$$Z = D_d - d_p \qquad\qquad (2-1)$$

式中　D_d——凹模刃口尺寸;

　　　d_p——凸模刃口尺寸。

2.2.1　冲裁间隙的影响

1. 间隙对冲裁断面质量的影响

冲裁间隙是影响冲裁件断面质量的关键因素。合适的间隙值,使冲裁过程中产生的裂纹能正面会合,此时断面比较平直光滑,毛刺较小,断面质量较好,如图 2-5(a)所示。

当间隙过小时,变形区压应力增大,上、下裂纹朝压应力较小的外侧延伸,方向互不重合,并且扩展困难,使两裂纹之间的材料随着冲裁的进行被二次剪切,产生第二光面。同时,裂纹处部分材料被挤出,在表面形成细而长的毛刺,而材料内部则隐含潜裂纹,如图 2-5(b)所示。

当间隙过大时,材料的弯曲与拉伸增大,拉应力也增大,微裂纹的产生提前,使塑性剪切较早结束,致使断面光面区域减小,而毛面、塌角和毛刺增大,冲裁件的翘曲也增大。同时,上、下裂纹的延伸方向为拉应力较大的内侧,也不重合,产生二次撕裂,使毛面更加粗糙,断面质量不理想,如图 2-5(c)所示。

2. 间隙对冲裁件尺寸精度的影响

由前面的分析已知,冲裁变形时,变形区材料在垂直于刃口侧壁的方向,一方面受弯曲的拉应力产生伸长变形,一方面受刃口侧壁的挤压而产生收缩变形,最终的变形结果即由冲裁间隙决定。

当冲裁间隙合理时,材料的伸长变形与收缩变形相当,其中的弹性变形成分恢复后,冲孔的孔廓尺寸等于凸模刃口轮廓尺寸,落料的轮廓尺寸等于凹模刃口轮廓尺寸,如图 2-5(a)所示。当冲裁间隙过小时,材料以受侧向挤压为主,伸长变形小于收缩变形,弹性恢复后,冲孔的孔廓小于凸模刃口轮廓,落料轮廓大于凹模刃口轮廓,如图 2-5(b)所示。而当冲裁间隙过大时,材料以受弯曲拉伸为主,伸长变形大于收缩变形,弹性恢复后,冲孔的孔廓大于凸

图 2-5 冲裁间隙的影响

模刃口轮廓,落料轮廓小于凹模刃口轮廓,如图 2-5(c)所示。

3. 间隙对冲压力的影响

间隙较小时,因材料所受的挤压和摩擦作用较强,冲裁力较大。随着间隙的增大,材料所受的拉应力增大,材料容易断裂分离,因此冲裁力减小。但间隙增大时冲裁力的降低并不显著,当单面间隙介于材料厚度的 5%~20%时,冲裁力的降低不超过 5%~10%。

间隙对卸料力、顶件力、推件力的影响比较显著。由于间隙增大后,冲孔的孔廓大于凸模刃口轮廓,落料件轮廓小于凹模刃口轮廓,使卸料力、推件力或顶件力减小。当单面间隙达到材料厚度的 15%~25%左右时,卸料力几乎为零。相反,冲裁间隙太小时,卸料力、顶件力、推件力都比间隙合理时大。

4. 间隙对模具寿命的影响

模具寿命受各种因素的综合影响,间隙是其中最主要的因素之一。冲裁模的失效形式一般有磨损、变形、崩刃和凹模胀裂,间隙大小主要对模具刃口的磨损及凹模的胀裂产生较大影响。

当间隙过小时,垂直冲裁力和侧向挤压力都增大,摩擦力也增大,刃口磨损加快,对模具寿命十分不利。而较大的间隙可使模具刃口和材料间的摩擦减小,有利于提高模具使用寿命。但是间隙太大时,板料的弯曲拉伸又相应增大,使模具刃口处的正压力增大,磨损又变严重。

凸、凹模磨损后,刃口处形成圆角,冲裁件上会出现不正常的毛刺。此外,刃口磨钝还将使制件尺寸精度、断面粗糙度降低,冲裁能量增大。因此,为减少模具的磨损,延长模具寿命,在保证冲裁件质量的前提下,应适当选用较大的间隙值。

此外,冲裁间隙的大小还影响冲裁件的翘曲程度,间隙大时,弯矩也大,翘曲也严重。一般通过必要的压料来抑制冲裁时坯料的翘曲变形,也可在冲裁后通过校平工序(见第五章)消除翘曲。

2.2.2　合理间隙值的确定

由前述分析可知,冲裁间隙对冲裁件质量、冲压力、模具寿命都有很大的影响,冲裁加工时必须使冲裁间隙在合理范围内。考虑到模具使用过程中的磨损会使间隙增大,在设计和制造模具时应取合理间隙的偏下值。确定合理间隙的方法有理论确定法和经验确定法。

1. 理论确定法

理论确定法的主要依据是保证凸、凹模刃口处产生的上、下裂纹相向重合,以便获得良好的断面质量。图 2-6 所示为冲裁过程中开始产生裂纹的瞬时状态,根据图中的几何关系,可得合理间隙 Z 的计算公式为:

图 2-6　冲裁过程中开始产生裂纹的瞬时状态

$$Z = 2t(1 - h_0/t)\tan\beta \qquad (2\text{-}2)$$

式中　t ——材料厚度;

h_0 ——产生裂纹时凸模挤入材料的深度;

h_0/t ——产生裂纹时凸模挤入材料的相对深度;

β ——剪裂纹与垂线间的夹角。

从上式可以看出,间隙 Z 与材料厚度 t、相对挤入深度 h_0/t 以及裂纹方向夹角 β 有关。而 h_0 和 β 又与材料性质有关,材料越硬,h_0/t 越小,如表 2-1 所示。因此,影响间隙值的主要因素是材料的性质和厚度。材料越硬越厚,间隙的合理值越大。

表 2-1　h_0/t 与 β 值

材　　料	h_0/t		β	
	退火	硬化	退火	硬化
软钢、纯铜、软黄铜	0.5	0.35	6°	5°
中硬钢、硬黄铜	0.3	0.2	5°	4°
硬钢、硬青铜	0.2	0.1	4°	4°

由于理论计算法在生产中使用很不方便,主要用来分析间隙与上述几个因素之间的关系,而工程中使用的间隙值广泛采用经验数据。

2. 经验确定法

根据长期以来的研究与使用经验,在确定间隙值时要按要求分类选用。对尺寸精度、断面垂直度要求高的制件应选用较小间隙值,对断面垂直度与尺寸精度要求不高的制件,应以降低冲裁力、提高模具寿命为主,可用较大间隙值。

有关间隙值的经验数值,可在一般冲压手册中查到。此处推荐两种实用间隙表,供模具设计时参考。一种是按材料的性能和厚度来选择的模具初始间隙表,如表 2-2 和表 2-3;另一种是以实用方便为前提,综合考虑冲裁件质量等诸因素的间隙分类和比值范围表,见表 2-4、表 2-5。

表 2-2　冲裁模初始双面间隙 Z(一)　　　　　　　　　　(mm)

材料厚度 t/mm	软　铝		纯铜、黄铜、软钢 $w_c = 0.08\% \sim 0.2\%$		杜拉铝、中等硬钢 $w_c = 0.3\% \sim 0.4\%$		硬钢 $w_c = 0.5\% \sim 0.6\%$	
	Z_{min}	Z_{max}	Z_{min}	Z_{max}	Z_{min}	Z_{max}	Z_{min}	Z_{max}
0.2	0.008	0.012	0.010	0.014	0.012	0.016	0.014	0.018
0.3	0.012	0.018	0.015	0.021	0.018	0.024	0.021	0.027
0.4	0.016	0.024	0.020	0.028	0.024	0.032	0.028	0.036
0.5	0.020	0.030	0.025	0.035	0.030	0.040	0.035	0.045
0.6	0.024	0.036	0.030	0.042	0.036	0.048	0.042	0.054
0.7	0.028	0.042	0.035	0.049	0.042	0.056	0.049	0.063
0.8	0.032	0.0448	0.040	0.056	0.048	0.064	0.056	0.072
0.9	0.036	0.054	0.045	0.063	0.054	0.072	0.063	0.081
1.0	0.040	0.060	0.050	0.070	0.060	0.080	0.070	0.090
1.2	0.050	0.084	0.072	0.096	0.084	0.108	0.096	0.120
1.5	0.075	0.105	0.090	0.120	0.105	0.135	0.120	0.150
1.8	0.090	0.126	0.108	0.144	0.126	0.162	0.144	0.180
2.0	0.100	0.140	0.120	0.160	0.140	0.180	0.160	0.200
2.2	0.132	0.176	0.154	0.198	0.176	0.220	0.198	0.242
2.5	0.150	0.200	0.175	0.225	0.200	0.250	0.225	0.275
2.8	0.168	0.224	0.196	0.252	0.224	0.280	0.252	0.308
3.0	0.180	0.240	0.210	0.270	0.240	0.300	0.270	0.330
3.5	0.245	0.315	0.280	0.350	0.315	0.385	0.350	0.420
4.0	0.280	0.360	0.320	0.400	0.360	0.440	0.400	0.480
4.5	0.315	0.405	0.360	0.450	0.405	0.490	0.450	0.540
5.0	0.350	0.450	0.400	0.500	0.450	0.550	0.500	0.600
6.0	0.480	0.600	0.540	0.660	0.600	0.720	0.660	0.780
7.0	0.560	0.700	0.630	0.770	0.700	0.840	0.770	0.910
8.0	0.720	0.880	0.800	0.960	0.880	1.040	0.960	1.120
9.0	0.870	0.990	0.900	1.080	0.990	1.170	1.080	1.260
10.0	0.900	1.100	1.100	1.200	1.100	1.300	1.200	1.400

注：1. 初始间隙的最小值为间隙的公称数值。

2. 初始间隙的最大值是考虑到凸模和凹模的制造公差所增加的数值。

3. 在使用过程中，由于模具工作部分的磨损，间隙将有所增加，因而间隙的使用最大数值要超过列数值。

4. 本表适用于尺寸精度和断面质量要求较高的冲裁件。

表 2-3　冲裁模初始双面间隙 Z(二)　　　　　　　　　(mm)

材料厚度 t/mm	0.8、10、35 0.9Mn2、Q235		Q345		40、50		65Mn	
	Z_{min}	Z_{max}	Z_{min}	Z_{max}	Z_{min}	Z_{max}	Z_{min}	Z_{max}
小于 0.5	极 小 间 隙							
0.5	0.040	0.060	0.040	0.060	0.040	0.060	0.040	0.060
0.6	0.048	0.072	0.048	0.072	0.048	0.072	0.048	0.072
0.7	0.064	0.092	0.064	0.092	0.064	0.092	0.064	0.092
0.8	0.072	0.104	0.072	0.104	0.072	0.104	0.064	0.092
0.9	0.090	0.126	0.090	0.126	0.090	0.126	0.090	0.126
1.0	0.100	0.140	0.100	0.140	0.100	0.140	0.090	0.126
1.2	0.126	0.180	0.132	0.180	0.132	0.180		
1.5	0.132	0.240	0.170	0.240	0.170	0.240		
1.75	0.220	0.320	0.220	0.320	0.220	0.320		
2.0	0.246	0.360	0.260	0.380	0.260	0.380		
2.1	0.260	0.380	0.280	0.400	0.280	0.400		
2.5	0.360	0.500	0.380	0.540	0.380	0.540		
2.75	0.400	0.560	0.420	0.600	0.420	0.600		
3.0	0.460	0.640	0.480	0.660	0.480	0.660		
3.5	0.540	0.740	0.580	0.780	0.580	0.780		
4.0	0.640	0.880	0.680	0.920	0.680	0.920		
4.5	0.720	1.000	0.680	0.960	0.780	1.040		
5.5	0.940	1.280	0.780	1.100	0.980	1.320		
6.0	1.080	1.440	0.840	1.200	1.140	1.500		
6.5			0.940	1.300				
8.0			1.200	1.680				

注：1. 冲裁皮革、石棉和纸板时，间隙取 08 钢的 25%。

2. 本表适用于尺寸精度和断面质量要求不高的冲裁件。

表 2-4　冲裁间隙分类

分类依据	类 别		I	II	III
冲件断面质量	塌角高度		(4~7)%t	(6~8)%t	(8~10)%t
	光面高度		(35~55)%t	(25~40)%t	(15~25)%t
	毛面高度		小	中	大
	毛刺高度		一般	小	一般
	毛面斜角 β		4°~7°	7°~8°	8°~11°
冲件精度	尺寸精度	落料件	接近凹模尺寸	稍小于凹模尺寸	大于凹模尺寸
		冲孔件	接近凸模尺寸	稍大于凸模尺寸	小于凸模尺寸
	翘曲度		稍小	小	较大
模具寿命			较低	较高	最高

续表

分类依据＼类别		Ⅰ	Ⅱ	Ⅲ
力能消耗	冲裁力	较小	小	最小
	卸、推件力	较大	最小	小
	冲裁功	较大	小	稍小
适用场合		冲裁件断面质量、尺寸精度要求高时，采用小间隙，冲模寿命较低。	冲裁件断面质量、尺寸精度要求一般时，采用中等间隙。因残余应力小，能减少破裂现象，适用于需继续塑性变形的冲件。	冲裁件断面质量、尺寸精度要求不高时，应优先采用大间隙，以利于提高冲模寿命。

注：选用冲裁间隙时，应针对冲件技术要求、使用特点和生产条件等因素，首先按此表确定拟采用的间隙类别，然后按表 2-5 相应选取该类别间隙的比值，经简单计算便可得到合适间隙的具体数值。

表 2-5　冲裁间隙与料厚比值(Z/t)　　　　　　　　（%）

分类依据＼类别	Ⅰ	Ⅱ	Ⅲ
低碳钢 08F、10F、10、20、Q215、Q235	3.0～7.0	7.0～10.0	10.0～12.5
中碳钢 45 不锈钢 1Cr18Ni9Ti、4Cr13 膨胀合金（可伐合金）4J29	3.5～8.0	8.0～11.0	11.0～15.0
高碳钢 T8A、T10A、65Mn	8.0～12.0	12.0～15.0	15.0～18.0
纯铝 1060、1050A、1035、1200 铝合金（软态）LF21 黄铜（软态）98 纯铜（软态）T1、T2、T3	2.0～4.0	4.5～6.0	6.5～9.5
黄铜（硬态）、铅黄铜 纯铜（硬态）	3.0～5.0	5.5～8.0	8.5～11.0
铝合金（硬态）2A12 锡磷青铜、铝青铜、铍青铜	3.5～6.0	7.0～11.0	11.0～13.0
镁合金	1.5～2.5		
硅钢	2.5～5.0	5.0～9.0	

注：1. 表中数值适用于厚度为 10mm 以下的金属材料。考虑到料厚对间隙比值的影响，将料厚分成≤1.0mm、>1.0～2.5mm、>2.5～4.5mm、>4.5～7.0mm、>7.0～10.0mm 五档，当料厚≤1.0mm 时，各类间隙比值取下限值，并以此为基数，随着料厚的增加，再逐档递增(0.5～1.0)%t(有色金属、低碳钢和高碳钢取最大值)。

2. 凸、凹模的制造偏差和磨损均使间隙变大，故新模具应取范围内的最小值。

3. 其他金属材料的间隙比值可参照表中抗剪强度相近的材料选取。

4. 对于非金属材料，可依据材料的种类、软硬、厚薄不同，在 $Z=(0.5～4.0)\%t$ 的范围内选取。

2.3 凸、凹模刃口尺寸的确定

冲裁件的尺寸精度主要取决于模具刃口的尺寸精度,合理的冲裁间隙也要靠模具刃口尺寸及其公差来保证。正确设计凸、凹模刃口尺寸及其偏差,是冲裁模设计的一项重要工作。

2.3.1 凸、凹模刃口尺寸的计算原则和公式

1. 计算原则

前面已述,在冲裁件的测量和使用中,都是以光面尺寸为基准的。由于落料的光面是因凹模刃口挤切材料产生的,冲孔的光面是由凸模刃口挤切材料而产生,因此,在间隙合理的条件下,冲孔尺寸等于凸模刃口尺寸,落料尺寸等于凹模刃口尺寸。故在计算刃口尺寸时,应按落料和冲孔两种情况分别考虑,并遵循以下原则:

(1)设计落料模时,以凹模刃口尺寸为基准,间隙取在凸模上;设计冲孔模时,以凸模刃口尺寸为基准,间隙取在凹模上。

(2)刃口的基本尺寸应根据冲裁性质(落料或冲孔)、刃口磨损方向和最小间隙确定,保证冲裁件尺寸在合理的刃口磨损后仍然符合公差要求。凸、凹模刃口的基本尺寸相差合理间隙的最小值。

(3)凸、凹模刃口的制造公差应根据凸、凹模的结构设计、加工方法和冲裁间隙要求确定。

2. 计算公式

冲裁件、凹模刃口、凸模刃口三者之间的轮廓尺寸及其公差带的关系如图 2-7 所示。设工件的落料尺寸为 $D_{-\Delta}^{0}$,冲孔尺寸为 $d_{0}^{+\Delta}$。根据刃口尺寸计算原则,可得刃口尺寸计算公式为:

落料
$$D_d = (D_{\max} - x\Delta)_0^{+\delta_d} \tag{2-3}$$

$$D_p = (D_d - Z_{\min})_{-\delta_p}^{0} = (D_{\max} - x\Delta - Z_{\min})_{-\delta_p}^{0} \tag{2-4}$$

冲孔:
$$d_p = (d_{\min} + x\Delta)_{-\delta_p}^{0} \tag{2-5}$$

$$d_d = (d_p + Z_{\min})_0^{+\delta_d} = (d_{\min} + x\Delta + Z_{\min})_0^{+\delta_d} \tag{2-6}$$

式中　D_d、D_p——落料凹、凸模刃口尺寸(mm);

d_p、d_d——冲孔凸、凹模刃口尺寸(mm);

$D_{\max}$——落料的最大极限尺寸(mm);

$d_{\min}$——冲孔的最小极限尺寸(mm);

Δ——冲件的制造公差(mm,若冲件为自由尺寸,可按 IT14 级精度处理);

$Z_{\min}$——最小合理间隙(mm);

δ_p、δ_d——凸、凹模刃口制造公差(mm);

x——磨损系数,x 值在 $0.5 \sim 1$ 之间,它与冲件精度有关,可查表 2-6 或按下列关系选取:

冲件精度较高(IT10 以上)时:$x = 1$;

冲件精度一般(IT11~IT13)时:$x = 0.75$;

冲件精度较低(IT14 以下)时:$x = 0.5$。

图 2-7　冲裁时制件、凸模、凹模之间的轮廓尺寸及其公差带分布

表 2-6　刃口磨损系数 x

料厚 t/mm	非圆形冲件			圆形冲件	
	1	0.75	0.5	0.75	0.5
	冲件公差 Δ/mm				
1	<0.16	0.17~0.35	≥0.36	<0.16	≥0.16
1~2	<0.20	0.21~0.41	≥0.42	<0.20	≥0.20
2~4	<0.24	0.25~0.49	≥0.50	<0.24	≥0.24
>4	<0.30	0.31~0.59	≥0.60	<0.30	≥0.30

对于冲裁件上的中心距尺寸,设其标注形式为 $L\pm\delta_c/2$,则相应的冲裁凹、凸模刃口尺寸为:

$$L_d = L \pm \delta_{dc}/2 \tag{2-7}$$
$$L_p = L \pm \delta_{pc}/2 \tag{2-8}$$

式中　L_d、L_p——冲裁凹、凸模刃口尺寸(mm);

　　　L——冲裁件的中心距尺寸(mm);

　　　δ_{pc}、δ_{dc}——凸、凹模刃口尺寸公差。

2.3.2　凸、凹模刃口尺寸的计算步骤

根据前述计算原则,冲裁模刃口尺寸的计算涉及多方面的知识应用和技术分析,初学者可按以下步骤依次进行。

1. 按"入体原则"标注冲裁件尺寸及偏差

所谓"入体原则",就是尺寸的公差带按单向或对称分布,即:轴类尺寸的上偏差为零,孔类尺寸的下偏差为零,非轴非孔类尺寸(如中心距)的公差对称分布。有时,不太容易确定尺寸的类型,可通过假设尺寸界线的基面均匀磨损后尺寸的变化情况来判断:磨损后尺寸变大的为孔类尺寸,变小的为轴类尺寸,不变的为非轴非孔类尺寸。图 2-8 为落料件卡板尺寸标注的"入体原则"转换示例。将冲裁件的尺寸标注按"入体原则"进行转换,后面的分析、计算将变得简单。

(a) 转换前　　　　　　　　　　　　(b) 转换后

图 2-8　尺寸标注的"入体原则"转换

2. 确定初始冲裁间隙的范围和刃口磨损系数

根据相关条件和要求,参照表 2-2、表 2-3 或表 2-4、表 2-5 选取或计算冲裁间隙的最小值 $Z_{\min}$ 和最大值 $Z_{\max}$,并计算 $Z_{\max} - Z_{\min}$ 的值。根据冲裁件各尺寸的精度等级或表 2-6 确定刃口磨损系数 x。

3. 确定凸、凹模刃口的制造公差

要保证合理的冲裁间隙,凸、凹模刃口应有相似的轮廓,并严格控制其制造公差。按前述的一般情况,轮廓尺寸有三类:轴类尺寸、孔类尺寸和非轴非孔类尺寸。根据图 2-7 可以推得,凸、凹模刃口的轴类或孔类尺寸制造公差必须满足:

$$\delta_p + \delta_d \leqslant Z_{\max} - Z_{\min} \qquad (2\text{-}9)$$

式中　δ_p、δ_d——凸、凹模刃口的轴类或孔类尺寸公差(mm);

　　　$Z_{\min}$——最小合理间隙(mm);

　　　$Z_{\max}$——最大合理间隙(mm)。

当冲裁轮廓尺寸中有非轴非孔类尺寸时,它在凸、凹模刃口配合上实际反映的是同轴度,这类尺寸的凸、凹模制造公差之和应不大于冲裁间隙的均匀度允差,而冲裁间隙的均匀度允差一般应不大于冲裁间隙的 $20\%\sim30\%$,故有:

$$\delta_{pc} + \delta_{dc} \leqslant 0.3 Z_{\min} \qquad (2\text{-}10)$$

式中　δ_{pc}、δ_{dc}——凸、凹模刃口的非轴非孔类尺寸公差(mm);

　　　$Z_{\min}$——最小合理间隙(mm)。

对于不同的冲裁轮廓形状和不同的凸、凹模结构,适合的精加工手段及检测方法不同,所能达到的加工精度也不同,有时不能满足式(2-9)、(2-10)的要求,因此,便有两种凸、凹模的制造方式,其刃口制造公差的确定方法有很大差别。

(1)凸模与凹模分别制造

采用这种方法,是指凸模和凹模分别按图样标注的尺寸及其偏差进行加工,冲裁间隙由凸、凹模刃口尺寸及公差保证,即满足式(2-9)、(2-10)的要求,凸模与凹模具有互换性。对于规则形状(圆形、矩形等)的冲裁,凸、凹模刃口轮廓没有非轴非孔类尺寸,检测比较方便,一般在内外圆磨床、平面磨床以及线切割机床上对凸、凹模进行精加工,所能达到的公差要求可参考表 2-7 所列数值。若 $\delta_p + \delta_d$ 略大于 $Z_{\max} - Z_{\min}$,可取 $\delta_p = 0.4(Z_{\max} - Z_{\min})$,$\delta_d = 0.6$

$(Z_{\max}-Z_{\min})$。表 2-8 则列出了几种其他精加工方法的加工精度参考值,但要对复杂形状凸、凹模刃口进行分别加工,须辅以精密的在机测量手段。

表 2-7　规则形状(圆形、矩形)冲裁时凸、凹模刃口的制造公差　　　　(mm)

基本尺寸	凸模偏差 δ_p	凹模偏差 δ_d	基本尺寸	凸模偏差 δ_p	凹模偏差 δ_d
≤18	0.020	0.020	>180~260	0.030	0.045
>18~30	0.020	0.025	>260~360	0.035	0.050
>30~80	0.020	0.030	>360~500	0.040	0.060
>80~120	0.025	0.035	>500	0.050	0.070
>120~180	0.030	0.040			

表 2-8　几种精加工方法的加工精度　　　　(μm)

加 工 方 法	坐标定位精度/重复定位精度	可保证的加工尺寸精度/粗糙度
线切割	5/3	20/Ra1.6
慢走丝线切割	5/3	10/Ra0.4
数控电火花成型	5/3	10/Ra0.4
连续轨迹数控坐标磨	3/2	5/Ra0.2
数控成形磨	3/2	5/Ra0.2
光学曲线磨	—	20/Ra0.4
高速铣	5/3	10/Ra0.8

(2)凸模与凹模配制

所谓配制,是指当两个或两个以上零件相互接合或配合的精度要求很高,分别加工各零件无法满足装配要求时,采用先加工其中一件(基准件),然后按其实际尺寸配制另一件的制造工艺。当冲裁间隙及其范围很小,现有的加工手段不能满足凸、凹模分别加工的条件时,就必须采用凸、凹模配制的方法。对于冲裁凸、凹模的配制及其制造公差的确定,须注意以下原则和要求:

1)基准件的选择。选择基准件的原则有两个,一是考虑配制的方便,包括加工和测量的方便;二是落料时尽量选凹模为基准件,冲孔时尽量选凸模为基准件。

2)基准件的制造公差。基准件一般按经济精度制造,其尺寸公差常取相应的冲裁件尺寸公差的 1/5~1/4。

3)配制件的图样。由于配制件是按基准件的实物或样板配制加工,因此其工程图样仅标注刃口基本尺寸,而不得标注尺寸偏差,同时用文字说明按基准件配制以及间隙要求。

4. 计算刃口尺寸

对于规则、简单轮廓的冲裁,将前面确定的各项参数值直接代入合适的公式[式(2-3)~(2-6)]计算求解。对于复杂轮廓的冲裁,一般来说,轮廓尺寸的数量和类型较多,往往冲孔时有落料性质的尺寸,落料时有冲孔性质的尺寸,为便于正确判断和计算,可绘制刃口截面简图,列表计算各尺寸。

例 2-1　如图 2-9(a)所示衬垫零件,材料为 Q235,料厚 $t=1$mm,试计算冲孔和落料的凸、凹模刃口尺寸及公差。

解:该零件的冲孔和落料轮廓均为圆形,尺寸精度分别为 IT12 和 IT14 级,属一般冲裁件。尺寸 18±0.09 不属于冲裁轮廓尺寸,根据不同的冲压工艺方案和模具结构有不同的确

图 2-9 衬垫

定方法,在此可不予计算。刃口尺寸计算过程如下。

1. 落料($\phi 36.31_{-0.62}^{0}$)

(1)零件尺寸的"入体原则"标注,如图 2-9(b)所示。

(2)查表 2-3 得,$Z_{\min}=0.10$,$Z_{\max}=0.14$,则 $Z_{\max}-Z_{\min}=0.04$mm。查表 2-6,得刃口磨损系数为 $x=0.5$。

(3)确定刃口尺寸公差。查表 2-7,得凸、凹模刃口制造公差为:$\delta_p=0.02$mm,$\delta_d=0.03$mm。$\delta_p+\delta_d=0.02\text{mm}+0.03\text{mm}=0.05\text{mm}>Z_{\max}-Z_{\min}=0.04\text{mm}$,不满足式(2-9)的凸、凹模分别制造条件,但由于相差不大,可仍采用分别制造方式,制造公差作如下调整:

$$\delta_d=0.6(Z_{\max}-Z_{\min})=0.6\times0.04=0.024\text{mm}$$
$$\delta_p=0.4(Z_{\max}-Z_{\min})=0.4\times0.04=0.016\text{mm}$$

(4)将上述各参数值代入式(2-3)、(2-4),得刃口尺寸为:

$$D_d=(36.31-0.5\times0.62)_{0}^{+0.024}=36_{0}^{+0.024}\text{mm}$$
$$D_p=(36-0.10)_{-0.016}^{0}=35.9_{-0.016}^{0}\text{mm}$$

2. 冲孔($\phi 5.94_{0}^{+0.12}$)

第(1)、(2)步的基本参数同落料,查表 2-6,得刃口磨损系数为 $x=0.75$。

(3)确定刃口尺寸公差。查表 2-7,得凸、凹模刃口制造公差为:$\delta_p=0.02$mm,$\delta_d=0.02$mm。$\delta_p+\delta_d=0.02\text{mm}+0.02\text{mm}=0.04\text{mm}=Z_{\max}-Z_{\min}$,满足式(2-9)的条件,故采用凸、凹模分别制造的方式。

(4)将上述各参数值代入式(2-5)、(2-6),得刃口尺寸为:

$$d_p=(5.94+0.75\times0.12)_{-0.02}^{0}=6.03_{-0.02}^{0}\text{mm}$$
$$d_d7=(6.03+0.10)_{0}^{+0.02}=6.13_{0}^{+0.02}\text{mm}$$

此例中,若零件材料为黄铜,情况又如何?请读者分析思考。

例 2-2 如图 2-8(a)所示的卡板落料件,若材料为 10 钢,料厚 $t=1.2$mm,用落料模生产。模具的精加工设备有普通磨床和线切割机床,求凸、凹模刃口尺寸及偏差。

解:该落料件形状不规则,尺寸的类型和数量亦较多,按前述步骤确定刃口尺寸如下。

(1)对零件的尺寸标注进行"入体原则"转换,如图 2-8(b)所示。

(2)查表 2-3,得初始冲裁间隙为:$Z_{min}=0.126,Z_{max}=0.18$,则 $Z_{max}-Z_{min}=0.054$mm。零件的各尺寸精度在 IT13、IT14 之间,刃口磨损系数统一取为 $x=0.5$。

(3)确定刃口尺寸公差。根据零件的结构尺寸,凸、凹模刃口均可用线切割加工。查表 2-8,线切割加工的尺寸精度可保证 0.02mm,满足式(2-9)和式(2-10)的条件,尺寸测量亦方便,因此决定分别制造凸、凹模。取凸、凹模刃口的孔类、轴类尺寸公差为:$\delta_p=\delta_d=0.02$mm;取刃口间隙均匀度允差为 $0.25Z_{min}$,则可取非轴非孔类尺寸公差为:$\delta_{pc}=\delta_{dc}=0.125\times0.126=0.016$mm。

(4)列表计算。凸、凹模刃口截面简图如图 2-10 所示,各尺寸计算过程和结果见表 2-9。由表 2-9 可见,对于复杂轮廓的冲裁,将尺寸按"入体原则"标注,根据公差标注形式即可正确选用计算公式,得出正确的刃口尺寸及偏差方向。

(a) 凹模刃口 (b) 凸模刃口

图 2-10 刃口截面简图

表 2-9 刃口尺寸计算

制件尺寸	人体原则标注形式	制件公差 Δ	刃口磨损凹模尺寸变化	刃口磨损系数 x	刃口尺寸公差	刃 口 尺 寸 计 算
$30^{+0.1}_{-0.2}$	$30.1^{0}_{-0.3}$	0.3	变大	0.5	δ_p; δ_d; 0.02	凹模:$A1_d=(30.1-x\cdot\Delta)^{+\delta_d}_0=29.95^{+0.02}_0$ 凸模:$A1_p=(29.95-Z_{min})^0_{-\delta_p}=29.824^0_{-0.02}$
50 ± 0.2	$50.2^0_{-0.4}$	0.4	变大			凹模:$A2_d=(50.2-x\cdot\Delta)^{+\delta_d}_0=50^{+0.02}_0$ 凸模:$A2_p=(50-Z_{min})^0_{-\delta_p}=49.874^0_{-0.02}$
$8^{+0.1}_{-0.12}$	$7.88^{+0.22}_0$	0.22	变小			凹模:$B1_d=(7.88+x\cdot\Delta)^0_{-\delta_d}=7.99^0_{-0.02}$ 凸模:$B1_p=(7.99+Z_{min})^{+\delta_p}_0=8.116^{+0.02}_0$
$R5\pm0.1$	$R4.9^{+0.2}_0$	0.2	变小			凹模:$B2_d=R(4.9+x\cdot\Delta)^0_{-\frac{1}{2}\delta_d}=R5^0_{-0.01}$ 凸模:$B2_p=R(5+\frac{Z_{min}}{2})^{+\frac{1}{2}\delta_p}_0=R5.063^{+0.01}_0$
26 ± 0.15	26 ± 0.15	0.3	不变	——	δ_{pc}; δ_{dc}; 0.016	$C1_d=C1_p=26\pm0.008$
$6^{+0.3}_{+0.1}$	6.1 ± 0.1	0.2	不变	——		$C2_d=C2_p=6.1\pm0.008$

例 2-3 如图 2-11 所示的罩壳冲压件,材料为黄铜,先成形后冲孔。求冲孔凸、凹模刃口尺寸及偏差。

解:按前述方法,求解过程如下。

(1)分析图 2-11 可知,该零件尺寸标注符合"入体原则",无需转换。

(2)查表 2-2 得初始冲裁间隙为:$Z_{min}=0.05$,$Z_{max}=0.07$,则 $Z_{max}-Z_{min}=0.02$mm。 冲孔尺寸精度为 IT12 级,可取刃口磨损系数为 $x=0.75$。

(3)由于冲裁轮廓形状不规则,且 $Z_{max}-Z_{min}$ 的值比较小,分别加工凸、凹模对设备条件的要求较高,故决定采用配制方式。以冲孔凸模为基准件,刃口制造公差取相应冲孔尺寸公差的 1/4,用电火花穿孔加工凹模。

图 2-11 罩壳 图 2-12 冲孔凸模刃口截面

(4)基准件冲孔凸模的刃口截面简图如图 2-12 所示,刃口尺寸及偏差计算见表 2-10。

表 2-10 基准件刃口尺寸计算

制件尺寸	制件公差 Δ	刃口磨损凸模尺寸变化	刃口磨损系数 x	刃口尺寸公差 $\Delta/4$	凸 模 刃 口 尺 寸 计 算
$16^{+0.18}_{0}$	0.18	变小		0.05	$A1=(16+0.75\times0.18)^{0}_{-\Delta/4}=6.14^{0}_{-0.05}$
$16^{0}_{-0.12}$	0.12	变大	0.75	0.03	$B1=(6-0.75\times0.12)^{+\Delta/4}_{0}=5.91^{+0.03}_{0}$
5 ± 0.15	0.3	不变	——	0.07	$C1=5\pm\Delta/8=5\pm0.035$

(5)冲孔凹模刃口尺寸按凸模实际尺寸配制,保证凸、凹模双边间隙为 0.05mm 且沿周均匀。

必须指出,在配制凸、凹模刃口时,根据加工条件和配制、检测方便,有时会以落料凸模或冲孔凹模为基准件,此时基准件刃口的基本尺寸按分别制造凸、凹模时的方法计算,考虑其制造公差较大,为保证得到合理的配制件刃口尺寸,计算时,刃口磨损系数取 0.5 或 0.75,而不宜取 1。

2.4 冲压力与压力中心的计算

2.4.1 冲压力的计算

在冲裁过程中,冲压力是冲裁力、卸料力、推件力和顶件力的总称,是选择压力机、设计冲裁模和校核模具强度的重要依据。

1. 冲裁力

冲裁力是冲裁时凸模冲穿板料所需的压力,它是随凸模进入板料的深度而变化的,如图 2-13 所示。图中,OA 段为冲裁的弹性变形阶段,AB 段为塑性剪切阶段,B 点的冲裁力最大,此时板料开始出现剪裂纹,BC 段是裂纹扩展、重合阶段,CD 段的压力主要是克服材料与刃口的摩擦力。

图 2-13 冲裁力曲线

通常,冲裁力是指冲裁过程中的冲裁力峰值。影响冲裁力的因素很多,主要有材料力学性能、料厚、冲裁轮廓线长度、模具间隙大小以及刃口锋利程度等。一般平刃口模具冲裁时,其冲裁力可按下式计算:

$$F = KLt\tau_b \tag{2-11}$$

式中　F——冲裁力(N);

　　　L——冲裁件周边长度(mm);

　　　t——材料厚度(mm);

　　　τ_b——材料抗剪强度(MPa);

　　　K——考虑模具间隙的不均匀、刃口的磨损、材料力学性能与厚度的波动等因素引入的修正系数,一般取 $K=1.3$。

对于同一种材料,其抗拉强度与抗剪强度的关系为 $\sigma_b \approx 1.3\tau_b$,冲裁力也可按下式计算:

$$F = Lt\sigma_b \tag{2-12}$$

2. 卸料力、推件力、顶件力

冲裁结束时,由于材料的弹性恢复及摩擦的存在,被分离的坯料会梗塞在凹模孔口内或紧箍在凸模上。从凸模上卸下紧箍的材料所需的力称为卸料力,将卡在凹模内的材料顺冲裁方向推出所需的力称为推件力,逆冲裁方向将材料从凹模内顶出所需的力称为顶件力。如图 2-14 所示。

影响卸料力、推件力和顶件力的因素很多,要精确计算是比较困难的。在实际生产中,常采用经验公式计算:

$$F_X = K_X F \tag{2-13}$$

图 2-14 卸料力、推件力和顶件力

$$F_T = nK_T F \tag{2-14}$$

$$F_D = K_D F \tag{2-15}$$

式中　K_X、K_T、K_D——分别为卸料力系数、推件力系数和顶件力系数,其值见表 2-11;

　　　F——冲裁力(N);

　　　n——同时卡在凹模孔内的冲件(或废料)数,$n = h/t$(h 为凹模孔口的直刃壁高度,t 为材料厚度)。

表 2-11　卸料力、推件力及顶件力的系数

冲件材料		K_X	K_T	K_D
纯铜、黄铜		0.02～0.06	0.03～0.09	0.03～0.09
铝、铝合金		0.025～0.08	0.03～0.07	0.03～0.07
钢(料厚 t/mm)	～0.1	0.065～0.075	0.1	0.14
	>0.1～0.5	0.045～0.055	0.063	0.08
	>0.5～2.5	0.04～0.05	0.055	0.06
	>2.5～6.5	0.03～0.04	0.045	0.05
	>6.5	0.02～0.03	0.025	0.03

3. 压力机公称压力的确定

经上分析,冲裁所需总压力应为冲裁力、卸料力、推件力、顶件力的最大组合,因此,计算时除了冲裁力必须考虑外,需根据模具卸料、顶件结构形式,决定是否将卸料力、推件力或顶件力考虑进去,。不同模具结构的总冲压力计算分列如下:

采用弹性卸料装置和下出料方式的冲模时

$$F_\Sigma = F + F_X + F_T \tag{2-16}$$

采用弹性卸料装置和上出料方式的冲模时

$$F_\Sigma = F + F_X + F_D \tag{2-17}$$

采用刚性卸料装置和下出料方式的冲模时

$$F_\Sigma = F + F_T \tag{2-18}$$

对于冲裁工序,压力机的公称压力应大于或等于冲裁时总冲压力的 1.1 ～ 1.3 倍,即

$$p \geqslant (1.1 \sim 1.3) F_\Sigma \tag{2-19}$$

式中　p——压力机的标称压力;

　　　F_Σ——冲裁时的总冲压力。

2.4.2　降低冲裁力的工艺措施

在冲压高强度材料、厚板料或大尺寸冲压件时,需要的冲裁力较大,生产现场压力机吨位不足时,为不影响生产,可采用一些有效措施降低冲裁力。

1. 凸模阶梯布置

在多凸模冲模中,将凸模制成不同高度,使各凸模冲裁力的峰值不同时出现,从而达到降低总冲压力的目的,如图 2-15 所示。在几个凸模直径相差悬殊、彼此距离又较近的情况下,采用阶梯布置还能减少小直径凸模由于承受材料流动的挤压力而弯折的倾向。

采用阶梯布置时,凸模的高度差取决于材料厚度,其关系如下:

图 2-15　阶梯凸模冲裁

$$t<3\text{mm 时}, H=t;$$
$$t>3\text{mm 时}, H=0.5t。$$

阶梯凸模冲裁的冲裁力,一般只按产生最大冲裁力的那一个阶梯进行计算。

2. 斜刃冲裁

斜刃冲裁是将冲孔凸模或落料凹模的工作刃口制成与轴线倾斜一定角度的斜刃口,冲裁时刃口不是全部同时切入材料,而是逐步地将材料分离,从而显著降低冲裁力。由于斜刃冲裁会使坯料弯曲,故为使冲件平整,采用斜刃口冲裁时,落料应将凹模做成斜刃,凸模做成平刃口(见图 2-16(a)、(b));冲孔则应将凸模做成斜刃,凹模做成平刃口(如图 2-16(c)、(d)、(e)所示)。设计斜刃时,还应注意尽量将斜刃对称布置,以免冲裁时承受单向侧压力而发生偏弯,啃伤刃口。单边斜刃口冲裁模,只能用于切口(图 2-16(f))或切断。

图 2-16　斜刃口的配置形式

斜刃口的主要参数是斜刃角和斜刃高度。斜刃角越大越省力,但过大的斜刃角会降低刃口强度,并使刃口易于磨损,降低使用寿命。斜刃角过小则起不到减力作用。斜刃高度也不宜过大或过小,过大的斜刃高度会使凸模进入凹模太深,刃口易于磨损、崩裂。而过小的斜刃高度也起不到减力作用。一般情况下,斜刃角和斜刃高度可参考下列数值选取:

料厚 $t<3$mm 时,$H=2t$,$\phi<5°$;

料厚 $t=3\sim10$mm 时,$H=t$,$\phi<8°$。

斜刃口冲裁时的冲裁力可按下面简化公式计算:

$$F'=K'Lt\tau_b \tag{2-20}$$

式中　F'——斜刃口冲裁时的冲裁力（N）；

　　　K'——减力系数，$H=t$ 时 $K'=0.4\sim0.6$，$H=2t$ 时 $K'=0.2\sim0.4$。

斜刃冲裁虽然降低了冲裁力，但增加了模具制造和修模的困难，刃口也易磨损，一般情况下应尽量不用，仅在大尺寸、厚板料冲裁中采用。

3. 加热冲裁

将材料加热冲裁，材料抗剪强度大大下降，从而降低冲裁力。但对冲裁工艺（间隙、坯料尺寸及搭边等）和模具材料有更高要求，并且生产效率低、不利于节能和环保，冲件精度也不高，仅在特殊情况下采用。

2.4.3　压力中心的计算

模具压力中心是指冲压合力作用点的位置。为确保压力机和模具正常工作，应使冲模的压力中心与压力机滑块的中心重合。对于带有模柄的中小型冲模，压力中心应与模柄的轴心线重合，避免因冲模和压力机滑块产生偏心载荷，导致滑块和导轨之间以及模具导向零件产生不均匀磨损，降低模具和压力机的使用寿命。

冲模的压力中心，可按下述原则和方法来确定：

$$y=\frac{R\sin\alpha}{\dfrac{\pi\cdot\alpha}{180}}=\frac{180R\sin\alpha}{\pi\cdot\alpha}=\frac{R\cdot S}{b}\qquad(1)$$

图 2-17　圆弧线段的压力中心

冲裁线为对称的单个形状，冲模的压力中心即为冲裁线的几何中心。对于直线段、矩形、正多边形和圆形，几何中心容易求得。对于圆弧线段的冲裁，压力中心 C 的位置可按下式计算（见图 2-17）

$$y=\frac{R\sin\alpha}{\dfrac{\pi\cdot\alpha}{180}}=\frac{180R\sin\alpha}{\pi\cdot\alpha}=\frac{R\cdot S}{b}\qquad(2\text{-}21)$$

式中　b 为冲裁线弧长，其余符号含义见图。

(2)对于形状相同、中心对称分布的多个形状冲裁，冲模的压力中心即为多个形状的几何对称中心，可在图中用简单的画线找到。如图 2-18 所示。

图 2-18　中心对称的多形状压力中心

(3)冲裁形状复杂，或多个形状不同，或分布不对称，冲模的压力中心可用解析法求出冲模压力中心。

解析法的计算是根据"合力对某轴之矩等于各分力对同轴力矩之和"，求出压力中心坐标。因此，对于复杂形状的冲裁，可先将组成图形的轮廓线划分为若干简单的直线段及圆弧段，分别计算其冲裁力，再由这些分力计算出合力，然后在任意直角坐标系中求解压力中心坐标。

如图 2-19 所示，设图形轮廓各线段的冲裁力为 $F_1,F_2,F_3,\cdots,F_n$，则压力中心坐标计算公式为

$$x_0 = \frac{F_1 x_1 + F_2 x_2 + \cdots + F_n x_n}{F_1 + F_2 + \cdots + F_n} = \frac{\sum\limits_{i=1}^{n} F_i x_i}{\sum\limits_{i=1}^{n} F_i} \qquad (2\text{-}22)$$

$$y_0 = \frac{F_1 y_1 + F_2 y_2 + \cdots + F_n y_n}{F_1 + F_2 + \cdots + F_n} = \frac{\sum\limits_{i=1}^{n} F_i y_i}{\sum\limits_{i=1}^{n} F_i} \qquad (2\text{-}23)$$

由于冲裁力与冲裁线的长度成正比,所以可以用各线段的长度 $L_1, L_2, L_3, \cdots, L_n$ 代替各线段的冲裁力 $F_1, F_2, F_3, \cdots, F_n$,此时压力中心坐标的计算公式为

$$x_0 = \frac{L_1 x_1 + L_2 x_2 + \cdots + L_n x_n}{L_1 + L_2 + \cdots + L_n} = \frac{\sum\limits_{i=1}^{n} L_i x_i}{\sum\limits_{i=1}^{n} L_i} \qquad (2\text{-}24)$$

$$y_0 = \frac{L_1 y_1 + L_2 y_2 + \cdots + L_n y_n}{L_1 + L_2 + \cdots + L_n} = \frac{\sum\limits_{i=1}^{n} L_i y_i}{\sum\limits_{i=1}^{n} L_i} \qquad (2\text{-}25)$$

图 2-19　解析法求压力中心

具体应用中,以上三种方法可以组合使用,以便快速求解。

2.5　冲裁工艺设计

冲裁工艺设计是冲裁模设计的基础,只有在合理、优化的冲裁工艺方案基础上,才能进行冲裁模的结构设计,同时,工艺设计时又必须考虑模具结构设计、制造的工艺性等诸多因素。

2.5.1 冲裁件的工艺性

冲裁件的工艺性是指冲裁件对冲裁工艺的适应性,即冲裁件的材质、结构、形状、尺寸及公差等对冲裁工艺要求的符合程度,良好的工艺性可显著降低冲压件的生产成本。一般情况下,影响冲裁件工艺性的因素有以下几个方面。

1. 材料的机械性能

冲裁变形的坯料应有较好的塑性、一定的硬度和刚性。塑性太差的脆性材料,塑性剪切的过程太短,得不到足够光亮带,影响冲裁件质量和精度;硬度太低的材料,冲件的平整度差,且在冲裁过程中易产生材料附着,硬度太高则塑性差,还影响模具寿命;坯料刚度太差,则不便于送料、取件。一般来说,低碳钢以及黄铜等有色金属冲裁工艺性较好。

2. 冲裁件的结构与尺寸

(1)冲裁件形状。在满足使用要求的前提下,冲裁件的形状应尽可能简单、对称,以提高材料利用率。

(2)冲裁件的圆角。冲裁件的内、外形转角处应尽量避免尖角,采用圆弧过渡以便于模具加工,减少热处理开裂,减缓冲裁时尖角处的崩刃和磨损,提高模具寿命。冲裁件的最小圆角半径可参照表 2-12 选取。

表 2-12　冲裁件最小圆角半径　　　　　　　　(mm)

冲件种类		最小圆角半径			
		黄铜、铝	合金钢	软钢	备注
落料	交角≥90°	0.18t	0.35t0.70t	0.25t	≥0.25
	交角<90°	0.35t		0.50t	≥0.50
冲孔	交角≥90°	0.20t	0.45t	0.30t	≥0.30
	交角<90°	0.40t	0.90t	0.60t	≥0.60

(3)冲裁件的悬臂与窄槽。冲裁件凸出的悬臂或凹入的窄槽不宜太长或太窄,如图2-20所示,否则会降低模具寿命。一般来说,要求悬臂和凹槽的宽度 B≥1.5t(当 t≤1mm 时,按 t=1mm 计算);当冲裁件材料为黄铜、铝、软钢时,B≥1.2t;当冲裁件材料为高碳钢时,B≥2t。而悬臂和凹槽深度 L≤5B。

图 2-20　冲裁件的悬臂与凹槽

(4)冲孔尺寸。冲裁件的孔径因受冲孔凸模强度和刚度的限制,不宜太小,否则容易折断或压弯。孔的最小尺寸取决于材料的力学性能、凸模强度和模具结构。用无导向凸模和带护套凸模所能冲制的孔的最小尺寸可分别参考表 2-13、表 2-14。

表 2-13　无导向凸模冲孔的最小尺寸

冲件材料	圆形孔(直径 d)	方形孔(孔宽 b)	矩形孔(孔宽 b)	长方形孔(孔宽 b)
钢 $\tau_b > 700$MPa	$1.5t$	$1.35t$	$1.2t$	$1.1t$
钢 $\tau_b = 400 \sim 700$MPa	$1.3t$	$1.2t$	$1.0t$	$0.9t$
钢 $\tau_b = 700$MPa	$1.0t$	$0.9t$	$0.8t$	$0.7t$
黄铜、铜	$0.9t$	$0.8t$	$0.7t$	$0.6t$
铝、锌	$0.8t$	$0.7t$	$0.6t$	$0.5t$

注：τ_b 为抗剪强度；t 为料厚。

表 2-14　带护套凸模冲孔的最小尺寸

冲件材料	圆形孔(直径 d)	矩形孔(孔宽 b)
硬钢	$0.5t$	$0.4t$
软钢及黄铜	$0.35t$	$0.3t$
铝、锌	$0.3t$	$0.28t$

注：t 为料厚。

(5)孔间距与孔边距。冲裁件的孔与孔之间、孔与边缘之间的距离不能过小。否则,因为冲裁时非变形区不足而影响冲裁质量。一般要求 $c \geqslant (1 \sim 1.5)t$, $c' \geqslant (1.5 \sim 2)t$, 如图 2-21(a)所示。在弯曲件或拉深件上冲孔时,为避免冲孔时凸模承受不平衡的侧向力而折断,以及考虑凸模、凹模的结构和尺寸,孔边与直壁之间应有足够的距离,一般要求 $L \geqslant R + 0.5t$, 如图 2-21(b)所示。

图 2-21　孔间距及孔边距

3. 冲裁件的尺寸精度与断面粗糙度

(1)冲裁件的尺寸精度。普通冲裁的经济精度为 IT11～14 级,一般落料件公差等级最好低于 IT10 级,冲孔件最好低于 IT9 级。冲裁件尺寸可达到的公差值如表 2-15、表 2-16 所示。如果冲裁件尺寸精度高于表中要求,则需在冲裁后整修或采用精密冲裁。

表 2-15　冲裁件外形与内孔尺寸公差　　　　　　　　　　　　　　　(mm)

料厚 t/mm	冲裁件尺寸							
	一般精度的冲裁件				较高精度的冲裁件			
	<10	10～50	50～150	150～300	<10	10～50	50～150	150～300
0.2～0.5	0.08	0.10	0.14	0.20	0.025	0.03	0.05	0.08
	0.05	0.08	0.12		0.02	0.04	0.08	

续表

料厚 t/mm	冲 裁 件 尺 寸							
	一般精度的冲裁件				较高精度的冲裁件			
	<10	10~50	50~150	150~300	<10	10~50	50~150	150~300
0.5~1	0.12	0.16	0.22	0.30	0.03	0.04	0.06	0.10
	0.05	0.08	0.12		0.02	0.04	0.08	
1~2	0.18	0.22	0.30	0.50	0.04	0.06	0.08	0.12
	0.06	0.10	0.16		0.03	0.06	0.10	
2~4	0.24	0.28	0.40	0.70	0.06	0.08	0.10	0.15
	0.08	0.12	0.20		0.04	0.08	0.10	
4~6	0.30	0.35	0.50	1.0	0.10	0.12	0.15	0.20
	0.10	0.15	0.50		0.06	0.10	0.15	

注:1. 分子为外形尺寸公差,分母为内孔尺寸公差。

 2. 一般精度的冲裁件采用 IT8~IT7 的普通冲裁模;较高精度的冲裁件采用 IT7~IT6 精度的高级冲裁模。

表 2-16 冲裁件孔中心距公差 　　　　　　　　　　　　　　　 (mm)

料厚 t/mm	普通冲裁模			高级冲裁模		
	孔距基本尺寸			孔距基本尺寸		
	<50	50~150	150~300	<50	50~150	150~300
<1	±0.10	±0.15	±0.20	±0.03	±0.05	±0.08
1~2	±0.12	±0.20	±0.30	±0.04	±0.06	±0.10
2~4	±0.15	±0.25	±0.35	±0.06	±0.08	±0.12
4~6	±0.20	±0.30	±0.40	±0.08	±0.10	±0.15

注:表中所列孔距公差适用于两孔同时冲出的情况。

(2)冲裁件的断面粗糙度与毛刺。冲裁件的断面粗糙度及毛刺高度与材料塑性、材料厚度、冲裁间隙、刃口锋利程度、冲模结构及凸模、凹模工作部分表面粗糙度等多因素有关。用普通冲裁方式冲裁厚度为 2mm 以下的金属板料时,其断面粗糙度值 R_a 一般可达 3.2~12.5μm。毛刺的允许高度见表 2-17。

表 2-17 普通冲裁毛刺的允许高度 　　　　　　　　　　　　 (mm)

料厚 t/mm	≤0.3	>0.3~0.5	>0.5~1.0	>1.0~1.5	>1.5~2.0
试模时	≤0.015	≤0.02	≤0.03	≤0.04	≤0.05
生产时	≤0.05	≤0.08	≤0.10	≤0.13	≤0.15

2.5.2 冲裁件的排样

冲压生产的板料毛坯有多种形式,包括废料毛坯、单个毛坯,以及条料、带料或板料形式的多件毛坯。冲裁件在条料、带料或板料上的布置方式称为排样。排样合理与否将影响到材料利用率、冲件质量、生产率、模具结构与寿命等。

1. 材料的利用率

在冲压零件的成本中,材料费用约占冲压件成本的 60% 以上。因此,合理利用材料,提高材料利用率,是排样设计应考虑的重要因素之一。

材料的利用率是指冲裁件的实际面积与所用板料面积的百分比。

一个步距内的材料利用率 η(如图 2-22 所示)可表示为:

$$\eta = A/Bs \times 100\%\qquad(2\text{-}26)$$

式中　A——一个进距内冲裁件的实际面积(mm^2);

　　　B——条料宽度(mm);

　　　s——步距(冲裁时条料在模具上每次送进的距离,其值为两个对应冲件间对应点的
　　　　　间距,mm)。

一张板料(或条料、带料)上总的材料利用率 η_0 为:

$$\eta_0 = nA_1/BL \times 100\%\qquad(2\text{-}27)$$

式中　n——一张板料(或条料、带料)上冲裁件的总数目;

　　　A_1——一个冲裁件的实际面积(mm^2);

　　　L——板料(或条料、带料)的长度(mm);

　　　B——板料(或条料、带料)的宽度(mm)。

冲裁所产生的废料可分为工艺废料和结构废料两类,结构废料由冲件的形状特点决定;
搭边和余料属于工艺废料。显然,要提高材料利用率就必须减少废料。减少工艺废料的措
施主要有:合理排样,合理选择板料规格并合理剪裁(减少余料),以及利用废料冲制小零件
(如表 2-18 中的混合排样)等。而减少结构废料的局限较大,可能的途径一是利用结构废料
冲制小零件,二是必要时与产品设计部门协商,更改零件的形状尺寸,使便于少无废料排样。

图 2-22　材料利用率计算

2. 排样方法

根据材料的合理利用情况,排样可分为有废料、少废料和无废料排样三种。

(1)有废料排样。如图 2-23(a)所示,沿制件的全部外形冲裁,在制件之间及制件与条料
周边之间都留有搭边。有废料排样时,冲裁件尺寸完全由冲模来保证,因此冲裁件精度高,
模具寿命长,但是材料利用率较低。常用于冲裁形状较复杂、尺寸精度要求较高的冲裁件。

(2)少废料排样。如图 2-23(b)所示,沿制件的部分外形切断或冲裁,只在制件之间或
制件与条料边缘留有搭边。因受条料剪裁质量和定位误差的影响,其冲裁件质量稍差,同时
边缘毛刺被凸模带入间隙也影响模具寿命。但材料利用率较高,且冲模结构简单。一般用
于形状较规则、某些尺寸精度要求不高的冲裁件。

(3)无废料排样。如图 2-23(c)、(d)所示,通过直接切断条料获得冲件,无任何搭边废

料。材料利用率最高,但制件质量和模具寿命也更差。当步距为零件宽度的两倍时,一次切断便能获得两个冲裁件(如图 2-23(c)),有利于提高生产率。无废料排样仅可用于形状规则而特殊,且尺寸精度要求不高,或贵重金属材料的冲裁件。

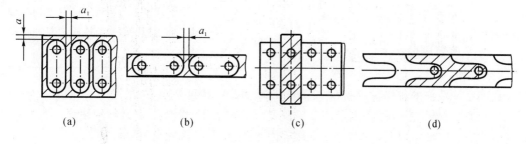

图 2-23 排样方法

以上三种排样方法,根据制件在条料上的布置形式还可进一步分类,如表 2-18 所示。

表 2-18 排样形式分类

排样形式	有废料排样		少、无废料排样	
	简 图	应 用	简 图	应 用
直排		用于简单几何形状(方形、矩形、圆形)的冲件		用于矩形或方形冲件
斜排		用于 T 形、L 形、S 形、十字形、椭圆形冲件	第1方案 第2方案	用于 L 形或其他形状的冲件。在外形上允许有不大的缺陷
直对排		用于 T 形、山形、梯形、三角形、半圆形的冲件		用于 T 形、山形、梯形、三角形,在外形上允许有不大的缺陷
斜对排		用于材料利用率比直对排高的情况		多用于 T 形冲件
混合排		用于材料即厚度都相同的两种以上的冲件		用于两个外形互相嵌入的不同冲件(铰链等)
多排		用于大批生产中尺寸不大的圆形、六角形、方形、矩形冲件		用于大批生产中尺寸不大的方形、矩形及六角形冲件

续表

排样形式	有废料排样		少、无废料排样	
	简图	应用	简图	应用
冲裁搭边		大批生产中用于小的窄冲件(表针及类似的冲件)或带料的连续拉深		用于以宽度均匀的条料或带料冲制长形件

在确定冲裁件的排样时,应根据零件的形状、尺寸、精度要求、批量大小、车间生产条件和原材料供应情况,在满足产品质量要求的前提下,综合考虑材料利用率、劳动生产率、模具结构和寿命,以及操作安全、方便等因素,使综合经济效益最好。

3. 材料的搭边

排样时工件之间以及工件与条料侧边之间留下的余料称为搭边。

搭边虽是废料,但在冲裁过程中起到很大作用:补偿定位误差,保证冲出合格零件;使条料保持一定的刚度,保证顺利送料;使坯料在冲裁变形时有足够的非变形"强区",避免毛刺被带入凸、凹模间隙,降低冲件质量和模具寿命。

但搭边的存在又必然降低了材料利用率,因此,设计排样时必须合理确定搭边值。一般来说,搭边值的大小受以下因素及规律的影响。

(1)材料的力学性能。硬材料的搭边值可以小些,软材料、脆材料的搭边值应大些;

(2)冲裁件的形状与尺寸。冲裁件尺寸大或有尖凸的复杂形状时,搭边值要大些;

(3)材料厚度。厚材料的搭边值要取大一些;

(4)送料及挡料方式。用手工送料时,有侧压装置的搭边值可以小一些,用侧刃定距比用挡料销定距的搭边值小一些;

(5)卸料方式。弹性卸料(有压料)比刚性卸料(无压料)的搭边值小些。

实际应用中,搭边值一般由经验确定,见表 2-19。

4. 条料宽度及导料板之间距离的确定

排样方式和搭边值确定后,即可计算出条料宽度,进而确定模具导料板之间的距离。表 2-19 所列侧面搭边值 a 已经考虑了由于条料剪裁误差所引起的减小,所以条料宽度的计算可采用下列简化公式。

(1)在有侧压装置的导料板之间送料(图 2-24)。此时条料始终沿着一侧的导料板送进,故按下列公式计算:

条料宽度 $$B_{-\Delta}^0 = (D_{\max} + 2a)_{-\Delta}^0 \tag{2-28}$$

导料板间距离 $$B_0 = B + Z = D_{\max} + 2a + Z \tag{2-29}$$

(2)在无侧压装置的导料板之间送料(图 2-25)。此时应考虑在送料过程中因条料的摆动而使侧面搭边减少的情况。为了补偿侧面搭边的减少,条料宽度应增加一个条料可能的摆动量,故按下列公式计算:

条料宽度 $$B_{-\Delta}^0 = (D_{\max} + 2a + Z)_{-\Delta}^0 \tag{2-30}$$

导料板间距离 $$B_0 = B + Z = D_{\max} + 2a + 2Z \tag{2-31}$$

式中 $D_{\max}$——条料宽度方向冲件的最大尺寸;

 a——侧搭边值,可参考表 2-19;

△——条料宽度的单向(负向)偏差,见表 2-20;

Z——导料板与最宽条料之间的间隙,其值可参考表 2-21。

表 2-19 最小搭边值

材料厚度 t/mm	圆形或圆角 $r>2t$ 的工件		矩形件边长 $l \leqslant 50$		矩形件边长 $l>50$ 或圆角 $r \leqslant 2t$	
	工件间 a_1	侧边 a	工件间 a_1	侧边 a	工件间 a_1	侧边 a
<0.25	1.8	2.0	2.2	2.5	2.8	3.0
≥0.25~0.5	1.2	1.5	1.8	2.0	2.2	2.5
≥0.5~0.8	1.0	1.2	1.5	1.8	1.8	2.0
≥0.8~1.2	0.8	1.0	1.2	1.5	1.5	1.8
≥1.2~1.6	1.0	1.2	1.5	1.8	1.8	2.0
≥1.6~2.0	1.2	1.5	1.8	2.5	2.0	2.2
≥2.0~2.5	1.5	1.8	2.0	2.2	2.2	2.5
≥2.5~3.0	1.8	2.2	2.2	2.5	2.5	2.8
≥3.0~3.5	2.2	2.5	2.5	2.8	2.8	3.2
≥3.5~4.0	2.5	2.8	2.5	3.2	3.2	3.5
≥4.0~5.0	3.0	3.5	3.5	4.0	4.0	4.5
≥5.0~12	$0.6t$	$0.7t$	$0.7t$	$0.8t$	$0.8t$	$0.9t$

注:表中数值适用于低碳钢,对于其他材料,应将表中数值乘以下列系数:中等硬度钢 0.9,硬钢 0.8,硬黄铜 1~1.1,硬铝 1~1.2,软黄铜、紫铜 1.2,铝 1.3~1.4,非金属材料 1.5~2。

图 2-24 有侧压装置的送料

图 2-25 无侧压装置的送料

表 2-20　条料宽度偏差 Δ

条料宽度 B/mm	材料厚度 t/mm				
	～0.5	0.5～1	1～2	2～3	3～5
～20	0.05	0.08	0.10		
20～30	0.08	0.10	0.15		
30～50	0.10	0.15	0.20		
～50		0.4	0.5	0.7	0.9
50～100		0.5	0.6	0.8	1.0
100～150		0.6	0.7	0.9	1.1
150～220		0.7	0.8	1.0	1.2
220～300		0.8	0.9	1.1	1.3

表 2-21　导料板与条料之间的最小间隙 Z_{min}

材料厚度 t/mm	无 侧 压 装 置			有 侧 压 装 置	
	条料宽度 B/mm			条料宽度 B/mm	
	<100	100～200	200～300	<100	>100
～1	0.5	0.5	1	5	8
1～5	0.5	1	1	5	8

(3)送料时用侧刃定距(图 2-26)。当条料送进用侧刃定距时,条料宽度必须增加侧刃切去的部分,故按下列公式计算:

条料宽度 $$B^{0}_{-\Delta}=(D_{max}+2a+nb_1)^{0}_{-\Delta} \tag{2-32}$$

导料板间距离 $$B'=B+Z=D_{max}+2a+nb_1+Z \tag{2-33}$$

$$B'_1=D_{max}+2a+y \tag{2-34}$$

式中　D_{max}——条料宽度方向冲件的最大尺寸;

　　　　a——侧搭边值;

　　　　b_1——侧刃冲切的料边宽度,见表 2-22;

　　　　n——侧刃数,值为 1 或 2;

　　　　Z——冲切前的条料与导料板间的间隙,见表 2-21;

　　　　y——冲切后的条料与导料板间的间隙,见表 2-22。

图 2-26　用侧刃定距的送料

表 2-22　b_1、y 值

材料厚度 t/mm	b_1		y
	金属材料	非金属材料	
～1.5	1～1.5	1.5～2	0.10
＞1.5～2.5	2.0	3	0.15
＞2.5～3	2.5	4	0.20

5. 排样图

排样图就是板料或条料在冲压时的一般状态图。排样图不仅是冲压件排样设计的表现形式,同时它还表达了冲压加工的工艺过程和模具的类型,甚至大致表达了模具的尺寸大小。因此,排样图能完整或部分地表达冲压件的工艺方案,通常绘制在相应的冲压工艺卡片上和模具装配图的右上角。

绘制排样图时应注意以下几点:

(1)排样图上应标注条料宽度 $B^0_{-\Delta}$、条料长度 L、板料厚度 t、端距 l、步距 s、冲件间搭边 a_1 和侧搭边值 a,如图 2-27 所示。级进模冲裁时,有时还需标注步距公差,步距公差一般取零件结构相应位置公差的 1/2,而零件的未注位置公差取零件在送料方向上最大尺寸公差的 1/4。

(2)用剖面线表示冲裁工位上的工序件形状(也即凸模或凹模的截面或部分截面形状),以便根据排样图了解工艺过程和模具类型。如图 2-27 中,图(a)为单工序冲裁,先落料后冲孔,图(b)为冲孔、落料复合冲裁,图(c)为冲孔、落料级进冲裁。

(3)采用斜排时,应注明倾斜角度的大小。必要时,还可用双点划线画出送料时定位元件的位置。对有纤维方向要求的排样图,应用箭头表示条料的纹向。

图 2-27　垫片的排样图

2.5.3　冲裁工艺方案

板料的冲压加工都少不了冲裁工序。对于尚需其他冲压工序(如弯曲、拉深等)的冲压件,冲裁工序的安排除了要符合冲裁工艺要求外,还要考虑与其他工序的相互影响,将在后

续章节里逐步介绍。本节着重讨论单纯冲裁件的工艺方案。

确定冲裁工艺方案时，必须考虑以下几方面因素。

1. 零件的尺寸精度

冲裁件的尺寸精度除了受冲裁间隙和模具结构的影响外，还与工艺安排有关。对于要求较高的尺寸，相关的结构形状应在工件的一次定位（单工序模、复合模或级进模的一个工步）中冲出，以避免重复定位误差对零件尺寸的影响。如图 2-28 所示的垫片，两个宽度为 10 的缺口应同时冲出，2－ϕ10 孔也应同时冲出。

图 2-28　垫片

2. 模具寿命

冲裁时，加速刃口磨损、降低模具寿命的因素较多，确定冲裁方案时，主要考虑以下几个方面。

(1) 避免尖角冲裁。如图 2-28 所示冲裁件，由于两缺口端部为尖锐形状，零件外轮廓不宜一次落料，而应将落料与冲缺口安排在两道工序（或级进模的两个工步）冲压。

(2) 避免二次冲裁。二次冲裁是指对冲裁获得的轮廓线再次进行冲裁。前次冲裁产生的毛刺必然被带入二次冲裁的模具间隙当中，损坏刃口，因此应避免二次冲裁。图 2-29 所示的级进冲裁排样中，图(b)的侧刃与落料刃口的距离比步距 B 大 0.2～0.4mm，图(d)的冲孔轮廓超出落料线一定距离，就是为了防止落料刃口的二次冲裁。

(3) 保证凸、凹模强度。冲裁工艺方案应尽量避开不利于凸、凹模强度和寿命的情况。例如：距离太近的孔不宜一次冲出，孔一边距太小不宜复合冲裁，级进冲裁中应合理增设空步，细颈落料件不宜用简单落料工艺等。图 2-29 中，图(a)中的 12 个孔分两步冲出，图(b)中的 3 个孔也是分两步冲出，图(c)、(d)中冲孔与落料之间增加了一个空步，目的都是增加凹模壁厚，提高模具寿命；由图(d)还可见，冲件其实为落料件，采用级进冲裁而非直接落料是因为制件局部材料太少，若直接落料，凸模极易损坏，而采用冲孔、落料级进冲裁使模具寿命大为提高。

3. 冲压生产率

首先，冲压生产率必须满足产品的生产纲领要求，在此前提下，既要考虑提高生产效率，又不可一味追求高生产率，而应综合考虑模具成本、设备条件等多方面因素。一般来说，大批量、大批大量生产，应充分利用高效率设备，采用自动送料、复合冲裁、连续冲裁以及一模多件的工艺方案，而对于中、小批量生产，应结合其他情况，合理提高冲压生产率。

4. 材料利用率

提高材料利用率是降低冲压生产成本的重要途径，尤其对于大批量生产、贵重材料的冲压。提高材料利用率的措施主要有合理选择材料规格和合理排样，如图 2-29(e) 所示排样，充分利用了零件的结构、尺寸特点，采用了混合排样、少废料排样和零件结构侧刃的工艺方案，有效提高了材料利用率。

5. 模具成本

不同的冲裁工艺方案决定了冲裁模的数量、尺寸、精度要求和结构复杂程度，这些因素又与模具制造成本直接关联，并受制于模具制造水平。因此，确定冲裁工艺方案时，还应考

图 2-29　级进冲裁排样

虑模具制造的难度和成本。例如,生产批量不大时,模具成本占生产成本的比例较大,工艺方案应尽量采用单工序模,或简化模具结构,降低模具成本。

以上因素中,有些是相互矛盾的,在确定工艺方案时应根据具体情况权衡利弊,综合考虑。另外,还要考虑现有设备资源的合理利用以及安全生产的要求。

2.6　冲裁模典型结构

第一章介绍了冲压模具的几种分类方法,按通常习惯,一般首先按工序组合情况划分,即划分为单工序模、复合模和级进模。

2.6.1　单工序模

单工序冲裁模又称简单冲裁模,包括落料模、冲孔模、切断模、切口模等。根据导向情况,又可分为无导向模、导板导向模和导柱导向模;根据卸料情况,则可分为刚性卸料和弹压卸料等。

1. 落料模

(1)无导向。图 2-30 所示为无导向落料模,工作时条料沿导料板 4 送至定位板 7 定位后进行冲裁,从条料上分离下来的冲件靠凸模直接从凹模洞口依次推下,箍在凸模上的废料由固定卸料板 3 脱下,完成落料工作。其特点是上、下模无导向,冲裁由机床滑块的导向精度决定,结构简单,制造容易。但模具的安装调试比较困难,操作也不够安全,只适用于冲裁精度要求不高、形状简单和生产批量小的冲件。

1-模柄　2-凸模　3-卸料板　4-导料板　5-凹模　6-下模座　7-定位板

图 2-30　无导向落料模

(2)固定导板导向。图 2-31 所示为固定导板导向落料模。工作时,条料沿承料板 11、导料板 10 自右向左送进,首次冲压通过手动推进始用挡料销 19 定位,冲出一个零件,后续冲压则由固定挡料销 16 定位,且一次冲出两个零件。冲件由凸模从凹模孔中推下,凸模回程时,箍在凸模上的条料则由导板卸下。

固定导板导向的特点是利用凸模本身的刃口面与导板的配合实现上、下模的导向,模具工作过程中,凸模始终不离开导板,因而要求压力机行程较小。导板模比无导向模的精度高,寿命也较长,使用时安装较容易,导板兼起卸料作用,卸料可靠,操作较安全,轮廓尺寸较小,一般用于冲裁形状比较简单、尺寸不大、料厚不太小的冲裁件。

(3)导柱导向。导柱导向是利用导柱和导套的配合来保证上、下模的定向运动,在进行压料和冲裁之前,导柱和导套已经处于可靠导向的状态。与固定导板模相比,导柱导向的模具轮廓尺寸较大,制造成本高,但导向更为可靠,冲件精度高,模具寿命长,使用安装方便,故广泛应用于生产批量大,精度要求高的冲件。

1-模柄 2-止动销 3-上模座 4、8-内六角螺钉 5-凸模 6-垫板 7-凸模固定板
9-导板 10-导料板 11-承料板 12-螺钉 13-凹模 14-圆柱销 15-下模座
16-固定挡料销 17-限位销 18-弹簧 19-始用挡料销
图 2-31 导板导向落料模

图 2-32 所示为导柱导向固定卸料落料模。此模具为刚性卸料,且固定卸料板与导料板合体制造。工作时,条料沿导料面送进,由固定挡料销 8 定位后,凸模 3 下行与凹模 9 完成落料,卸料和出件形式与图 2-31 相同。由于刚性卸料不能在冲裁前进行可靠压料,卸料时坯料又受到冲击,因而容易变形,故刚性卸料仅适用于毛坯刚性较好的情况。

图 1-1 所示落料模则为弹压卸料结构,同时,零件由顶件块顶出凹模面,毛坯定位则由 2 个导料销和 1 个挡料销完成。

2. 冲孔模

(1)一般冲孔模。图 2-33 所示为常见的弹压卸料冲孔模。工件以内孔 $\phi50$ 和圆弧槽 $R7$ 分别在定位销 1 和 17 上定位;由于件 9 橡胶的弹性力作用,卸料板在冲孔前已将工件压紧,卸料时使工件平稳脱离凸模,保证了冲件平整,冲孔废料直接由凸模依次从凹模孔内推出。定位销 1 的右边缘与凹模板外侧平齐,可使工件定位时右凸缘悬于凹模板以外,便于取

1-固定卸料板 2-凸模固定板 3-凸模 4-模柄 5-导柱 6-上模座 7-导套 8-固定挡料销 9-凹模 10-下模座

图 2-32 导柱式固定卸料落料模

1、17-定位销 2-凸模 3-凹模 4、15-螺钉 5-卸料板 6-下模座 7-导柱 8-导套
9-橡胶 10-卸料螺钉 11-上模座 12、18-销钉 13-模柄 14-防转销 16-固定板

图 2-33 导柱导向弹压卸料冲孔模

出冲件。

　　（2）斜楔冲孔模。图 2-34 所示为斜楔式侧面冲孔模，固定在上模的斜楔 1 把压力机滑块的垂直运动转变为推动滑块 4 的水平运动，带动凸模 5 在水平方向进行冲孔。凸模 5 通过滑块 4 在导滑槽内滑动来保证对凹模 6 的定向运动，上模回升时滑块的复位靠橡胶的弹性恢复来完成。斜楔的工作角度 α 取 40°～50°为宜，需要较大冲裁力时，α 也可取 30°，以增大水平推力，若需较大的凸模行程，则可将 α 取值增加到 60°。斜楔式冲裁模轮廓尺寸较大，结构复杂，制造难度大，主要用于冲裁空心件或弯曲件等成形件上的侧孔、侧槽、侧切口等。

1-斜楔　2-座板　3-弹压板　4-滑块　5-凸模　6-凹模

图 2-34　斜楔式侧面冲孔模

　　（3）小孔冲孔模。冲小孔的特点是凸模的刚度差，工作时易弯曲、折断，因此冲小孔模在结构上应有提高凸模抗弯刚度的措施。图 2-35 是一副对凸模全长导向保护的弹压导板式小孔冲孔模，它与一般冲孔模的区别是：凸模在工作行程中除了进入被冲材料内的工作部分外，其余部分均有不间断的导向保护，从而大大提高了凸模的稳定性。该模具的结构特点是：

　　1）导向精度高。模具的导柱不仅在上、下模座之间进行导向，而且对卸料板也导向。在工作行程中，上模座、导柱、弹压卸料板（弹压导板）一同运动，固定于卸料板中的凸模护套精

确地与凸模滑配,当凸模受侧向力时,保护凸模不致发生弯曲。另外,为了提高导向精度,排除压力机导轨误差的干扰,该模具还采用了浮动模柄结构,但必须保证在冲压过程中,导柱始终不脱离导套。

2)凸模全长导向。该模具采用凸模全长导向结构,冲裁时,凸模件7由凸模护套件9全长导向,凸模护套在扇形块件10中滑动。

3)压料面积小,压应力大。冲压时,卸料板不接触材料,由伸出卸料板的凸模护套端部压料,由于凸模护套与材料的接触面积较小,使材料近于三向压应力状态,有利于塑性变形,冲裁断面质量好。

1-下模座　2、5-导套　3-凹模　4-导柱　6-弹压卸料板　7-凸模　8-托板　9-凸模护套　10-扇形块
11-扇形块固定板　12-凸模固定板　13-垫板　14-弹簧　15-阶梯螺钉16-上模座　17-模柄

图 2-35　全长导向的小孔冲孔模

图 2-36 所示则为通过缩短凸模长度来提高其抗弯刚度的短凸模小孔冲孔模。该模具结构特点是:上模垫板加厚,凸模固定板减薄,从而缩短了凸模长度,并且,凸模还以卸料板为导向,卸料板又以凸模固定板为导向,提高了凸模的纵压稳定性。

1-导板　2-凸模固定板　3-上模垫板　4-凸模　5-卸料板　6-凹模　7-下模垫板

图 2-36　短凸模小孔冲孔模

2.6.2　复合模

复合模是一种多工序冲模,在压力机的一次行程中,模具的同一个工位上同时完成两道或两道以上不同冲压工序。复合模在结构上最主要的特征是:至少有一个具有双重作用的工作零件,谓之凸凹模。如在落料冲孔复合模中既作为落料凸模又作为冲孔凹模的零件就是凸凹模。

根据凸凹模在模具中的装配位置不同,通常将复合模分为正装式复合模和倒装式复合模两种。凸凹模装在上模的称为正装式复合模,凸凹模装下模的称为倒装式复合模。

1. 正装式复合模

图 2-37 所示为正装式落料冲孔复合模。工作时,条料由导料销 13 和挡料销 12 定位,上模下压,凸凹模 6 的外刃口与落料凹模 8 进行落料,落下的冲件卡在凹模内,同时冲孔凸模与凸凹模的内刃口进行冲孔,冲孔废料卡在冲孔凹模孔内。当上模回程时,原来在冲裁时被压缩的弹性元件(图中未示出)恢复,弹性力通过顶杆 10 和顶件块 9 将卡在落料凹模中的冲件顶出凹模面。当上模上行至上止点时,压力机滑块内的打料杆通过打杆 1、推板 3 和推杆 4 把废料刚性推出,凸凹模的冲孔凹模孔内不积存废料。条料的边料则由弹压卸料板 7 从凸凹模上脱下。

1-打杆 2-模柄 3-推板 4-推杆 5-卸料螺钉 6-凸凹模 7-卸料板
8-落料凹模 9-顶件块 10-带肩顶杆 11-冲孔凸模 12-挡料销 13-导料销

图 2-37 正装式复合模

正装式复合模工作时,板料是在压紧的状态下被分离,可得到平直度较高的冲件。但由于弹性顶件和弹性卸料装置的作用,分离后的冲件容易被再次嵌入边料中而影响操作,因而影响了生产率。

2. 倒装式复合模

图 2-38 所示为倒装式复合模,该模具的凸凹模 18 装在下模,落料凹模 7 和冲孔凸模 17 装在上模。倒装式复合模一般采用刚性推件装置,冲件不是处于被压紧状态下分离,因而冲件的平直度不高。同时由于冲孔废料直接从凸凹模内孔推下,对于直刃壁刃口,凸凹模内孔中会聚积废料,壁厚较小时可能引起胀裂,因而这种复合模结构适用于冲裁材料较硬或厚度大于 0.3mm,且孔边距、孔间距较大的冲件。如果在上模内设置弹性元件,改为弹性推件,即可用来冲制材料较软或料厚小于 0.3mm,平直度要求较高的冲件。

从正装式和倒装式复合模结构分析中可以看出,两者各有优缺点。正装式复合模较适用于冲制材料较软或料厚较薄、平直度较高的冲件,以及孔边距更小的冲件。而倒装式复合模结构简单(省去了顶出装置),便于操作,并为机械化出件提供了条件,故应用非常广泛。

1-下模座　2-卸料螺钉　3-导柱　4-凸凹模固定板　5-橡胶　6-导料销　7-落料凹模
8-推件块　9-凸模固定板　10-导套　11-垫板　12、20-销钉　13-上模座　14-模柄
15-打杆　16、21-螺钉　17-冲孔凸模　18-凸凹模　19-卸料板　22-挡料销

图 2-38　倒装式复合模

2.6.3　级进模

级进模也是一种多工序冲模,但与复合模不同的是,在一次工作行程中,多道冲压工序是在模具的不同位置(工位)上完成的,整个制件的成形在坯料连续送进的过程中逐步完成,故亦称连续模。级进模不仅可以完成冲裁工序,还可以完成成形工序,甚至装配工序,生产效率高,便于实现自动化生产。

由于级进模的冲压工位较多,坯料的准确定位成为保证产品质量的关键。对于手动级进模,在垂直于送料方向上,一般用导料板定位,而在送料方向上,坯料定距有以下几种典型结构:

1. 固定挡料+导正销定位的级进模

图 2-39 所示为垫片的冲孔落料级进模。上、下模用导板导向。冲孔凸模 4 与落料凸模 5 的中心距离等于送料步距 s。送料时由固定挡料销 8 进行初定位,由两个装在落料凸模上

的导正销 6 进行精定位。导正销与落料凸模的联接为 H7/r6 的过盈配合。为了保证首件冲孔的正确定距,使用了一组始用挡料装置。

零件图

排样图

1-模柄 2-上模座 3-螺钉 4-冲孔凸模 5-落料凸模 6-导正销 7-导板 8-固定挡料销
9-凹模 10-下模座 11-始用导料销 12-导料板 13-承料板 14-凸模固定板 15-垫板

图 2-39 挡料销和导正销定距的级进模

由于固定导板模是刚性卸料,且冲压时无压料,故这类级进模多用于材质较硬的板料或厚板料的冲裁。另外,冲件上用于导正的孔径应不小于 2mm,零件落料尺寸应足够安装导正销而不影响其强度,否则,应于废料处另冲工艺孔用于导正。

图 2-40 所示为挡料杆自动挡料的级进模。自动挡料装置由挡料杆 3、冲搭边的工艺凸模 1 和工艺凹模 2 组成。第一次冲孔和落料的两次送料,分别由两组始用挡料装置定位,以后各次送进由自动挡料装置定位。由于挡料杆始终不离开凹模的上平面,所以送料时,挡料杆挡住搭边,在冲孔、范料的同时,凸模 1 和凹模 2 将搭边冲出一个缺口,以便条料下一次送进,从而起到自动挡料的作用。自动挡料装置的使用使得操作便利,提高了劳动生产率,但增大了模具的轮廓尺寸。另外,该模具还设有侧压装置,通过侧压簧片 5 和侧压块 4 的作用,将条料压向单侧的导料板,使条料送进方向更为准确。

1-工艺凸模　2-凹模　3-挡料杆　4-侧压板　5-侧压簧片　6-导正销　7-凹模固定板

图 2-40　带自动挡料杆的级进模

2. 侧刃定距的级进模

图 2-41 为双侧刃定距的冲孔落料级进模。模具结构以侧刃 16 代替了始用挡料销、挡料销和导正销控制条料送进距离。侧刃是特殊功用的凸模，其作用是在压力机每次冲压行程中，沿条料边缘切下一块长度等于步距的料边，使形成一台肩。而在送料方向上，在侧刃前后，两导料板间距不同，前宽后窄也形成一个凸肩。因此，在侧刃切下一块料边后，条料每次送进都在台肩处定位，且送进距离正好等于一个步距。为了减少料尾损耗，尤其工位较多的级进模，可采用两个侧刃前后对角排列。由于该模具冲裁的板料较薄(0.3mm)，所以选用弹压卸料方式。

单工序模、复合模、级进模三类冲裁模的典型结构特点与适用场合各有不同，它们之间的比较见表 2-23。

1-内六角螺钉　2 销钉　3-模柄　4-卸料螺钉　5-垫板　6-上模座　7-凸模固定板　8、9、10-凸模
11-导料板　12-承料板　13-卸料版　14-凹模　15-下模座　16-侧刃　17-侧刃挡块

图 2-41　双侧刃定距的冲孔落料级进模

表 2-23　单工序模、复合模和级进模的比较

比较项目　　模具种类	单项序模		复合模	级进模
	无导向的	有导向的		
冲件精度	低	一般	可达 IT10～IT18	IT13～IT10 级
冲件平整度	差	视料厚及有无压料	正装式平整,倒装式一般	一般,要求质量较高时需校平
冲件尺寸和料厚度	尺寸、厚度不受限制	中型尺寸、厚度较大	孔边距、孔间距尺寸受限,轮廓尺寸不限;料厚在 0.05～3mm 之间	轮廓尺寸在 250mm 以下,厚度在 0.1～6mm 之间
坯料形式	不限	不限	不限	条料或带料
生产率	低	较低	清理废料和制件较麻烦,生产率稍低	工序间可自动送料,冲件和废料一般从下模漏下,生产效率高
使用高速压力机的可能性	不能使用	可以使用	操作时出件困难,速度不宜太高	可以使用
多排冲压法的应用	不采用	很少采用	很少采用	冲件尺寸小时应用较多
模具轮廓尺寸	较小	视零件或排样	紧凑	较大

比较项目 \ 模具种类	单项序模		复合模	级进模
	无导向的	有导向的		
模具制造难度及成本	低	比无导向高	冲裁复杂形状件时比级进模低	冲裁简单形状件时比复合模低
适应冲件批量	小批量	中小批量	大批量	大批量
操作安全性	不安全,需采取安全措施		不安全,需采取安全措施	比较安全

2.7 冲裁模主要零部件的结构设计与制造

由前述章节可知,根据各零部件在模具中所起的作用,可将其分为工艺零件和结构零件两大类。其中,工艺零件直接参与完成工艺过程并和坯料直接发生作用,包括工作零件、定位零件、压料卸料和出件等零件;结构零件不直接参与工艺过程,也不和坯料直接发生作用,仅对模具完成工艺过程起保证或对模具的功能起完善作用。包括导向零件、支承零件、紧固及其他零件。

2.7.1 工作零件

工作零件是冲压模具的关键零件,直接影响冲压件质量和模具寿命。

1. 冲裁模工作零件的技术要求

根据前面的分析可知,冲裁的凸模、凹模或凸凹模在工作过程中承受的冲击载荷大,载荷频率高,表面摩擦强烈,磨损与发热严重,有时还产生材料附着。因此,冲裁模的工作零件应具有高强度、高硬度、高耐磨性、一定的韧性以及刃口锋利和较低的表面粗糙度,同时保证合理的凸、凹模刃口间隙。具体要求的项目大致如下:

(1)材料多为碳素工具钢或合金工具钢,热处理硬度在 $56\sim62$HRC 之间,具体可参见表 1-8。

(2)刃口尺寸精度满足冲裁工艺和产品质量的要求。

(3)凸模、凹模套的固定部分与刃口部分的同轴度允差大大低于刃口间隙均匀度允差。

(4)多刃口板式凹模、凸模固定板、卸料板的相关孔位需保持高度的一致,并与基准面垂直。

(5)除刃口部分外,其他结构的转角处应以圆角过渡,减少应力集中。若无圆角,也应允许按 R0.3mm 制造。

(6)刃口部分粗糙度一般为 Ra0.4~Ra1.6,安装部位和销孔为 Ra0.8,其余为 Ra6.3~Ra12.5。

(7)镶拼式凸、凹模的镶块结合面缝隙不得超过 0.03mm。

2. 凸模的结构设计

(1)凸模结构形式与固定方法。凸模的结构形式取决于多方面因素和条件,如:冲件的形状和尺寸、冲模结构、加工及装配工艺等,所以实际生产中使用的凸模结构形式很多。按截面形状可分为圆形和非圆形;按刃口形状分有平刃和斜刃;按总体结构分则有整体式、镶拼式、直通式和护套式凸模等。凸模固定有台肩固定、铆接、螺钉和销钉固定、粘结剂浇注法

固定等形式。但总的来说,有三个要素:工作部分、定位部分和承受卸料力部分。

1)圆形凸模。圆形凸模的结构和尺寸规格已经标准化,图 2-42 所示为标准圆形凸模的三种结构形式及固定方法。此类台阶式的凸模装配修磨方便,强度、刚性较好,工作部分的尺寸由计算得到。前端直径为 d 的部分是具有锋利刃口的工作部分,中间直径为 D 的部分是定位安装部分,与凸模固定板按 H7/m6 或 H7/n6 配合,尾部台肩则为承受卸料力部分,保证工作时凸模不被拉出。

图 2-42(a)、(b)分别为较大直径和较小直径的凸模形式,它们适用于冲裁力和卸料力较大的场合;图 2-42(c)为快换形式的一种,凸模的维修更换方便。

图 2-42　标准圆形凸模的结构及固定形式

2)非圆形凸模。在实际生产中广泛应用的非圆形凸模一般有阶梯式(图 2-43(a)、(b))和直通式(图 2-43(c)～(e))。为便于加工,阶梯式非圆形凸模的安装部分应尽量简化成圆形或方形,用台肩或铆接法固定在固定板上,若安装部分为圆形,装配时还应在固定端接缝处打入防转销。直通式非圆形凸模便于用线切割或成形铣、成形磨削加工,固定方法也有多种。图 2-43(c)所示是采用配合加铆接法,尾部在装配后铆开、磨平,以承受卸料力,铆接尺寸一般为 1～1.5×45°。这种凸模要求热处理时尾部 10～20mm 的长度内不得淬火,或热处理后局部高温回火,以便铆接。图 2-43(d)所示为用粘结剂浇注法固定凸模,卸料力也由模具与粘结剂之间的附着力承担,这种方法的优点是可降低固定板加工的精度,但更换凸模

图 2-43　非圆形凸模的结构及固定形式

时须重新调整凸、凹模间隙,维修工艺性不好。相比之下,图 2-43(e)所示的凸模制造及维修工艺性最好,但要有布置螺孔的条件。也可视情况将固定板加工成直通孔,螺钉直接从凸模垫板上方穿入,工艺性更好。总之,非圆形凸模的结构及固定形式必须考虑其刚度以及加工、装配和维修的工艺性。

3)大型凸模。无论圆形或非圆形,大尺寸凸模的结构和固定可采用图 2-44 所示的形式,可大量减少零件加工工时。非圆形的还可采用镶拼结构、焊接刀口等形式。

4)冲小孔凸模。小孔是指孔径 d 小于被冲板料厚度或小于 1mm 的圆孔,或面积 $A<1\mathrm{mm}^2$ 的异形孔。由于冲小孔的凸模强度、刚度差,易弯曲和折断,所以其结构工艺性要求比一般冲孔零件要高,以提高冲小孔凸模的使用寿命。为提高冲小孔凸模的纵压

图 2-44 大型凸模的结构及固定

稳定性,通常采取的措施有:对凸模增加导向和保护、采用短凸模冲裁。图 2-45(a)、(b)所示为局部导向结构,图 2-45(c)、(d)所示为全长保护结构,具体应用见图 2-35、2-36。

图 2-45 冲小孔凸模及其导向结构

(2)凸模长度计算。凸模长度主要根据模具结构,并考虑修磨、操作安全、装配等的需要来确定。当按冲模典型组合标准选用时,则可取标准长度,否则应该进行计算,计算方法如下:

当采用固定卸料时(如图 2-46(a)),凸模长度可按下式计算:

$$L=h_1+h_2+h_3+h \tag{2-35}$$

当采用弹压卸料时(图 2-46(b)),凸模长度可按下式计算:

$$L=h_1+h_2+h_a \tag{2-36}$$

式中 L——凸模长度(mm);

h_1——凸模固定板厚度(mm);

h_2——卸料板厚度(mm);

h_3——导料板厚度（mm）；

h_a——卸料弹性元件的安装高度，即卸料弹性元件被预压后的高度（mm）；

h——附加长度（mm），它包括凸模的修磨量、凸模进入凹模的深度、凸模固定板与卸料板之间的安全距离等，一般取 $h=15\sim20$mm。

图 2-46　凸模长度的计算

（3）凸模的强度与刚度校核。通常情况下，凸模的强度和刚度是足够的，没有必要进行校核。如果凸模的截面尺寸很小而冲裁板料较厚，或凸模特别细长时，则应进行正压力和抗纵弯能力的校核，见表 2-24。

表 2-24　冲裁凸模强度与刚度校核计算公式

校核内容		计算公式		式中符号意义
弯曲应力	简图	无导向	有导向	L——凸模允许的最大自由长度（mm） d——凸模最小直径（mm） A——凸模最小断面积（mm²） J——凸模最小断面的惯性矩（mm⁴） F——冲裁力（N） t——冲压材料厚度（mm） τ——冲压材料抗剪强度（MPa） $[\sigma_压]$——凸模材料的许用压应力（MPa），碳素工具钢淬火后的许用压应力一般为淬火前的 $1.5\sim3$ 倍
	圆形	$L\leqslant90\dfrac{d^2}{\sqrt{F}}$	$L\leqslant270\dfrac{d^2}{\sqrt{F}}$	
	非圆形	$L\leqslant416\sqrt{\dfrac{J}{F}}$	$L\leqslant1180\sqrt{\dfrac{J}{F}}$	
压应力	圆形	$d\geqslant\dfrac{5.2t\tau}{[\sigma_压]}$		
	非圆形	$A\geqslant\dfrac{F}{[\sigma_压]}$		

→ 92

3. 凹模的结构设计

(1)凹模的外形结构与固定方法。凹模的结构形式也较多,按外形可分为标准的圆形镶套式凹模和板式凹模;按结构可分为整体式和镶拼式;按刃口形式也可认为平刃和斜刃。

图 2-47(a)、(b)为标准化的两种镶套式凹模及其固定方法,主要用于冲孔(孔径 d<1～28mm,料厚 t<2mm),一般以 H7/m6 或 H7/r6 的配合关系压入凹模固定板,再通过螺钉、销钉将凹模固定板固定在模座上。套式凹模的优点是便于更换,应用时可根据使用要求及刃口尺寸从相应标准中选取。

实际生产中,板式凹模的应用也相当广泛,其外形一般为圆形或矩形,通常在其上开设多个凹模孔,通过螺钉和销钉整体固定在模座上,如图 2-47(c)所示。凹模板轮廓尺寸也已经标准化,可根据计算所得轮廓尺寸,结合标准固定板、垫板及模座等配套选用。

图 2-47(d)所示为快换式冲孔凹模及其固定方法。

图 2-47 凹模形式及其固定

(2)凹模刃口的结构形式。冲裁模常用的凹模刃口主要有直壁型和锥形两种,表 2-25 列出了冲裁模凹模刃口的形式、主要参数、特点及应用,可供设计时参考选用。

(3)板式凹模的结构尺寸。由于冲裁件结构形状千变万化,冲裁时凹模的受力状态又比较复杂,难以用理论计算确定其结构尺寸,生产实际中通常根据经验数据或公式确定。

1)孔间距及孔边距。板式凹模上,通常布置有多个凹模孔、螺孔和销孔,螺孔间、螺孔与销孔间、螺孔或销孔与凹模刃口及凹模板边界之间的距离不能太近,以免降低模具寿命。表 2-26 为板类零件上各类孔的最小布置尺寸,可供模具设计时参考。另外,凹模孔之间的壁厚(见图 2-48 中的 S)一般不小于 5mm,冲裁力较小时,可允许适当减小,刃口形状尖锐时,需适当增大。否则,应考虑更改冲裁工艺。

表 2-25　冲裁凹模的刃口形式

刃口形式	序号	简　图	特点及适用范围
直壁形刃口	1		1. 刃口为直通式,强度高,修磨后刃口尺寸不变 2. 用于冲裁大型或精度要求较高的零件,模具装有反向顶出装置,不适用于下出件的模具
	2	h　β	1. 刃口强度较高,修磨后刃口尺寸不变 2. 凹模内易积存废料或冲裁件,尤其间隙小时刃口直壁部分磨损较快 3. 用于冲裁形状复杂或精度要求较高的零件
	3	h　0.5~1	1. 特点同序号2,且刃口直壁下面的扩大部分可使凹模加工简单,但采用下漏料方式时刃口强度不如序号2刃口强度高 2. 用于冲裁形状复杂、精度要求较高的中小型件,也可用于装有反向顶出装置的模具
	4	20°~30°　2~5　1~2　3~5　1°30′	1. 凹模硬度较低(有时可不淬火),一般为40HRC左右,可用手锤敲击刃口外侧斜面以调整冲裁间隙 2. 用于冲裁薄而软的金属或非金属件锥形刃口
锥形刃口	5	α	1. 刃口强度较差,修磨后刃口尺寸略有增大 2. 凹模内不易积存废料或冲裁件,刃口内壁磨损较慢 3. 用于冲裁形状简单、精度要求不高的零件
	6	α　h　β	1. 特点同序号5 2. 可用于冲裁形状较复杂的零件

主要参数	材料厚度 t/mm	$\alpha(')$	$\beta(°)$	h/mm	备　注
	<0.5			≥4	α 值适用于钳工加工。采用线切割时,可取 $\alpha=5'\sim20'$
	0.5~1	15	2	≥5	
	1~2.5			≥6	

表 2-26 螺孔、销孔的最小布置尺寸　　　　　　　　　　　　（mm）

简　图						

螺 钉 孔		M6	M8	M10	M12	M16	M20	M24
A	淬　火	10	12	14	16	20	25	30
	不淬火	8	10	11	13	16	20	25
B	淬　火	7	8	9	10	12	13	17
C	淬　火	5						
	不淬火	3						
销 钉 孔		$\phi 4$	$\phi 6$	$\phi 8$	$\phi 10$	$\phi 12$	$\phi 16$	$\phi 20$
D	淬　火	7	9	11	12	15	16	20
	不淬火	4	6	7	8	10	13	16

2)轮廓尺寸。矩形板式凹模轮廓尺寸包括凹模板的长度(L)、宽度(B)和厚度(H)。平面尺寸 L 和 B 的构成如图 2-48 所示,除刃口最大距离 S_1 和 S_2 外,尺寸 L 和 B 的确定应协调以下几方面因素:

ⅰ)螺孔、销孔的布置空间应满足表 2-26 的要求。

ⅱ)凹模刃壁至凹模板外缘的距离(w_1、w_2、w_3、w_4)一般取凹模板厚度的 1.5～2 倍,刃口形状为圆弧时取小值,为直线时取中值,为尖角时取大值。

ⅲ)凹模板的几何中心尽量与冲裁压力中心重合,与其他条件协调困难时,应保证几何中心与压力中心的距离小于模柄截面半径。

ⅳ)参照标准模架的凹模边界尺寸和标准凹模板尺寸。

凹模板厚度可按如下经验公式确定,但不得小于 15mm。

$$H = KS_2 (\geqslant 15\text{mm}) \tag{2-37}$$

式中　H——凹模板厚度;

S_2——凹模宽度方向刃口最大距离;

K——考虑板料厚度的影响系数,可按表 2-27 查取。

图 2-48 凹模外形尺寸

表 2-27　系数 K 值

S_2/mm	材料厚度 t/mm				
	0.5	1	2	3	>3
≤50	0.3	0.35	0.42	0.5	0.6
>50~100	0.2	0.22	0.28	0.35	0.42
>100~200	0.15	0.18	0.2	0.24	0.3
>200	0.1	0.12	0.15	0.18	0.22

4. 凸凹模的结构

凸凹模是复合模中的主要工作零件,兼具落料凸模和冲孔凹模的作用。其内形刃口起冲孔凹模的作用,按一般凹模设计;其外形刃口起落料凸模的作用,按一般凸模设计。内形与外形之间的壁厚取决于冲裁件的尺寸,为保证强度,其壁厚应受最小值的限制。

凸凹模的最小壁厚与模具结构有关。当模具为正装结构时,内孔不积存废料,凹模承受胀力的时间短,力量小,推件力也小,最小壁厚可以小些;当模具为倒装结构时,若内孔为直壁形刃口形式,且采用下出料方式,则内孔易积存废料,增大了胀力,因此壁厚应大些。

凸凹模的最小壁厚目前一般按经验数据确定,倒装式复合模的凸凹模最小壁厚可查表2-28。正装复合模的凸凹模最小壁厚值,对褐色金属等硬材料约为冲裁件板厚的 1.5 倍,但不小于 0.7mm;对于有色金属等软材料约等于板料厚度,但不小于 0.5mm。

表 2-28　倒装式复合模的凸凹模最小壁厚　　　　　　　　　　　　　　(mm)

简　图											
材料厚度	0.4	0.6	0.8	1.0	1.2	1.4	1.6	1.8	2.0	2.2	2.5
最小壁厚 a	1.4	1.8	2.3	2.7	3.2	3.6	4.0	4.4	4.9	5.2	5.8
材料厚度	2.8	3.0	3.2	3.5	3.8	4.0	4.2	4.4	4.6	4.8	5.0
最小壁厚 a	6.4	6.7	7.1	7.6	8.1	8.5	8.8	9.1	9.4	9.7	10

5. 凸模与凹模的镶拼结构

对于大、中型和形状复杂、局部薄弱的凸模或凹模,常采用镶拼结构的凸、凹模,以便于毛坯锻造、机械加工和热处理,同时还避免了局部损坏造成整个凸、凹模的报废。

镶拼结构有镶接和拼接两种。镶接是将局部易损部分另做一块,然后镶入凸、凹模体或固定板内,如图 2-49(a)、(b)所示。拼接是将整个凸、凹模根据形状分段成若干块,分别加工后再拼接起来,如图 2-49(c)、(d)所示。

图 2-49 凸、凹模的镶拼结构

镶拼式凸、凹模的结构设计,关键在于拼块的正确分割,以求最好的加工、装配、维修工艺性,保证冲件质量,提高模具寿命。设计镶拼式凸、凹模时,应注意尽量使镶块接合面与刃口垂直;工作中易磨损处和圆角部分应单独划分一段;拼接线应在离圆弧与直线的切点 4～7mm 处;尽量将复杂的内形加工变成外形加工,便于机械加工和成型磨削;若用于一处冲裁的凸、凹模均为镶拼结构时,二者的镶块分割线应错开 3～5mm。

镶块结构的固定方法主要有以下几种:

(1)平面式固定。将拼块直接用螺钉、销钉固定于固定板或模座平面上,如图 2-50(a)所示。这种固定方法主要用于大型的镶拼凸、凹模。

(2)嵌入式固定。各拼块拼合后,采用过渡配合(K7/h6)嵌入固定板凹槽内,再用螺钉紧固,如图 2-50(b)所示。这种方法多用于中小型凸、凹模镶块的固定。

图 2-50 镶拼结构的固定

（3）压入式固定。各拼块拼合后,以过盈配合(U8/h7)压入固定板内,如图 2-50(c)所示。这种方法常用于形状简单的小型镶块的固定。

（4）斜楔式固定。利用斜楔和螺钉把各拼块固定在固定板上,如图 2-50(d)所示。拼块镶入固定板的深度应不小于拼块厚度的 1/3。这种方法也是中小型凹模镶块(特别是多镶块)常用的固定方法。

此外,还有用粘结剂浇注固定的方法。

6. 工作零件的制造

在确定冲裁模工作零件的制造工艺时,应根据其结构特点、模具的总体要求以及现实条件,从毛坯形式、工艺路线安排、基准的选择、设备及刀具的选用、测量手段等方面综合考虑,以保证前面介绍的工作零件技术要求。冲裁凸模大部分可视为杆类零件,凹模套属套类零件,凹模板多属板类孔系零件,它们的加工方法各有特点,加工工艺依结构尺寸的不同而不同,有时还需设计、制作二类工具。第二章已经介绍了冲模制造的各种精加工方法,本节将以几个典型案例说明凸、凹模的加工工艺过程。

例 2-4 分析图 2-51 所示快换凸模的加工工艺。

【分析】 此凸模尺寸较小,两段外圆虽未标注其同轴度要求,实际上同轴度允差很小,应根据批量情况采用不同的加工工艺。若单件生产,可采用增加余料的方法加工,即:下料时将毛坯加长,预先加工出一工艺台阶,磨削时,一次夹持 ϕ12 工艺面,磨削 ϕ10 和 ϕ6 外圆,最后再将多余长度去除,如图 2-52 所示。若作为标准件批量生产,则应两端打中心孔,在双顶尖装夹下磨削两段外圆,最后去除刃口端中心孔,如图 2-53 所示。15°槽口均于热处理前铣削加工。

如果凸模的长径比较大,为避免磨削时让刀,单件加工也应在刃口端钻中心孔,磨削时采用"一夹一顶"的方式夹持工件,最后去除带中心孔的刃口部分。

材料:T10A 数量:1
热处理:56~60HRC

图 2-51 快换凸模

例 2-5 单件制造图 2-54 所示的异形凸模,分析其加工工艺。

【分析】 这类异型刃口的凸模制造主要须保证刃口的尺寸精度、形状精度和相对凸模固定部分的位置精度,由于刃口截面形状是由直线和圆弧组合的非规则图形,必须采用精密

图 2-52 增大余料的工艺方案

图 2-53 双顶尖磨削加工

材料:CrWMn 热处理:58~62HRC

图 2-54 异形凸模

设备或复杂工艺加工,以保证其诸多方面的精度要求。下面详细分析在不同条件下的加工工艺。

1. 数控铣削＋数控成形磨削或连续轨迹坐标磨削

在有条件的情况下,这是最高效的加工方法,也最容易保证精度要求。但应注意,无论是热处理前的铣削,还是热处理后的精密磨削,都必须校正 $\phi 16$ 外圆作为工艺基准,以保证对称度要求,因此必须先加工 $\phi 16$ 外圆。刃口单边磨削余量可为 $0.1 \sim 0.15\text{mm}$。

2. 平面磨削和光学曲线磨削

在热处理前,可以采用数控铣削、按划线铣削或结合回转工作台铣削的方法,粗铣刃口形状,并留一定余量。热处理后,按以下步骤进行:

（1）一次装夹，磨削 $\phi16$ 外圆到图纸尺寸，同时磨出 2-R3.1 圆弧的最高点，即 $\phi14_{-0.02}^{0}$ 外圆，与 $\phi16$ 外圆同轴，如图 2-55 所示。

（2）磨刃口的两平面部分，保证尺寸 $6.2_{-0.02}^{0}$ 和对称度要求。图 2-56 所示为磨平面的二类工具，该工具主体为一 V 型槽方箱，采用微变形工具钢制作，淬硬后磨六面两两垂直、平行，再用线切割加工内型孔并研磨抛光，上、

图 2-55　磨基准圆柱面和圆弧最高点

下基面以 V 型槽中线对称。此二类工具通用性较强，可磨矩形刃口，若将内型孔和外型面作进一步改进，通用性还可提高。在本例应用中，先用千分尺测量 $\phi16$ 外圆的实际尺寸 D_s，装夹后测量 $\phi16$ 外圆柱上母线到底面（工作台面）的距离 $H2$（根据精度要求不同，可用高度尺直接测量，或用千分表和量块相对测量），将尺寸 $6.2_{-0.02}^{0}$ 转换成对称公差形式，即 6.19 ± 0.01，可计算出磨削控制尺寸 $H1$ 为：

$$H1=\left(H2-\frac{Ds}{2}+\frac{6.19}{2}\right)\pm0.005$$

在平面磨床上磨好一个平面后，将二类工具翻转 $180°$ 磨另一面，保证前后两次的 $H1$ 实际尺寸的差值小于两平面对称度公差（0.005mm）。若 $H1$ 的公差小于对称度公差，第二次磨平面时可直接检测尺寸 $6.2_{-0.02}^{0}$，对称度也同时得到保证。

（3）在光学曲线磨床上磨削 $2-R3.1_{-0.01}^{0}$，并保证对称度要求。由于零件尺寸不大，每段圆弧可一次磨削（若放大 50 倍，图形尺寸为 R155mm，光屏可以显示）。值得注意的是，对比加工时，放大的图样应包含部分已经磨削好的平面，与圆弧最高点一起作为对照的基准，如图 2-57 所示。这样才能保证位置精度（对称度）。

图 2-56　用二类工具磨平面

图 2-57　放大图样与放大工件的对比基准

根据加工条件不同，还可以设计出其他的工艺方案。下面以手工修配刃口的方法为例，列出零件完整的制造工艺过程，见表 2-29。

表 2-29 异形凸模的加工工艺过程

工序号	工序名称	工 序 内 容	简 图
10	下料	$\phi20\text{mm}\times60\text{mm}$	
20	车	(1)车端面,光$\phi20$ (2)夹持$\phi20$外圆,车削各部分	
30	检验		
40	铣	分度头夹持$\phi20$,校正跳动,铣刃口平面,单面留余量$0.2\sim0.3\text{mm}$,注意对称度 也可用数控铣削方法	
50	检验		
60	热处理	淬火+回火,$58\sim62\text{HRC}$	
70	外圆磨	(1)三爪夹持$\phi20$,校正刃口端部跳动 (2)磨$\phi16$到尺寸,以及两圆弧最高点$\phi14_{-0.02}^{0}$	
80	检验		
90	磨平面	利用二类工具在平面磨床上磨刃口平面,保证尺寸$6.2_{-0.02}^{0}$,及对称度	见图 3-57
100	检验		
110	磨端面	将凸模装入固定板,磨尾部与固定板同面,磨刃口端面	
120	钳工	(1)制作一检查样板,板厚 2mm,槽口面须抛光 (2)利用检查样板,修磨圆弧刃口,使用时将样板从侧面靠向刃口,逐步磨去干涉部分,直到圆弧完全吻合 (3)抛光刃口面	
130	磨	磨尾部防转平面。可用砂轮机去余量,装配时修配,也可在工具磨床上加工	

例 2-6 图 2-58 所示为一级进模的凹模,材料为 T10A,热处理硬度要求 58～62HRC,试分析其加工工艺,制定工艺规程。

图 2-58 凹模板

【分析】 此为一板式凹模,结构属于板类孔系零件。显然,毛坯应采用锻件形式,经计算,锻件尺寸可取为 110mm×96mm×28mm,下料尺寸取 $\phi60×110$。加工工艺要点如下。

图中 2-$\phi8$ 为冲孔凹模,长孔为落料凹模,$\phi7$ 为挡料销的安装孔,保证它们的尺寸精度和相互位置要求是制定加工工艺的关键。零件材料为碳素工具钢,并要求淬硬到 60HRC 左右,淬硬后的工件有一定的变形,表面还有氧化皮,必须采用能加工淬硬材料的工艺方法来加工孔系而获得所需精度。在有坐标镗床或数控铣床和坐标磨床的条件下,可以在热处理前用坐标镗(或数控铣)加工凹模孔,由于坐标精确,可留较小余量,热处理后,在坐标磨床上精工。但对于此类凹模,目前多采用线切割加工。

用线切割加工凹模孔时,由于 T10A 材料的淬透性不是很好,淬硬后的内应力也较大,为保证刃口的硬度,以及避免切割终了时工件变形和开裂,热处理前,长形的落料凹模孔应铣出与刃口类似形状,单边留 1～2mm 的切割余量,铣削面应平滑过渡,去净毛刺。

螺孔应在淬火前加工,销孔则根据制造周期要求和装配方式,既可于淬火前钻铰,亦可在热处理后用线切割加工。

漏料孔也须在热处理前加工,与刃口之间应避免尖锐过渡,以减轻应力集中的程度。

该凹模板的加工工艺过程见表 2-30。

表 2-30　凹模板的加工工艺过程

工序号	工序名称	工序内容	简图
10	下料	ϕ60mm×110mm	
20	锻造	锻件尺寸:110mm×96mm×28mm	
30	热处理	退火	
40	铣或刨	铣六面到 100.8mm×88.8mm×21mm	
50	磨	磨上、下平面及两直角面 A,B 至 Ra0.8μm,保证 A、B 面与上、下面垂直,且 A⊥B	
60	钳	(1)划中心线、各孔位置,打样冲 (2)划落料凹模刃口轮廓和铣削轮廓,单边放 2mm,铣削轮廓打样冲。反面划漏料孔轮廓线。 (3)钻穿丝孔 3-ϕ4,钻铣刀入刀孔 ϕ10 (4)钻、铰 4-ϕ6 销孔和 ϕ7 孔,钻、攻 6-M6 螺孔 (5)反面扩冲孔凹模的漏料孔 2-ϕ10	
70	铣	(1)按铣削轮廓线铣落料凹模 (2)反面按线铣漏料孔	
80	钳	去各处毛刺	
90	检验	检查穿丝孔尺寸、位置及表面状况	
100	热处理	淬火+低温回火 硬度 56~60HRC	
110	磨	(1)磨上、下面至 20mm (2)磨 A、B 直角面,保证 A、B 面与上、下面垂直,且 A⊥B	
120	钳	清洁穿丝孔,去氧化皮	
130	线切割	(1)工件定位,使 A 面垂直或平行工作台移动方向 (2)用自动找中心法找正一个冲孔凹模穿丝孔中心,确定坐标系 (3)正确编程 (4)依次切割 2-ϕ8 冲孔凹模、长形落料凹模孔	
140	钳	清洁、抛光线切割面和 4-ϕ6 销孔	
150	检验		

2.7.2　定位零件

定位零件的作用是使坯料或工件在模具内保持正确的位置,或在送料时有准确的限位,保证冲出合格的制件。定位零件的结构形式很多,用于对条料进行定位的有挡料销、导

料销、导料板、侧压装置、导正销、侧刃等,用于对工序件进行定位的有定位销、定位板等。

定位零件中除侧刃属于工艺凸模,要求同工作零件外,其他定位零件一般用45钢制作,结构形式大部分已标准化,可直接选用。

1. 挡料销

挡料销的作用是保证条料或带料有准确的进距,一般与导料板配合使用,根据其工作特点可分为固定挡料销、活动挡料销及始用挡料销。

(1)固定挡料销。固定挡料销一般固定在位于下模的凹模上,可分为圆形与钩形两种。国家标准中的固定挡料销结构如图2-59(a)所示,其结构简单,使用方便,广泛用于冲压中、小型冲件时的挡料定距,一般装在凹模上,但要保证有足够的凹模刃口壁厚,以免削弱凹模强度。钩形挡料销用于安装区域小、若用圆形挡料销会削弱凹模强度的场合,其传统的结构形式如图2-59(b)所示,但其制造和装配的工艺性较差,现已基本不用。由于线切割加工已普及,钩型挡料销可以矩形孔安装来防转(见图2-31)。

图 2-59　固定挡料销

(2)活动挡料销。当凹模安装在上模时,在下模卸料板上安装活动挡料销,可以避免因在凹模上开设挡料销让位孔而削弱凹模强度,但定位精度低于固定挡料销。

国家标准中的活动挡料销结构如图2-60所示,其中图(a)为压缩弹簧式活动挡料销;图(b)为扭簧式活动挡料销;图(c)为橡胶式活动挡料销;图(d)为回带式挡料装置,在对着送料方向带有斜面,送料时搭边碰撞斜面使挡料销抬起并越过搭边,然后将条料后拉,挡料销便挡住搭边而定位,由于每次送料都要作先推后拉两个方向的动作,操作比较麻烦。回带式挡料销常用于有固定卸料板或导板的模具,其他形式的活动挡料销则常用于具有弹性卸料板的模具。

图 2-60　活动挡料销

（3）始用挡料销。使用始用挡料销的目的是针对特殊情况，提高材料的利用率，一般用于级进模（图 2-39、2-40）或单工序模（图 2-31）。始用挡料销的功能是对条料的首次或头几次冲压进行送料定距，每个仅使用一次，所以有时需设置多个始用挡料销。使用时将其往里压，完成条料的一次定位后，在弹簧的作用下挡料销自动退出，如图 2-61 所示。

图 2-61　始用挡料销

冷冲模具设计与项目实践

2. 导料销

导料销的作用是为条料的送进导向,通常用两个,设置在条料的同一侧。从右向左送料时,设在后侧;从前向后送进料时,设与左侧。导料销可开设在固定式的凹模面上,也可开设在活动式的弹压卸料板上,还可开设在固定板或下模座上,用导料螺栓代替。导料销多用于单工序模或复合模中(图1-1、2-37、2-38)。

3. 导料板

导料板也是为条料的送进导向的定位零件,位于凹模面上,设在条料两侧,比导料销易于送料操作,导料精度较高,多用于级进模和单工序模。导料板结构一般有两种,一种是独立结构,如图2-62(a)所示;另一种是与固定导板或固定卸料板的合体结构,如图2-62(b)所示。为使条料沿导料板顺利通过,两导料板间距离应略大于条料最大宽度,导料板厚度 H 取决于挡料方式和板料厚度,以便于送料为原则。采用固定导料销时,导料板的厚度见表2-31。

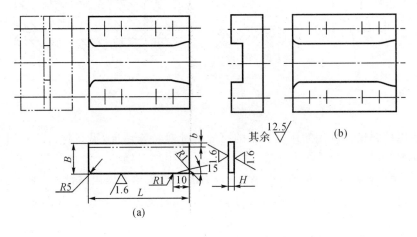

图 2-62 导料板结构

表 2-31 导料板厚度 (mm)

简 图		导料板厚度 H	
		固定导料销	自动导料销或侧刃
材料厚度 t	挡料销高度 h		
0.3~2	3	6~8	4~8
2~3	4	8~10	6~8
3~4	4	10~12	8~10
4~6	5	12~15	8~10
6~10	8	15~25	10~15

4. 导正销

使用导正销的目的是消除条料的送进导向和定距时或工序件定位时的定位误差,提高坯料定位精度,保证冲件的位置精度。导正销主要用于级进模(图 2-39、2-40),也可用于单工序模,通常与挡料销、侧刃或定位板配合使用。

国家标准的导正销结构形式如图 2-63 所示,其中 A 型用于导正的 $d = 2 \sim 12mm$ 的孔;B 型用于导正 $d \leqslant 10mm$ 的孔,也可用于级进模上对条料工艺孔的导正,导正销背部的压缩弹簧在送料不准确时可避免导正销的损坏;C 型用于导正 $d = 4 \sim 12mm$ 的孔,导正销拆卸方便,且凸模刃磨后导正销长度可以调节;D 型则用于导正 $d = 12 \sim 50mm$ 的孔。

为使导正销工作可靠,导正销的直径一般大于 2mm。当冲件上的孔径小于 2mm 或孔的精度要求较高时,可在条料的废料处另外冲出工艺孔进行导正。

图 2-63　导正销结构

导正销的头部由圆锥形的导入部分和圆柱形的导正部分组成。导正部分的直径可按下式计算:

$$d = d_p - a \tag{2-38}$$

式中　d——导正销导正部分直径(mm);

d_p——导正孔的冲孔凸模直径(mm);

a——导正销直径与冲孔凸模直径的差值(mm),可参考表 2-32 选取。

表 2-32 导正销与冲孔凸模间的差值 a　　　　　　　(mm)

冲件料厚 t/mm	冲孔凸模直径 d_p/mm						
	2~6	>6~10	>10~16	>16~24	>24~32	>32~42	>42~60
<1.5	0.04	0.06	0.06	0.08	0.09	0.10	0.12
1.5~3	0.05	0.07	0.08	0.10	0.12	0.14	0.16
3~5	0.06	0.08	0.10	0.12	0.16	0.18	0.20

导正部分的直径公差可按 h6~h9 选取。导正部分的高度一般取 $h = (0.5 \sim 1)t$,或按表 2-33 选取。

表 2-33　导正销导正部分高度 h　　　　　　　　　　　　　　　　（mm）

冲件料厚 t/mm	导正孔直径 d/mm		
	1.5～10	>10～25	>25～50
<1.5	1	1.2	1.5
1.5～3	0.6t	0.8t	t
3～5	0.5t	0.6t	0.8t

　　由于导正销属于精定位零件，必须与粗定位零件（如挡料销）配合使用，导正时，坯料位置的改变不得受粗定位零件的干涉而损坏坯料或导正销，因此，粗定位零件的定位面与导正销距离应比理论距离稍大或稍小，二者的位置关系如图 2-64 所示。

图 2-64　挡料销与导正销的位置关系

　　按图（a）方式定位时，导料销与导正销的中心距为：
$$s_1 = s - D_p/2 + D/2 + 0.1 \tag{2-39}$$
　　按图（b）方式定位时，导料销与导正销的中心距为：
$$s_1' = s + D_p/2 - D/2 - 0.1 \tag{2-40}$$
式中　　s_1、s_1'——导料销与导正销的中心距（mm）；

　　　　s——送料步距（mm）；

　　　　D_p——落料凸模直径（mm）；

　　　　D——挡料销头部直径（mm）。

5. 侧压装置

　　如果条料宽度的偏差较大，为避免条料在导料板中偏摆，保证得到最小的搭边，可在送料方向的一侧设置侧压装置，使条料始终紧靠一侧的导料面送料。

　　侧压装置的结构形式如图 2-65 所示。标准化的侧压装置有两种：图（a）是弹簧式侧压装置，其侧压力较大，常用于较厚板料；图（b）是簧片式侧压装置，侧压力较小，常用于厚度为 0.3～1mm 的板料。在实际生产中还有两种侧压装置，图（c）是簧片压块式侧压装置，应用场合同图（b）；图（d）是板式侧压装置，侧压力大且均匀，一般设在模具进料一端，适用于侧刃定距的级进模。为保证导料可靠，侧压装置的使用数量一般大于 2 个（板式的为 1 个）。

　　需要注意的是，对于厚度在 0.3mm 以下的薄板，由于其刚度较差易变形，不宜采用侧压装置。此外，由于带有侧压装置的模具送料阻力较大，因而利用辊轴自动送料装置的模具也不宜设置侧压装置。

图 2-65　侧压装置

6.侧刃

侧刃常用于级进模中控制送料步距,是以切去条料侧边上的少量材料来限定下一次送料距离的。

常用侧刃的结构形式如图 2-66 所示。在纵向结构上侧刃可分为平面型(Ⅰ型)和台阶型(Ⅱ型)两类,由于侧刃工作时总是单边冲裁,其刃口必然受到侧向力作用,容易使侧刃弯

图 2-66　常用侧刃形式

折,台阶型侧刃在冲裁前其突出部分先进入凹模导向,可有效防止侧刃损坏,多用于较厚板料(＞1mm)的冲裁。

侧刃按截面形状又可分为矩形侧刃(A 型)和成形侧刃(B、C 型),矩形侧刃的结构简单,制造容易,但当刃口尖角磨损后,在条料侧边形成的毛刺会影响条料的顺利送进和定位精度,如图 2-67(a)所示。而采用成形侧刃,如果条料侧边形成毛刺,毛刺离开了导料板和侧刃挡块的定位面,所以送进顺利,定位准确,如固 2-67(b)所示。但这种侧刃使切边宽度增加,材料消耗增多,结构较复杂,制造成本高。矩形侧刃一般用于板料厚度小于 1.5mm,冲裁件精度要求不高的送料定距;成形侧刃用于板料厚度小于 0.5mm,冲裁件精度要求较高的送料定距。

1-导料板　2-侧刃挡块　3-侧刃　4-条料

图 2-67　侧刃定距误差比较

图 2-68 是尖角形侧刃。它与弹簧挡销配合使用。其工作过程如下:侧刃先在料边冲一缺口,条料送进时,当缺口直边滑过挡销后,再向后拉条料,至挡销直边挡住缺口为止。使用这种侧刃定距料耗少,但操作不便,生产率低,此侧刃可用于冲裁贵重金属冲裁。

图 2-68　尖角形侧刃

对于两侧边或一侧边有一定形状的冲裁件,如果用侧刃定距,则可以设计与侧边形状相适应的特殊侧刃,这种侧刃既可定距,又可冲裁零件的部分轮廓,故也称作零件结构侧刃,如图 2-69 所示。使用特殊侧刃能提高材料利用率,模具结构也更紧凑。

图 2-69　特殊侧刃

侧刃横断面的关键尺寸是宽度 b,厚度尺寸一般在 6～10mm 之间。宽度 b 原则上等于

送料步距,但若同时使用导正销,其宽度为:

$$b=[s+(0.05\sim0.1)]^{0}_{-\delta_b}　　　　　　　　　　　　　(2\text{-}41)$$

式中　b——侧刃宽度;

　　　s——送进步距;

　　　δ_b——制造公差,按 $h6$ 级确定。

　　若侧刃与侧刃凹模采用配制方式,必须以侧刃为基准件,侧刃凹模按侧刃实际尺寸配制。侧刃数量为 $1\sim2$ 个,两个侧刃可以在条料两侧并列布置,也可以对角布置,对角布置能够保证料尾的充分利用。

7. 定位板与定位销

　　定位板与定位销用于单个坯料或工序件的定位。常见的定位板和定位销结构形式如图 2-70 所示,其中图(a)是以坯料或工序件的外缘作定位基准;图(b)是以坯料或工序件的内缘作定位基准。根据坯料或工序件的形状、尺寸和冲压工序选用,定位板的厚度或定位销的定位高度应比坯料或工序件厚度大 $1\sim2\text{mm}$。

图 2-70　定位板与定位销的结构形式

2.7.3　卸料与出件装置

　　卸料与出件装置的作用是当冲模完成一次冲压后,把冲件或废料从模具工作零件上卸下来,以便冲压工作继续进行。通常,卸料是指把冲件或废料从凸模上卸下来,出件是指把冲件或废料从凹模中取出。

1. 卸料装置

卸料装置按卸料方式分为固定卸料装置、弹性卸料装置和废料切刀三种。

(1)固定卸料装置。固定卸料装置仅由固定卸料板构成,一般安装在下模的凹模上,如图 2-71 所示。其中,图(a)和图(b)用于平板件的冲裁卸料,图(c)和图(d)用于成形后的工序件的冲裁卸料。

(a) (b) (c) (d)

图 2-71　固定卸料装置

固定卸料板的外形轮廓尺寸一般与凹模板相同,其厚度可取凹模的 0.8~1 倍。当固定卸料板仅起卸料作用时,凸模与卸料板的双边间隙取决于板料厚度,一般介于 0.2~0.5mm 之间,板料薄时取小值,板料厚时取大值。当固定卸料板兼起导板作用时,凸模与导板之间的间隙按导向要求确定。

固定卸料板的卸料力大,卸料可靠,但对板料有刚性冲击,冲裁时也未能压料。因此,固定卸料装置仅适用于板料较厚(大于 0.5mm)、卸料力较大、制件平直度要求不高的冲裁卸料。

(2)弹性卸料装置。弹性卸料装置既起卸料作用又起压料作用,所得冲裁零件质量较好,平直度较高。因此,质量要求较高的冲裁件或薄板冲裁宜用弹压卸料装置。弹性卸料装置由卸料板、卸料螺钉和弹性元件组成,常用的结构形式如图 2-72 所示。

其中,图(a)是直接用弹性橡胶卸料,用于简单冲裁模;图(b)是用导料板导向的冲模使用的弹性卸料装置,卸料板凸台部分的高度 h 与导料板厚度 H 的关系为 $h = H - (0.1 \sim 0.3)t$,以保证冲裁时可靠压料;图(c)和图(d)是凸模在下模时的弹性卸料装置,其中图 c 利用安装在下模下方的弹顶器作弹性元件,容易调节卸料力的大小;图(e)为带小导柱的弹性卸料装置,卸料板由小导柱导向,也可用直径较大的凸模代替小导柱,这种卸料板上往往装有凸模保护套,多用于小孔冲裁模和多工位级进模。

弹压卸料板与凸模的单边间隙可根据冲裁板料厚度按表 2-34 选取。在级进模中,特别小的冲孔凸模与卸料板的单边间隙可将表列数值适当加大。当卸料板起导向作用时,卸料板与凸模按 H7/h6 配合制造,但其间隙应比凸、凹模间隙小,且凸模与固定板以 H7/h6 或 H8/h7 的松配合。此外,模具在开启状态时,凸模刃口端部应缩进卸料板 0.3~0.5mm. 以保证可靠卸料。

表 2-34　弹压卸料板与凸模间隙

材料厚度 t/mm	<0.5	0.5~1	>1
单边间隙 Z/mm	0.05	0.1	0.15

1-卸料板　2-弹性元件　3-卸料螺钉　4-小导柱

图 2-72　弹性卸料装置

　　另外,还有用氮气缸作为弹性元件的弹压卸料装置。氮气缸的特点是压力恒定,卸料平稳可靠,使用寿命长。其安装方式有三种:尾部螺纹固定、后部定位环固定和前部定位环固定,如图 2-73 所示。其中,图(c)所示是直接用氮气缸卸料,压料面积小,用于较厚的板料。

1-氮气缸　2-卸料板　3-螺钉　4-定位环

图 2-73　用氮气缸的卸料装置

　　(3)废料切刀。废料切刀是在冲裁过程中将冲裁废料切断成数块,从而实现卸料的一种卸料零件。常用于大、中型零件的冲裁或切边时,卸料力较大或废料不便处理的情况。

如图 2-74 所示,废料切刀安装在下模的凸模固定板上,当上模带动凹模下压进行切边时,同时把已切下的废料压向废料切刀上,使废料被切成数段,废料切刀的刃口长度应稍大于废料宽度,刃口要比凸模刃口低,其值 $h \approx (2.5 \sim 4)$ t,并且不小于 2mm。废料切刀已经标准化,可根据冲件及废料尺寸、料厚等进行选用。

2. 出件装置

出件装置按其安装位置分为推件装置与顶件装置。装在上模内向下推出的机构称为推件装置,装在下模内向上顶出的机构称为顶件装置。

(1)推件装置。推件装置有刚性推件装置和弹性推件装置两种。如图 2-75 所示为刚性推件装置,其基本零件有推件块、推杆、推板、连接推杆和打杆。它是在冲压结束后

图 2-74　废料切刀工作原理

上模回程时,利用压力机滑块上的打料杆撞击模柄内的打杆,再将推力传至推件块而将凹模内的冲件或废料刚性推出的。当打杆下方投影区域内无凸模时,也可省去由连接推杆和推板组成的中间传力机构,而由打杆直接推动推件块,甚至直接由打杆推件。

(a)　　　　　　　　　　　　(b)

1-打杆　2-推件块　3-连接推杆　4-推板
图 2-75　刚性推件装置

为使刚性推件装置能够正常工作,推力必须均衡。为此,连接推杆需要 2~4 根,且分布均匀、长短一致。由于推板安装在上模座内,在复合模中,为了保证冲孔凸模的支承刚度和强度,推板的形状、尺寸在能够覆盖到连接推杆,自身刚度足够的条件下,不必设计得太大,以使安装推板的孔不至太大。图 2-76 为标准推板结构,设计时可根据情况选用。

刚性推件装置推件力大,工作可靠,应用十分广泛。不但可用于倒装式冲模中的推件,也可用于正装式冲模中的卸料或推出废料。在冲裁板料较厚的冲裁模中,宜采用这种推件装置。

对于板料较薄且平直度要求较高的冲裁件,适用于采用图 2-77 所示为弹性推件装置。它是以弹性元件的弹力来代替打杆给予推件块的推件力。采用弹性推件装置时,板料在压

图 2-76　推板

1-弹性元件　2-推板　3-连接推杆　4-推件块

图 2-77　弹性推件装置

紧状态下分离,因而平直度较高。需要注意的是,在必要时应选择弹力较大的聚氨酯橡胶、碟形弹簧、矩形弹簧等,否则冲件容易嵌入边料中,导致取件麻烦。

　　(2)顶件装置。顶件装置一般是弹性的,通常由顶杆、顶件块和装在下模座底部的弹顶器组成,如图 2-78(a)所示。图 2-78(b)所示为直接在顶件块下方安放弹簧,适用于顶件力不大的场合。弹性顶件装置的顶件力容易调节,工作可靠,可以获得较高平直度的冲裁件。但冲件容易嵌入边料,产生与弹性推件同样的问题。

　　弹顶器可以做成通用的,其弹性元件是弹簧或橡胶。大型压力机本身通常带有气垫,可作为弹顶器。

　　在推件和顶件装置中,推件块和顶件块工作时与凹模孔配合并作相对运动。因此需要确保:模具处于闭合状态时,其背后应仍有一定的空间,以备修模和调整的需要;模具处于开启状态时,必须顺利复位,且工作面应高出凹模平面 0.2~0.5mm,以保证可靠推件或顶件;与凹模或凸模的配合应保证顺利滑动,不发生干涉。因此,推件块或顶件块的外形配合面可按 h8 制造,与凹模间隙配合,与凸模则可取更松的间隙配合,或根据板料厚度取适当间隙。

图 2-78 弹性顶件装置

3. 弹性元件的选用与计算

弹压卸料和出件装置的弹性元件有三类：弹簧、橡胶和氮气缸。

（1）弹簧的选用和计算。冲模常用的卸料弹簧有圆柱螺旋压缩弹簧和碟形弹簧。圆柱螺旋压缩弹簧的选用原则为：

1）弹簧的预压力应满足

$$F_0 \geqslant F_x / n \tag{2-42}$$

式中　F_0——弹簧的预压力；

　　　F_x——卸料力；

　　　n——弹簧数量。

2）弹簧最大许可压缩量应满足

$$\Delta H_2 \geqslant \Delta H \tag{2-43}$$

$$\Delta H = \Delta H_0 + \Delta H' + \Delta H'' \tag{2-44}$$

式中　ΔH_2——弹簧最大许可压缩量；

　　　ΔH——弹簧实际总压缩量；

　　　ΔH_0——弹簧的预压缩量；

　　　$\Delta H'$——卸料板的工作行程，一般取 $t+1$，t 为料厚；

　　　$\Delta H''$——凸模刃磨量和调整量，一般取 5～10mm。

3）选用的弹簧能够合理地布置于模具相应的空间。

根据以上原则，卸料弹簧的选择和计算步骤如下：

1）根据卸料力和模具安装弹簧的空间大小，初定弹簧数量 n，按式（3-40）计算每个弹簧应有的与压力 F_0。

2）根据预压力和模具结构预选弹簧规格，选择时应使弹簧的最大工作负荷 F_2 大于 F_0。

3）计算预选的弹簧在预压力 F_0 作用下的预压缩量 ΔH_0。

$$\Delta H_0 = \frac{F_0}{F_2} \Delta H_2 \tag{2-45}$$

也可直接在弹簧压缩特性曲线上根据 F_0 查出 ΔH_0。

4）校核弹簧最大允许压缩量是否大于实际总压缩量，即 $\Delta H_2 \geqslant \Delta H_0 + \Delta H' + \Delta H''$。如果不满足条件，则必须重新选择弹簧规格，直到满足为止。

（2）橡胶的选用和计算。橡胶允许承受的负荷较大、安装调整灵活方便，是冲裁模中常

用的弹性元件。橡胶的压缩量与压力的关系曲线如图 2-79 所示,

图 2-79　橡胶的压力曲线

橡胶的选用原则为:

1)橡胶的预压力应满足

$$F_0 = Ap \geqslant F_x \tag{2-46}$$

式中　F_0——橡胶的预压力;

　　　F_x——所需卸料力;

　　　A——橡胶的横截面积;

　　　P——橡胶产生的单位面积压力。

2)为保证橡胶不过早失效,其允许最大压缩量不应超过其自由高度的 45%,一般取

$$\Delta H_2 = (0.35 \sim 0.45)H_0 \tag{2-47}$$

式中　ΔH_2——橡胶最大许可压缩量;

　　　H_0——橡胶的自由高度。

3)橡胶的预压缩量一般取自由高度的 10%~15%。即:

$$\Delta H_0 = (0.1 \sim 0.15)H_0 \tag{2-48}$$

式中　ΔH_0——橡胶的预压缩量。

故　　　　　$\Delta H_1 = \Delta H_2 - \Delta H_0 = (0.25 \sim 0.35)H_0 \tag{2-49}$

同时　　　　　$\Delta H_1 = \Delta H' + \Delta H'' \tag{2-50}$

式中　ΔH_1——工作压缩量;

　　　$\Delta H'$——卸料板的工作行程;

　　　$\Delta H''$——凸模刃磨量。

4)橡胶高度与直径之比应按下式校核:

$$0.5 \leqslant \frac{H_0}{D} \leqslant 1.5 \tag{2-51}$$

式中　D——橡胶外径。

依上述原则要求,可大致得到:橡胶的允许最大压缩量 H_0 约为预压缩量 ΔH_0 的 3 倍,工作压缩量 ΔH_1 的 1.5 倍。那么选用橡胶的相关计算可简单按以下步骤进行:

1)根据工艺性质和模具结构确定橡胶性能和形状,如图 2-79(a)、(b)、(c)、(d)。

2)根据(式 2-50)确定工作压缩量 ΔH_1,进而得到预压缩量为 $0.5\Delta H_1$,允许最大压缩量为 $1.5\Delta H_1$。

3)根据(式 2-47)计算橡胶的自由高度 H_0。

4)根据橡胶的预压缩量、形状和压力曲线,查找橡胶单位面积的弹性力 p。

5)根据卸料力,由(式 2-46)计算橡胶的总面积 A。

6)根据(式 2-51)校核橡胶的高径比。如果超过 1.5,应将橡胶分成若干段,在其间垫以钢垫圈;如果小于 0.5,则应重新确定尺寸。

(3)氮气缸的选用和计算。氮气缸的规格参数有压力、活塞行程和安装尺寸,氮气缸的选用和计算相对比较简单,可按以下步骤进行:

1)根据卸料力和模具结构等确定氮气缸的数量及安装形式。

2)根据卸料力的大小、卸料行程和安装空间选择氮气缸的规格。

2.7.4　导向与支承零件

导向与支承零件也是冲压模具的重要组成部分。导向零件确保上、下模精确的定向运动,使工作零件正常工作。冲压模具的导向方式有导柱、导套导向和导板导向两种。支承零件则是冲模的基础构件,主要有模座、模柄、固定板、垫板等。

1. 导柱和导套

图 2-80 所示为常用的标准导柱结构形式。其中 A 型和 B 型结构简单,与模座为过盈配合(H7/r6),一般不进行拆卸;A 型和 B 型可卸导柱通过锥面与衬套配合并用螺钉和垫圈紧固,衬套再与模座过渡配合(H7/m6)并用压板和螺钉紧固,其结构复杂,制造麻烦;另外,c)图所示为滑动导向,导向间隙应小于凸、凹模间隙均匀度允差,一般以 H7/h6 或 H6/h5 配合,d)图所示为滚珠导向,其导向间隙为零,滚珠由护持架隔离而均匀排列,工作时导柱与导套之间不允许脱离,用于高速冲模、硬质合金模以及间隙很小的精密冲模。为使导柱顺利地进入导套,导柱的顶部一般以圆弧过渡或 30°锥面过渡。

图 2-81 所示为常用的标准导套结构形式。其中 A 型和 B 型导套与模座为过盈配合(H7/r6),为保证润滑,在与导柱配合的内孔开有储油环槽,扩大的内孔是为了避免导套与模座过盈配合使孔径缩小而影响导柱与导套的配合;C 型导套用于滚珠导向,与模座用过渡配合(H7/m6)并用压板与螺钉紧固,磨损后便于更换或维修。

导柱和导套的导向面必须有较高的硬度和耐磨度,以及较低的粗糙度,固定部分与导向部分的位置精度(同轴度)也要求较高,并且应严格控制尺寸公差以满足导向间隙要求。导柱和导套一般用低碳钢制造,渗碳、淬火后满足表面硬度要求,大型导柱及导套也可采用球墨铸铁制造。

例 2-7　图 2-82 所示为压入式导柱,分析其加工工艺过程。

【分析】　导柱属杆类零件,由图中所注可见,外圆 $\phi 40$h6 和 $\phi 40$r6 是关键,前者与导套间隙配合,对模具导向,后者用于导柱的固定,与模座过盈配合,对尺寸精度和粗糙度的要求都较高,同时,两段外圆各自的圆柱度和相互同轴度要求非常高,需控制在 0.006mm 以内。

(a) A型导柱　　　　　　　　　　　　　(b) B型导柱

(c) A型可卸导柱　　　　　　　　　　(d) B型可卸导柱

图 2-80　导柱结构形式

(a) A型导套　　　　　　　　(b) B型导套　　　　　　　　(c) C型导套

图 2-81　导套结构形式

名称:导柱　　热处理:渗碳0.8~1.2mm,60~64HRC
材料:20　　数　量:2

图 2-82　导柱

因此,加工工艺应注意定位基准的选择,这里可采用两端打中心孔,利用双顶尖装夹工件。
表 2-35 列出了其加工工艺过程。

表 2-35　导柱的加工工艺过程

工序号	工序名称	工序内容	工序简图	定位与夹持
10	下料	ϕ45mm×285mm		
20	车端面，钻中心孔	1)车端面，保证长度282.5mm 2)钻中心孔 3)车另一端面，保证长度280mm 4)钻另一端面中心孔		三爪卡盘夹持外圆
30	车外圆	1)车外圆至ϕ40.4mm，端部倒角 2)调头，车外圆至ϕ40.4mm 3)车端部圆角R4 4)车ϕ38×10的槽到图面尺寸		双顶尖支顶两中心孔 用鸡心夹头传递动力
40	检验			
50	热处理	渗碳，保证渗碳层深度1~1.4mm，表面硬度60~64HRC		
60	研磨中心孔	在车床上分别研磨两端中心孔		
70	磨外圆	磨外圆ϕ40h6，留余量0.01~0.02mm， 磨ϕ40r6到图纸尺寸，		双顶尖支顶两中心孔 用鸡心夹头传递动力
80	研磨抛光	研磨ϕ40h6到尺寸， 抛光R4圆弧		
90	检验			

例 2-8　图 2-83 所示为压入式导套，分析其加工工艺过程。

【分析】　由图可见，如何保证ϕ40内孔和ϕ54外圆的尺寸、形状精度以及二者的同轴度要求是制定工艺方案的关键。在模具制造中，采用一次装夹完成多个表面的加工以保证其相互位置精度是最常用的工艺方法。因此，在精加工时，可以夹持ϕ58外圆，在万能外圆磨床上依次完成ϕ54外圆和ϕ40内孔的磨削，完整的加工工艺过程如表 2-36 所示。

名称:导套 材料:20 数量:2
热处理:渗碳 0.8~1.2mm,60~64HRC

图 2-83　导套

表 2-36　导套的加工工艺过程

工序号名称	工序名称	工序内容	工序简图
10	下料	ϕ60mm×105mm	
20	车	三爪夹持外圆, 1)车端面,车外圆ϕ58到尺寸。 调头,夹持ϕ58外圆。 2)车端面,总长度100mm。车外圆ϕ54到ϕ54.4,钻、扩、镗内孔,ϕ40留余量0.45~0.5mm,ϕ43到尺寸。 调头,夹持ϕ54外圆。 3)车圆弧R5。车油槽R1.5。	
30	检验		
40	热处理	渗碳,保证渗碳层深度1~1.4mm,表面硬度60~64HRC	
50	磨	在万能外圆磨床上,三爪夹持ϕ58外圆 1)砂轮①磨外圆ϕ54r6到尺寸,靠磨台阶面。 2)换用内磨头②磨内孔ϕ40H7,留余量0.01~0.02mm。	
60	研磨抛光	研磨内孔ϕ40H7到尺寸,抛光R5圆角。	
70	检验		

上述工艺方案虽然对位置精度的保证比较可靠,但效率太低,每磨一件都要重新调整砂轮,对于单件生产是合理的,但如果在专业生产标准模架的厂家也按如此工艺加工导套,势

必浪费大量工时。实际上,在批量生产时,磨削常分两道工序,即先磨内孔,再将导套装在专门设计的锥度心轴上,以心轴两端的中心孔定位,磨削外圆柱面,既能获得较高的同轴度,又可简化操作过程,提高生产率。

2. 模座及模架

(1)模座。上、下模座是冲模最基础的支承零件,其他所有零件都直接或间接地安装

在模座上。结构上模座属于板类零件,主要技术要求是两平面的平面度、相互平行度以及导柱和导套装配孔的同轴度;模座要求抗压强度好,有足够的刚度,一般选用灰口铸铁制造,大型重要模座可选用中碳铸钢。

(2)模架。导柱、导套与模座装配后,统称模架。绝大部分情况下,导套装在上模座,导柱装在下模座。导柱和导套与模座的装配关系应满足图 2-84 所示的要求,并保证有足够的导向长度。一般来说,导柱与导套的实际配合长度达到导向面直径的 1~1.5 倍时方进入正常导向状态。模具在开始冲压前即必须处于可靠导向状态。

小型模架已经标准化,可直接选用。图 2-85 所示为滑动导向模架的六种结构形式,图 2-86 所示为滚动导向模架的四种结构形式。对角导柱模架、中间导柱模架和四导柱模架的共同特点是导向零件沿模具中心对称,滑动平稳,导向准确可靠。对角导柱模具适用于冲裁一般精度冲压件的冲裁模或级进模,中间导柱模具适用于纵向送料和由单个毛坯冲压的较精密的冲压件,四导柱模具则常用于冲制比较精密的冲压件。

图 2-84 导柱与导套安装尺寸要求

后侧导柱模架由于导向装置设在后侧,送料操作比较方便,但冲压时容易引起偏心矩而使模具歪斜,导向零件磨损不均。因此,此类模架适用于冲压中等精度的较小尺寸冲压件,大型冲模不宜常用此种形式。

3. 固定板与垫板

固定板的作用是直接固持小型的工作零件(凸模、凹模套或凸凹模)并固定在模座上。其外形与凹模板轮廓尺寸基本一致,厚度可取凹模板的 60%~80%。固定板与被固定的工作零件之间一般取 H7/n6 或 H7/m6 配合,对于弹压导板模等模具,浮动凸模与固定板则采用间隙配合。固定板一般用 Q235 制造,大型模具也可选用 45 钢,工艺上属于板类精密孔系零件加工。

垫板的作用是承受并扩散凸模或凹模传递的压力,以防止模座受压过大而损坏。其外形尺寸与相应的固定板或凹模板相同,厚度可取 5~10mm,材料可根据冲压力大小选用 45 或 T8 并淬火处理。冲压力很小时,也可不用垫板。

4. 模柄

模柄的作用是把上模固定在压力机滑块上,同时使模具中心通过滑块的压力中心。中小型模具一般都是通过模柄与压力机滑块相连接的,其结构形式较多,并已实现标准化,如

(a) 对角导柱模架　　　　　(b) 后侧导柱模架　　　　　(c) 后侧导柱窄形模架

(d) 中间导柱模架　　　　　(e) 中间导柱圆形模架　　　　(f) 四导柱模架

图 2-85　滑动导向模架

(a) 对角导柱模架　　　(b) 中间导柱模架　　　(c) 四导柱模架　　　(d) 后侧导柱模架

图 2-86　滚动导向模架

图 2-87 所示。

　　其中,图(a)是旋入式模柄,通过螺纹与上模座连接,多用于有导柱的小型冲模;图(b)为压入式模柄,有较高的同轴度和垂直度,适用于上模座较厚的各种中小型模具;图(c)为凸缘式模柄,用螺钉、销钉与上模座紧固在一起,主要用于较大的冲模或上模座中开设了推板孔的中小型冲模;图(d)是槽形模柄,图(e)是通用模柄,此两种模柄都是用来直接固定凸模,主要用于简单冲模,更换凸模方便;图(f)是浮动式模柄,可消除机床导轨误差的影响,适用于硬质合金冲模等精密导柱模;图(g)为推入式活动模柄,实际上也是一种浮动模柄,主要用于精密冲模。常用模柄规格见附录6。

(a) 旋入式模柄　　(b) 压入式模柄　　(c) 凸缘式模柄　　(d) 槽形模柄

(e) 通用模柄　　(f) 浮动式模柄　　(g) 推入式活动模柄

1-凹球面模柄　2-凸球面垫块　3-压板　4-模柄接头　5-凹球面垫块　6-活动模柄

图 2-87　模柄的结构形式

2.7.5　紧固件及其他零件

1. 紧固件

　　冲模用到的紧固件主要是螺钉和销钉,其中螺钉起联接固定作用,销钉起定位作用,设计时应根据冲压工艺力大小和凹模厚度等条件确定。螺钉和销钉都是标准件,冲压中广泛使用的是内六角螺钉和圆柱形销钉。同个组合中,螺钉的数量一般不少于3个,销钉的数量一般用两个。螺钉规格可参考表 2-37 选用,销钉的直径可取与螺钉公称直径相同或稍小。

表 2-37　螺钉规格的选用

凹模厚度 H/mm	≤13	>13~19	>19~25	>25~32	>32
螺钉规格	M4、M5	M5、M6	M6、M8	M8、M10	M10、M12

　　螺钉拧入的深度不能太浅,否则紧固不牢靠;也不能太深,否则拆装工作量大。圆柱销

钉配合深度一般不小于其直径的 2 倍,也不宜太深,与销孔之间采用 H7/m6 或 H7/n6 配合。

2. 弹性元件

弹簧和橡胶是冲模结构中广泛使用的弹性元件,主要为弹性卸料、压料及出件装置等提供所需要的作用力与行程。近年来,大型冲模或对弹性力要求较高(如拉深的压边)的冲模多以氮气缸作为弹性元件。弹性元件的选用可参考相关标准参数,通过计算确定。

3. 斜楔、滑块机构

通常冲压加工为垂直方向,但是当制件的加工方向必须改变时,需要采用斜楔和滑块机构。其作用是将压力机施压部分的垂直运动转变为制件加工所需的水平或倾斜方向的运动,以进行该方向上的冲孔、切边、弯曲和成形等工序。

(1)斜楔角度的确定

楔角的确定主要考虑机械效率、行程和受力状态。斜楔机构的运动如图 2-88 所示,一般来说,斜楔的有效行程 s_1 必须大于或等于滑块行程 s,因此斜楔的角度 α 的取值范围一般在 $30°\sim45°$ 之间,通常取 $40°$,特殊情况下(滑块行程较大)可取 $50°$。

图 2-88 斜楔机构的运动

(2)斜楔、滑块的尺寸设计

斜楔和滑块的轮廓尺寸如图 2-89 所示。为保证运动可靠、传力平稳,各尺寸应满足以下要求:

1)滑块的长度尺寸 L_2 应保证:当斜楔开始推动滑块时,应保证推力的合力作用线处于滑块的长度之内。

2)滑块高度 H_2 应小于滑块的长度 L_2,一般取 $L_2：H_2＝(2\sim1)：1$。

3)为保证滑块运动的平稳,滑块的宽度 B_2 一般应满足 $B_2\leqslant2.5L_2$。

4)斜楔尺寸 H_1、L_1 基本上可按不同模具的结构要求进行设计,但必须有可靠的挡块,以改善斜楔的受力状态。

5)当斜楔开始推动滑块时,斜面接触长度 a 不小于 $50mm$,且接触面不小于 $2/3$;挡块侧面接触高度 b 不小于 $25mm$。

图 2-89 斜楔、滑块尺寸关系

(3)斜楔、滑块的结构设计

斜楔、滑块的结构如图 2-90 所示。斜楔、滑块应设置复位机构,一般采用弹簧复位,有时也用气缸、橡胶等装置。斜楔挡块外侧应增设键,大型模具上可以将挡块与模座铸成一体。当滑动面单位面积的压力超过 $500MPa$ 时,应设置耐磨板,以提高模具使用寿命。

1-斜楔　2-挡块　3-键　4、5-防磨板　6-导销　7-弹簧　8-滑块

图 2-90　斜楔结构

2.8　冲裁模的装配与调试

在第一章里已经介绍了冲压模具装配的基础知识和工艺流程,这里详细介绍冲裁模的装配工艺过程。

2.8.1　冲裁模主要部件的装配

1.模架的装配

以导柱、导套与模座之间采用过盈配合的方式为例,装配时根据选择的基准不同,有两种装配工艺。

(1)以导柱为装配基准

以导柱为装配基准时,需先压入导柱,再以导柱为基准压入导套,其工艺过程为:

1)压入导柱。如图 2-91 所示,利用压力机将导柱压入下模座。压入导柱时将压块顶在导柱中心孔上,在压入过程中,用千分表在互相垂直的两个水平方向不断测量与校正导柱的垂直度,直至将两个导柱全部压入。

2)装导套。如图 2-92 所示,将上模座反置并套在导柱上,然后套上导套并绕导柱转动,用千分表检查导套内、外圆配合面的同轴度误差,并将同轴度误差

图 2-91　压入导柱

最大(Δmax)的部位调整到两导套中心连线的垂直方向,这样可使由于同轴度误差而引起的中心距变化最小。

3)压入导套。用帽形垫块放在导套上,将导套压入上模座一段长度,然后取走装有导柱的下模座,再用帽形垫块将导套全部压入上模座,如图 2-93 所示。

图 2-92　装导套

图 2-93　压入导套

4）检验。导柱、导套分别压入模座后,要在两个互相垂直的方向上进行垂直度检测,导柱的检测如图 2-94(a)所示。导套孔轴线对上模座上表面的垂直度可在导套孔内插入芯棒进行检查,如图 2-94(b)所示。上模座与下模座对合后,中间垫入球形垫块,在检验平板上测量模座上表面对下模座底面的平行度,如图 2-94(c)所示。

(a)　　　　　　　　(b)　　　　　　　　(c)

图 2-94　模架的检测

(2)以导套为装配基准

以导套为装配基准时,先将导柱、导套进行选择配合,然后压入导套,再以导套为基准压入装配导柱,其工艺过程为:

1)压入导套。如图 2-95(a)所示,将上模座放在专用工具平板上,平板上装有两个与底板垂直的圆柱,圆柱直径与导柱直径相同。将两个导套分别套在两个圆柱上,用两个等高垫圈垫在导套上部,在压力机上将导套压入上模座。

2)压入导柱。如图 2-95(b)所示,在上模座和下模座间垫入等高垫铁,将导柱插入导套,在压力机上将导柱压入下模座约 5～6mm,这时将上模座平稳提升至不脱离导柱的最高位置(图中以双点划线所示),然后平稳放下,检查上模座与两等高垫铁接触的松紧程度是否一致,如不一致,则须调整导柱至一致为止。最后将导柱压入下模座。

3)检测。按图 2-94 所示检测三项位置精度指标。

2. 工作零件的装配

作为工作零件的凸模、凹模以及凸凹模,在模具中的固定方式有很多种,前面已经介绍。从装配工艺上可将其分为直接固定和部件固定两类,直接固定在模座上时,在调整好位置

图 2-95 以导套为基准装配模架

后,打入销钉,拧紧螺钉,或以其他方式紧固即可,多在总装配阶段进行。下面介绍工作零件与固定板的部件装配。

工作零件与固定板的装配要求主要是与固定板安装基面的位置精度,异型凸模还涉及自身的转动限制。凸、凹模与固定板的连结绝大部分为过渡配合,有时为小间隙配合或以粘结、浇注的方式代替配合,特殊情况下才采用过盈配合来联结(如冷挤压凹模、硬质合金模等)。下面仅介绍与固定板过渡配合时采用的压入装配法。

台阶式凸模的压入如图 2-96 所示,压入少许时

图 2-96 台阶式凸模的压入装配

(约 3～5mm 深),检查垂直度,若不合要求,需调整垂直后再继续压入。压入后,按图 1-39(c))的方法将尾部磨平到与固定板基面共面。图 2-97 所示为翻铆结构凸模的装配过程。

图 2-97 翻铆结构凸模的装配过程

对于异型凸模,若固定部分为圆形,装配时需以凹模为基准,在凸、凹模正常配合的条件下将凸模压入固定板,尾部磨平后配钻骑缝孔,装入防转销,参见例 2-10。

凹模套与固定板的装配与凸模类同。

压入法装配的关键在于压入过程的控制,表 2-38 列出了压入凸、凹模的工艺要点。

表 2-38　将凸、凹模压入固定板的工艺要点

项目	要　　　点
压入条件	1. 有台阶的凸、凹模,压入端应设有压入引导部分,可为小圆角、小锥度 2. 无台阶的凸、凹模,压入端(非刃口端)应沿周修出导入斜角或圆角 3. 当凸、凹模不允许修出圆角、锥度等导入部分时,在固定板型孔口部修出小于 1° 的斜角,高度 3～5mm 4. 异型凸模以圆柱面压入时,应以凹模为基准,控制凸模的水平方位 5. 固定板型孔的尺寸、形状、表面粗糙度以及对基准面的垂直度符合技术要求
压入过程	1. 压入时,凸、凹模应置于压力机的中心处 2. 压入速度要尽量缓慢,若在机械压力机上进行,应操纵上滑块点动下行 3. 刚压入少许,即需进行垂直度检查,压入 1/3 的深度时,再进行检查。一旦不合要求,须调整、校正 4. 有台阶的凸、凹模压入,要保证台阶面与固定板的台阶面贴合

2.8.2　总装配

冲模的总装配是在必要的部件装配基本完成后,将模具零件、部件以及相关的标准件、通用件等联接成以模架为基础的上、下模两部分,并使它们之间的位置关系满足设计要求。冲模的互换装配在第二章已经介绍,这里介绍冲模的调整装配法。

1. 选择和固定基准件

模具总装配时,总是根据模具零件的相互依赖关系,先将一个主要零件或部件安装于模座上大致准确的位置(按划线),然后以此零件或部件为基准,调整、装配其他的零部件。选择装配基准件的总原则是调整、装配其他零件时操作方便和易于保证装配精度。针对不同类型的模具,装配基准件的选择一般有以下规律。

(1)对于导板导向的冲模,上、下模的相对位置是靠安装模具时调整下模来保证的,模具装配时只需保证下模的凹模孔与导板导向孔的同轴度。其装配过程为:以导板为基准装配凸模组件(装入固定板),再以凸模组件为基准来调整、确定导板和凹模的相互位置,或者凹模和导板已加工有共同的装配基准(销孔),无需借助基准件定位。

(2)导柱导向的单工序模,根据具体情况,可以选择凹模或凸模作为基准,一般多以凹模为基准件。

(3)复合模中,凹模和凸模都与凸凹模有较高的位置精度,故应以凸凹模为装配基准件。

(4)对于级进模,应以凹模为装配基准件。

2. 调整模具间隙和固定相关零部件

调整和控制凸、凹模的间隙而使之均匀是冲模总装配的关键,下面介绍各种控制模具间隙的方法。

(1)垫片法。垫片法是将厚度等于凸、凹模单边间隙的金属片置于凸、凹模刃口之间来保证间隙均匀,适用于拉深、弯曲等成形模和单边冲裁间隙大于 0.03mm 的冲裁模的装配,其工艺过程如表 2-39 所示。

表 2-39　垫片法控制凸、凹模间隙的工艺过程

序号	内　容	简　图	操 作 说 明
10	初步固定调整件	上模座　凸模固定板　凸模	1.设以凹模为基准件,此时已固定于下模座,凸模组件(凸模+固定板)为调整件。 2.通过合模,初步确定调整件位置,配钻模座上的螺钉过孔,固定调整件,将螺钉拧至似紧非紧状态。
20	放置垫片	垫片	1.将调整件连同模座置于平台上(翻转反置)。 2.将厚度等于凸、凹模间隙的软金属片置于凸模端部并沿刃口折弯。 3.金属片宽度2～5mm即可,不可太宽,纵横放置,也可根据凸模形状择几处摆放。 4.若固定板上凸模较多,选相距较远的两个凸模摆放垫片即可。
30	合模、观察、调整、	凹模　下模座　导柱　导套　凸模　凸模　等高垫块　凸模固定板　上模座	1.在导向状态下,将下模(此时在上面)缓缓向下合模,观察两个凸模能否与垫片一起顺利进入凹模。将等高垫块垫好,在正确方向上轻轻敲击凸模固定板,调整到各处垫片正好可嵌入凸、凹模之间,周边间隙均匀为止。间隙较小时,可用塞尺检查周边间隙 2.拧紧螺钉。
40	切纸试冲		在凸模与凹模间放纸片,进行试冲,由切纸周边毛刺的均匀情况判断间隙是否均匀,若不均匀,调整到间隙均匀为止。
50	固定调整件		将凸模固定板与上模座一同钻铰销孔,装入销钉。

　　(2)工艺尺寸法。如图 2-98 所示,在制造冲裁凸模时,将凸模刃口端适当加长,使加长段与凹模的配合间隙小于凸、凹模间隙的均匀度允差。装配时,合模、调整,使凸模加长段进入凹模型孔,自然形成了均匀的冲裁间隙。然后将凸模组件在模座上紧固、定位,再将凸模的加长段磨去。利用工艺尺寸控制间隙适用于单边冲裁间隙大于 0.04mm、冲裁线轮廓规则的冲裁模装配,合模时要避免刃口碰撞,以防崩刃。当凸模不便加长加大时,也可另外制作工艺凸模,无需淬硬,刃口尺寸按上述加长段刃口制造,仍按上述方法调整、装配,最后将工艺凸模拆除,换装实际凸模。

图 2-98　工艺尺寸法

　　(3)透光法。透光法调整间隙的程序大体与垫片法相同,也由初装、合模、调整、试冲、固定五个步骤组成,但在调整时,是通过观察或检查透过间隙区域的光线来判断间隙是否均匀的,如图 2-99 所示。透光法适合小间隙冲裁模的调整和装配。

　　(4)镀铜法。镀铜法是在凸模刃口表面均匀镀覆一层厚度等于凸、凹模配合间隙(单边)

的铜,调整时,使凸模进入凹模即可保证间隙均匀。镀层在模具使用中可自行脱落,装配后不必去除。镀铜法的装配精度较高,适用于单边间隙小于0.05mm的冲裁模装配。

(5)涂层法。与镀铜法类似,在凸模刃口上喷涂一层磁漆或氨基醇酸绝缘漆等涂料,其厚度等于凸、凹模的单边配合间隙,其他操作同镀铜法。涂层法适用于中、小间隙的冲裁模调整。

3. 其他零件装配

凸、凹模组件调整、装配并定位完毕后,其他零件可根据与凸、凹模组件的依赖关系以及

图 2-99　透光法调整间隙

模具结构的具体情况,依次固定于上模和下模,注意避免前后干涉即可。对于活动零部件,应保证位置准确、间隙合理、运动灵活无滞,满足技术要求。

例 2-9　分析图 2-100 所示复合模的装配工艺。

1-打杆　2-模柄　3-上模座　4、13-螺钉　5、16-垫板　6-凸模　7、17-固定板　8-顶出块　9-凹模
10-卸料板　11-弹簧　12、22、23-销钉　14-下模座　15-卸料螺钉　18-凸凹模　19-导柱
20-导套　21-顶杆　24-顶板　25-圆柱销
图 2-100　复合模

【分析】　这是一副倒装式复合模,凸凹模在下模,总装配时应从下模开始。整个模具的装配过程如下。

1. 部件组装

(1)将压入式模柄 2 装配于上模座 3 的模柄孔内,并磨平端面,装入防转销 25。

(2)将凸模 6 装入凸模固定板 7 内,作为凸模组件。

(3)将凸凹模 18 装入固定板 17 内,作为凸凹模组件。

2. 固定基准件

以凸凹模为基准件,将凸凹模组件固定于下模座,步骤如下:

(1)在下模座上划线,大致确定凸凹模组件的位置和漏料孔轮廓(可根据凸凹模实物)。

(2)按线加工下模座和垫板 16 的漏料孔,单边尺寸比凸凹模的漏料孔大 0.5～1mm。

(3)将凸凹模组件、垫板在下模座上找正,夹紧,一体钻铰销孔,钻螺纹底孔。

(4)松开凸凹模组件,扩垫板和下模座的螺钉过孔,垫板的销钉过孔单边扩大 0.5mm,攻固定板的螺纹孔。

(5)装配凸凹模组件和垫板,先装定位销钉,再拧紧螺钉。

3. 定位凸模组件

将上模座翻转,使导套朝上,支承于平板上的两等高垫铁上,依次摆放垫板 5 和凸模组件于上模座平面,合模,调整固定板 7(凸模组件)和垫板 5 位置,使凸模自由进入凸凹模的冲孔凹模型孔,用等高垫铁将下模支承住,再用垫片(塞尺)检测间隙,微调固定板,直至间隙均匀。将固定板 7、垫板 5 和上模座 3 夹紧,打开模具,一体钻铰销钉孔,装入两个销钉 23。

4. 装配凹模

(1)将上模座仍以翻转状态支承于等高垫铁(此时垫板和凸模组件已由销钉 23 准确定位)。

(2)将凹模 9 的每个螺孔都装上同心螺纹引冲,置于固定板 7 上,如图 2-101 所示。合模,调整凹模位置,使凸凹模自由进入凹模型孔,并在凹模上再放两块等高垫铁支承下模,向下敲击下模座平面,使螺纹引冲在凸模固定板上压出锥形凹坑,打开模具,拿去凹模,根据压出的凹坑,一体钻削凸模固定板、垫板和上模座的螺钉通过孔,并于模座底面扩沉孔。

图 2-101　用螺纹引冲复制孔位

(3)用螺钉将凹模、凸模固定板、垫板和上模座联接,拧至似紧非紧的状态。再整体支承于平板的等高垫铁,合模,用垫片法调整凹模与凸凹模的配合间隙到均匀为止,拧紧上模螺钉,打开模具。

(4)以凹模上的销孔为引导,钻铰凸模固定板上的销孔(装配前,应对凹模上的销孔研磨、抛光),装入销钉。

5. 其他零件装配

(1)将上模拆开,装入打杆 1、顶板 24、顶杆 21 和顶块 8,注意顶杆长度要合理,并须相等,各运动件滑动自如,止点位置安全、合理等,将上模装配完整。

(2)装配下模的卸料机构。将卸料板套在凸凹模上,调整好位置,与下模夹紧,一体钻削卸料螺钉孔(螺纹底孔)。拆开后,卸料板上攻螺纹,凸凹模固定板和下模座上扩孔,注意模座底部的沉孔深度要相等,然后重新组装,加入弹簧,拧紧卸料螺钉。

6. 检查、检验

需要说明:垫板若需淬硬,可在模具调整完毕,各孔加工完后,进行热处理,再磨平两面,最后组装。

例 2-10 图 2-102 所示为游丝支片及其冲裁工艺方案,图 2-103 为对应的级进冲裁模装配图,分析模具的装配工艺。

图 2-102　游丝支片及冲裁方式

1-落料凸模　2~6-凸模　7-侧刃　8、9-导料板　10-冲孔凹模　11-模套

图 2-103　游丝支片级进冲裁模

【分析】 这是一副冲孔落料级进模,由于零件尺寸小,结构特殊,采用了多步冲废料的方式,并且凹模为镶拼结构,故装配的技术要求较高,尤其是凹模的拼装以及凸模固定板、卸料板、凹模三者的型孔位置尺寸。模具装配的步骤如下:

1. 装配凹模组件

凹模是级进模装配的基准件,凸模组件的装配及总装配都应以凹模为基准,以保证各凸模的间距和方位与凹模型孔一致。对于整体式凹模,无此组装环节,但本例为镶拼结构凹模,凹模体由 9 个镶块拼合而成,并固定于模套内。尽管各镶块均已精密加工,但在拼合时仍会产生型孔的形状和位置尺寸的误差,因此必须保证凹模组件的正确、精密的拼合,才能作为模具装配的基准。

凹模组件的 9 个镶块拼合情况如图 2-104 所示,拼合后形成了 6 个冲裁工位和 2 个侧刃孔,各镶块均以凹模型孔中心分段,拼块宽度均等于步距。拼合过程如下:

图 2-104 凹模组件(1~9 凹模镶块)

(1)检查各镶块的尺寸,尤其是宽度(步距)尺寸符合图纸要求。

(2)拼接各镶块,得到各凹模型孔,用相应的凸模检查冲裁间隙,对不合理之处进行修配。同时,检测镶块与模套的配合是否合理(过盈量的大小)。

(3)组装凹模组件。将各镶块压入凹模套,然后磨平上、下平面。压入时,先压入形状复杂、精度要求高的镶块,最后压入最简单的镶块。

(4)检查各型孔尺寸和相互位置尺寸,修整不合要求之处。

2. 装配凸模组件

级进模凸模组件的装配可以采用所有凸模整体一次性压入固定板,也可单个凸模分别压入。整体压入时,应借助凹模或装配好的凹模组件,以其为基准定位,再一次性整体压入,并检查位置尺寸和垂直度。单个压入时,先压入容易定位的、便于作位置基准的、装配精度要求高的凸模,根据具体情况而定。

本例中,凸模组件的装配关系如图 2-105 所示,按单个凸模分别压入法,应先压入半圆凸模 6 和 8(连同垫块 7 一起压入),再依次压入半环凸模 3、4、5,然后压入侧刃凸模 10 和落

料凸模 2,最后压入冲孔凸模 9。这样安排是因为凸模 3、4、5 的压入时有方位(即水平面内的转动)的限制,必须以其他位置的方位作为基准,而凸模 6 和 8 以及垫块 7 的拼合方式自身已经限制了方位,定位也方便,正好可以先行压入并作为其他凸模压入时的基准。图 2-106 所示即为在压入凸模 3 时以凸模 6 和 8 与相应凹模型孔正确配合作为基准的情况。

1-固定板　2-落料凸模　3、4、5-半环凸模　6、8-半圆凸模　7-垫板　9-冲圆孔凸模　10-侧刃凸模

图 2-105　凸模组件

图 2-106　压入半环凸模

3. 总装配

(1)装配基准件。固定下模的凹模组件。

(2)装配凸模组件。用适当的方法检测、调整凸、凹模间隙(只检测两个凸模即可)到均匀,固定凸模组件。

(3)装配导料板。以凹模组件为基准,确定导料板位置和方向,修配坯料导向面。

(4)装侧压装置和承料板。

(5)安装上模的弹压卸料装置,方法与例 2-9 类同。

2.8.3　冲裁模的调试

冲模按图样技术要求加工和装配后,必须在生产条件下进行试冲,通过试冲可以发现模

具的设计和制造缺陷,找出产生缺陷的原因,对模具进行适当的调整和修理后在进行试冲,直到模具能正常工作,稳定地冲出合格零件,才能将模具交付使用。冲模的试冲与调整简称调试。

冲裁模在试冲时常见的问题及其产生的原因和调整方法见表 2-40。

表 2-40 冲裁模试冲时常见的问题及其产生的原因和调整方法

试冲时的问题	可能的原因	调整方法
送料不通畅或被卡死	1)导料面间距太小或不平行 2)凸模与卸料板间隙过大,使搭边变形 3)有侧刃时,侧刃的方向和位置有偏差,造成毛刺,影响送料	1)修复导料面或重装导料板 2)减小凸模与卸料板间隙 3)重装导料板、修整侧刃挡块,或修整侧刃
卸料不正常,易卡死	1)弹性元件预压力不足 2)卸料行程不够 3)卸料板、顶件块等装配不正确,如顶杆不等长、卸料螺钉松紧不一 4)间隙太小	1)更换弹性元件 2)加高顶件块、加长卸料螺钉或加深过孔沉孔 3)修整卸料零件,重新装配 4)修整卸料板、顶件块等
凹模胀裂	凹模有倒锥形状或漏料孔与模座孔成反向台阶	修凹模刃口、修漏料孔台阶
凸、凹模刃口相碰	1)模座、垫板、固定板、凹模的面——面平行度和孔——面垂直度超差 2)凸模、导柱等零件装配时不垂直 3)总装配时间隙调整不到位 4)导向间隙太大 5)卸料板孔位不正引起侧向力	1)检测各零件,修整不合格零件,重新装配上、下模 2)重新装配凸模、导柱等 3)重新调整间隙后固定凸、凹模 4)更换导向零件 5)修整卸料板,或增加凸模导向
冲裁件形状和尺寸不正确	1)凸、凹模刃口形状、尺寸不正确 2)凸、凹模间隙不合理	修复或重新制造凸、凹模
冲裁件结构位置误差过大	1)毛坯定位不准确,或定位基准不合理 2)工作零件的位置精度超差	1)修整有关定位零件,改善定位 2)重新制造工作零件
冲件不平整或被压坏	1)落料凹模刃口呈倒锥形 2)没有合理压料,或压料面与工件不吻合 3)定位零件的干涉,如导正销与挡料销	1)修整凹模刃口 2)增加弹性压料,或修配压料面 3)修整相关定位零件
冲裁断面质量差	1)刃口不锋利或硬度不足 2)凸、凹模间隙不合理或不均匀 3)搭边太小	1)修整刃口,或重新制造 2)修整、重制刃口或调整间隙 3)增大坯料尺寸或调整定位

2.9 冲裁模设计项目

2.9.1 单工序模

1. 项目要求

某冲裁件如图 2-107 所示,其技术要求及生产信息如下:

产品名称:卡片

材料：Q235

未注公差等级：IT14

生产批量：大批量

现有冲压设备：J23-16，J23-25，J23-63。

设计该零件的冲裁工艺及冲裁模，并编制主要零件的加工工艺。

图 2-107　卡片

2. 工艺性分析

【知识链接】　2.1　冲裁变形分析；2.5.1　冲裁件的工艺性。

冲裁属于剪切类成形，材料变形区为上、下刃口连线附近的区域，其变形性质很复杂，受多方面因素影响。普通冲裁变形有三个阶段，即：弹性变形阶段、塑性剪切阶段和断裂分离阶段。冲裁断面由四部分组成：圆角、光亮带、断裂带和毛刺。光亮带是冲裁件的尺寸和装配基准，正常条件下应占据料厚 1/3～1/2 的高度。

从冲压材料看，Q235 属于低碳钢，塑性良好，适于冲压加工，同时，零件尺寸不大，料厚1.5mm，坯料及冲裁件的刚性较好，便于送料和出件。

从零件结构看，该卡片为带有两个窄槽的落料件，也可视为落料后的切口件，需分析窄槽的宽深比。根据图 2-107 计算，槽口宽度远大于 1.5 倍的料厚，槽深 25mm，远小于槽宽10mm 的 5 倍，均符合冲裁工艺要求。

从冲裁件的尺寸精度看，为 IT12～IT14 级，属于普通冲裁的经济精度。

综上分析，该零件冲裁工艺性良好，适于普通冲裁加工。

3. 冲压工艺方案

【知识链接】　2.5.2　冲裁件的排样；2.5.3　冲裁工艺方案。

该零件尺寸较小，生产批量较大，采用条料毛坯连续冲压生产为必然，零件结构为大致矩形，排样方式取直排也应无争议。但在工序安排及模具类型上，有四个可行的方案，如图2-108 所示。

方案一：先落料后切口，两副模具生产，见图 2-108(a)。

方案二：冲孔落料级进模生产，见图 2-108(b)。

方案三：落料模生产，一模一件，见图 2-108(c)。

方案四：落料模生产，一模两件，见图 2-108(d)。

由图可见，四个方案的材料利用率几无差别，方案二稍低一点。

方案一的生产率太低，并需要制造两副模具；方案二的模具复杂，坯料定位精度要求高。这两个方案都是将切口作为独立的工序，无非是要简化落料工序的凸、凹模结构，提高模具寿命，但制件一次落料的凸、凹模最小壁厚为 10mm，且根据前面的工艺分析，槽口的宽深比并不恶劣，强度、刚度足够，所以，这两个方案有画蛇添足之意，不甚合理，应摒弃。

方案三和方案四都是直接落料生产，但前者是一模一件，后者是一模两件，方案四的生产率比方案三高一倍，但模具尺寸也要大一倍以上，模具结构当然也复杂一些。考虑产品虽为大批量生产，但按方案三也能满足要求，相对来说，方案三更合理一些。

因此，决定采用方案三，即：落料模生产，一模一件。并对模具结构作如下分析和预设：

图 2-108　可行的冲裁方案

模具导向:产品批量大,有一定精度要求,应保证模具寿命较长,故采用导柱导向。

毛坯定位:为便于送料操作,提高生产率,拟采用导料板(而非导料销)+挡料板定位。

卸料出件:由于产品材料为 Q235,料厚 1.5mm,刚性较好,可采用固定卸料板刚性卸料,下出件的方式,简化模具结构。

4. 工艺计算

(1)毛坯尺寸及材料利用率。

【知识链接】　2.5.2　冲裁件的排样。

查表 2-19 得冲裁件的最小搭边值为:前后搭边 1.8mm,圆整为 2mm;侧搭边最小 2mm,根据表 2-21 查得导料间隙为 0.5mm,根据式(2-30)得料宽为 64.5mm,故调整侧搭边为 2.25mm;再根据表 2-20 得料宽偏差为 0.6,得完整的排样图如图 2-109 所示。

图 2-109　排样图

根据附录 2,选 850mm×1300mm×1.5mm 的 Q235 板材,裁成 850mm×64.5mm 的条料共 20 条($L=850$),每条可生产零件数为:($850-2$)/42=20 件,则一张板材可生产零件 400 件。由零件图可计算单个零件的材料面积为:$A_0 \approx 1825\text{mm}^2$。则材料总利用率为:

$$\eta = [400 \times 1825/(1300 \times 850)] \times 100\% = 66\%。$$

(若按另一个方向剪裁板料,可以计算一张板材可生产零件 390 件,利用率稍低。读者可验算。)

(2)冲压力及压力中心计算

【知识链接】　2.4.1　冲压力计算;2.4.3　压力中心确定。

查附录 1 得 Q235 的抗剪强度为 $\tau_b =$ 370MPa,根据图 2-107 可计算得冲裁线长度为 $L = 278.4$mm,代入式(2-11),得冲裁力为 $F_c = 1.3 \times 370 \times 278.4 \approx 133898$(N) ≈ 134(kN)。

取刃口高度为 6mm,代入式(2-14),得推件力为:$F_T = (6/1.5) \times 0.055 \times 134 \approx 29.5$(kN)。由于采用刚性卸料,卸料力无需计算。

至此可得,总冲压力为 $F_z = F_c + F_T = 134 + 29.5 = 163.5$(kN)。

按图 2-110 所示建立坐标系,由于冲裁线左右对称,压力中心 C 点的坐标为 $C(0, C_y)$,计算各段

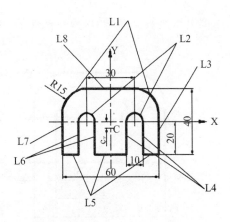

图 2-110 压力中心求解

冲裁线长度及其冲裁力中心的 Y 轴坐标,利用式(2-25)可求得 $C_y = -2.1$mm,如表 2-41 所示。由于压力中心偏离坐标系原点(几何中心)仅 2.1mm,为使零件加工、装配时找基准方便,可将几何中心作为压力中心。

表 2-41 压力中心求解

冲裁线代号	冲裁线长度	冲裁力中心纵坐标坐标
L1	47	$15 \times 30/(3.14 \times 15) + 5 = 14.55$
L2	31.4	$5 \times 10/(3.14 \times 5) = 3.2$
L3	25	-7.5
L4	40	-10
L5	40	-20
L6	40	-10
L7	25	-7.5
L8	30	20
L0	278.4	$C_y = (47 \times 14.55 + 31.4 \times 3.2 + 30 \times 20 - 50 \times 7.5 - 40 \times 40)/278.4 = -2.1$

(3)冲裁刃口尺寸计算

【知识链接】 2.3 凸、凹模刃口尺寸的确定

1)冲裁件尺寸及偏差的"入体原则"标注。将图 2-107 中未注公差按 IT14 级查标准公差(附录 4),将所有尺寸偏差按"入体原则"标注,如图 2-111 所示。

2)查表 2-3 得初始冲裁间隙为:$Z_{min} = 0.132$,$Z_{max} = 0.240$,则 $Z_{max} - Z_{min} = 0.108$mm。零件的各尺寸精度在 IT13~IT14 之间,刃口磨损系数统一取为 $x = 0.5$。

图 2-111 制件尺寸入体原则标注

3)确定刃口尺寸公差。根据零件的结构尺寸,凸模可取用直通结构,凸、凹模刃口均可用线切割加工。查表 2-8,线切割加工的尺寸精度可保证 0.02mm,满足式(2-9)和式(2-10)的条件,尺寸测量亦方便,因此决定分别制造凸、凹模。取凸、凹模刃口的孔类、轴类尺寸公差为:$\delta_p = \delta_d = 0.02$mm;取刃口间隙均匀度允差为 $0.25Z_{min}$,则可取非轴非孔类尺寸公差为:$\delta_{pc} = \delta_{dc} = 0.132 \times 0.125 \approx 0.016$mm。

4）列表计算。凸、凹模刃口截面如图 2-112 所示，各尺寸计算过程和结果见表 2-42。

图 2-112　刃口截面图

表 2-42　刃口尺寸计算

制件尺寸	入体原则标注形式	制件公差 Δ	刃口磨损凹模尺寸变化	刃口磨损系数 x	刃口尺寸公差	刃口尺寸计算
40	$40^{0}_{-0.62}$	变大				凹模：$A1_d = (40 - x \cdot \Delta)^{+\delta_d}_{0} = 39.69^{+0.02}_{0}$ 凸模：$A1_p = (39.69 - Z_{\min})^{0}_{-\delta_p} = 39.56^{0}_{-0.02}$
60	$60^{0}_{-0.74}$	变大			δ_p，δ_d：0.02	凹模：$A2_d = (60 - x \cdot \Delta)^{+\delta_d}_{0} = 59.63^{+0.02}_{0}$ 凸模：$A2_p = (59.63 - Z_{\min})^{0}_{-\delta_p} = 59.5^{0}_{-0.02}$
20 ± 0.1	$20.1^{0}_{-0.2}$	0.2	变大	0.5		凹模：$A3_d = (20.1 - x \cdot \Delta)^{+\frac{1}{2}\delta_p}_{0} = 39.69^{+0.01}_{0}$ 凸模：$A3_p = (29 - \frac{1}{2}Z_{\min})^{0}_{-\frac{1}{2}\delta_p} = 19.93^{0}_{-0.01}$
$R15$	$R15^{0}_{-0.26}$	0.26	变大			凹模：$A4_d = R(15 - x \cdot \Delta)^{+\frac{1}{2}\delta_d}_{0} = R14.87^{+0.01}_{0}$ 凸模：$A4_p = R(14.87 - \frac{Z_{\min}}{2})^{0}_{-\frac{1}{2}\delta_p} = R14.8^{0}_{-0.01}$
10	$10^{+0.36}_{0}$	0.36	变小	—	δ_{pc}，δ_{dc}：0.016	凹模：$B1_d = (10 + x \cdot \Delta)^{0}_{-\delta_d} = 10.18^{0}_{-0.02}$ 凸模：$B1_p = (10.18 + Z_{\min}{}^{+\delta_p}_{0}) = 10.31^{+0.02}_{0}$
30 ± 0.15	30 ± 0.15	0.30	不变			$C_d = C_p = 30 \pm 0.008$

5. 压力机选择与模具结构设计

1）模具总体结构与压力机选择。

【知识链接】　1.3.2　压力机的选用与冷冲模的安装；2.7.1　工作零件。

根据板式凹模结构设计要求,考虑导料板的安装、螺钉和销钉的布置,初步设计凹模轮廓尺寸为 110mm×100mm×20mm,闭合高度 160mm。

根据式(2-19),压力机的公称压力必须大于冲裁时总冲压力的 1.1～1.3 倍,故可计算得压力机公称压力应大于(1.1～1.3)×163.5＝(180～212.5)kN,根据项目提供的可用设备,参考附录 3 的压力机其他参数,选择 J23-25 的压力机最合适,其装模高度在 165～220mm 之间。

为操作安全方便,选后置导柱模架,为不削弱上模座强度,选用凸缘式模柄,协调模具各零件尺寸,取模具闭合高度为 175mm,平面轮廓尺寸 180mm×165mm。模具总体结构如图 2-113 所示。

1-下模座 2-挡料板 3-螺钉 4-螺钉 5-凹模 6-固定卸料板 7-凸模 8-凸模固定板 9-销钉
10-模柄 11-螺钉 12-螺钉 13-上模座 14-沉头螺钉 15-垫板 16-导套 17-销钉 18-导柱

图 2-113 卡片落料模

工作时,条料首先沿着固定卸料板 6 的两侧导料面送进,由挡料板 2 挡料定位,接着上模下行,凸模 7 穿过卸料板 6,进而穿过板材进入凹模 5,完成冲裁后到下死点。回程时,条料由卸料板 6 从凸模 7 上剥离,同时落料件由凹模 5 和下模座 1 的漏料孔落下。

2)模具主要零件结构设计

【知识链接】 2.7 冲裁模主要零部件结构设计。

落料凹模如图 2-114 所示。由于冲裁线形状不规则,凹模选材 Cr12MoV,淬透性好,内应力小。侧面 M6 孔用于紧固挡料板。2 个定位销钉孔可与卸料板按同基准、同坐标尺寸编程,于线切割加工凹模刃口时割出。

材料:Cr12MoV 热处理:56～60HRC 数量:1

图 2-114 落料凹模

凸模如图 2-115 所示。材料选用 Cr12,直通结构,尾端 3-M5 螺孔用于与垫板固定,以承受卸料力,加工和装配工艺性好。

固定卸料板与导料板整体制作,由于卸料板与凹模、下模座共同由 2 个销钉定位,总装配时加工销孔不便,凹模、卸料板的销孔可线切割加工,卸料板加工工艺可按表 2-43 进行。考虑生产批量大,导料面易受磨损,且卸料时受一定冲击,选 45 钢制作,并调质处理,如图 2-116 所示。

凸模固定板如图 2-117 所示。为节省加工工时和装配方便,型孔制成矩形,线切割加工,与凸模为较松的过度配合,也可根据凸模实际尺寸加工。

材料：Cr12
热处理：58~62HRC。

图 2-115　落料凸模

材料：45　热处理：调质（22~28HRC）

图 2-116　固定卸料板

表 2-43　固定卸料板的加工工艺

工序号	工序名称	工 序 内 容	工 序 简 图
10	下料	板材 130mm×110mm×20mm	
20	铣	铣六面至 120mm×100mm×15.4mm	
30	热处理	调质（22~28HRC）	
40	磨	磨两面至 15mm，以及两直角侧面	
50	钳工	去毛刺，划中心线及槽口	
60	铣	(1)铣 64×6 导料槽 (2)钻、铰 φ10 穿丝孔，钻 2-φ5 穿丝孔 (3)钻 4-φ8.5 螺钉过孔	
70	钳工	去毛刺	

续表

工序号	工序名称	工序内容	工序简图
80	线切割	(1)支承下平面两端,校正 A 面 (2)找正 ϕ10 穿丝孔中心 (3)按图纸尺寸割型孔及 2-ϕ8 销孔(2-ϕ8 销孔相对型孔中心位置与凹模同)	
90	检验	型孔、螺钉过孔、销孔与凹模的同轴度情况	

材料:Q235

图 2-117　凸模固定板

挡料板如图 2-118 所示,直接由 45 板料弯曲成形,由 1 个螺钉通过 φ6 孔与凹模固定,长度尺寸 28 在模具调试时配作。

6. 总结

通过本冲裁模项目设计可以看出,冲裁工艺方案和模具结构的设计必须紧紧围绕项目给出的所有信息来展开,与冲压工艺知识相结合,深入挖掘这些信息对应的技术内涵,并且相互关联,前后呼应,全面兼顾,方能设计出合理的冲压模具。以本项目为例,结构工艺性分析时,根据零件结构特点主要验证槽口的宽深比;确定工艺方案时,模具结构方案已经基本确定,并综合考虑了生产效率、模具成本、生产条件等多方面因素;固定板型孔的形状既满足了凸模的定位要求,又降低了加工成本,应培养这种工艺思考习惯。

图 2-118　挡料板

在工艺计算时,刃口尺寸计算最为关键,本项目涉及的几个要点需要掌握:

1. 尺寸性质。落料时有时有冲孔性质的尺寸,冲孔时有时有落料性质的尺寸,即:落料凹模的部分刃口可能实质上是冲孔凸模的刃口,计算公式不能用错,并且要理解,这与刃口尺寸计算的原则(落料时以凹模为基准,冲孔时以凸模为基准)并不矛盾。

2. 单向尺寸与双向尺寸。当尺寸界线的基面之一为不可见几何要素(如轴线)时,该尺寸为单向尺寸,间隙、偏差应该取双向值的一半。

模具制造方面,由于凹模和卸料板与下模座由同一对销钉定位,为装配方便,凹模和卸料板的销钉孔由线切割分别加工,所以给出了卸料板的加工工艺,应加以理解。模具装配比例 2-9、例 2-10 简单,读者自行思考。

另外,理解此项目的设计过程后,可以按弹压卸料方式再次进行相关计算和结构设计。

2.9.2　复合模

1. 项目要求

图 2-119 所示为冲裁件插片简图,大批量生产,材料为 10 钢,料厚 2mm,试确定冲裁工艺方案,设计冲裁模。

2. 零件的工艺性分析

【知识链接】 2.5.1　冲裁件的工艺性。

该零件形状不甚规则,但简单对称,尺寸中等,孔边距足够大,无尖角过渡,结构工艺性很好;尺寸精度均在 IT12 以下;材料为低碳钢 10,冲压性能良好,料厚为 2mm,刚性也好。因此,该零件的冲裁工艺性良好,可以用普通冲裁加工。

3. 确定冲裁工艺方案

【知识链接】 2.5.3　冲裁工艺方案。

由零件图及工艺性分析可知,该零件只有两道工序,即落料和冲孔。因此,工艺上可行的冲裁工艺方案有五种:

(1)单工序模生产,先落料,后冲孔,需两副模具。

图 2-119　插片

（2）级进模生产，一模两件，如图2-120（a））所示。

（3）复合模生产，一模两件，见图2-120（b））。

（4）级进模生产，一模一件，见图2-120（c））。

（5）复合模生产，一模一件，如图2-120（d））所示。

该零件在排样方式上没有悬念，零件为典型的大小头结构，以上五种工艺方案均采用直对排方式自然，所以各种方案的材料利用率相差不大。从生产率方面看，第（1）、（4）、（5）方案较低，与大批量生产不相符，因此应予淘汰。现比较第（2）、第（3）方案：级进模生产时，导料板导料，便于送进操作，但搭边需略增大，料耗增加；若以挡料销和始用挡料销定距，对生产率稍有影响，若以侧刃定距，料耗更为增加；若用复合模生产，坯料定位简单，模具总体尺寸小，材料利用率比级进模稍高，但打料机构稍复杂。总之，二者各有千秋，考虑材料利用率因素，选第（3）方案更佳，即用复合模生产，一模两件。

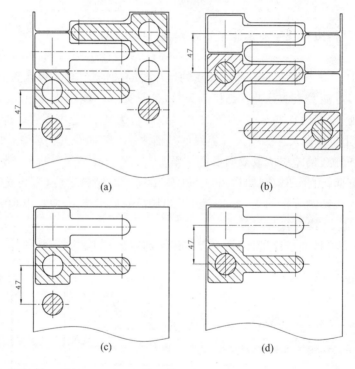

图 2-120　可行的工艺方案

4. 工艺计算

（1）排样图及坯料尺寸

【知识链接】 2.5.2　冲裁件的排样。

由于条料送进始终贴着导料销，搭边按正常情况选取。完整的排样图如图2-121所示。查附录2板材规格，选择1000mm×1200mm的板材余料最少，每张板可剪裁为1000mm×171mm的条料7条，每个条料可生产零件41件。现计算材料利用率，单个零件的实际耗材面积为：

$$A = 44 \times 45 + 66 \times 20 + \frac{1}{2}\pi \times 10^2 - \frac{1}{4}\pi \times 26^2 = 2926\text{mm}^2$$

则材料的总利用率为：

图 2-121　排样图

$$\eta = nA/BL = 41 \times 2926/(171 \times 1000) \times 100\% = 70\%$$

读者可按另一种剪裁方法进行计算,验证材料利用率是否最优。

(2)冲压力与压力中心

【知识链接】　2.4　冲压力与压力中心计算。

落料力:根据零件图可算得一个零件的落料轮廓线长为 $L_1 = 320mm$,则落料力为:

$$F_1 = 2L_1 t\tau_b = 2 \times 320 \times 2 \times 300 = 384000N$$

冲孔力:单个零件内孔周长 $L_2 = 81.68mm$,则冲孔力为:

$$F_2 = 2L_2 t\tau_b = 2 \times 81.68 \times 2 \times 300 = 98018N$$

查表 2-17,取 $K_X = 0.04$,$K_T = 0.05$,冲孔凹模刃口直壁高度 $h = 6mm$,$n = h/t = 3$,则

卸料力为:$F_X = K_X F_1 = 0.04 \times 384000 = 15360(N)$

推件力为:$F_T = nK_T F = 3 \times 0.05 \times 98018 = 14703(N)$

总冲压力:$F_\Sigma = F_1 + F_2 + F_X + F_T = 512081(N) \approx 512kN$

取压力机公称压力:$p_0 \geqslant (1.1 \sim 1.3) F_\Sigma = (1.1 \sim 1.3) \times 512 = 563 \sim 666kN$。

由于直对排的两零件呈中心对称,压力中心即对称中心,见图 2-121。

(3)刃口尺寸及偏差

【知识链接】　2.3　凸、凹模刃口尺寸计算。

图 2-122　入体原则标注

1)将图 2-119 的零件图尺寸全部按入体原则标注,未注公差按 IT14 查取,得图 2-122。

查表 2-3,得间隙 $Z_{min} = 0.246mm$,$Z_{max} = 0.36mm$。$Z_{max} - Z_{min} = 0.114mm$。

2)$\phi 26$mm 冲孔。查表 2-7,得凸、凹模制造公差为:$\delta_p=0.02$mm,$\delta_d=0.025$mm。$\delta_p+\delta_d=0.045$mm,满足 $\delta_p+\delta_d\leqslant Z_{\max}-Z_{\min}$ 的条件。故采用凸、凹模单独加工的方法。查表 2-6 得磨损系数 $x=0.5$,则凸、凹模刃口尺寸计算如下。

$$d_p=(d_{\min}+x\Delta)_{-\delta_p}^{0}=(26+0.5\times0.24)_{-0.02}^{0}=26.12_{-0.02}^{0}\ \text{mm}$$
$$d_d=(d_p+Z_{\min})_{0}^{+\delta_d}=(26.12+0.246)_{0}^{+0.025}=26.37_{0}^{+0.025}\ \text{mm}$$

3)外轮廓落料。虽然落料形状不规则,但并不十分复杂,尺寸中等,凸、凹模刃口均可采用线切割加工(凸凹模可为直通式),且 $Z_{\max}-Z_{\min}=0.114$mm,参考表 2-8,线切割加工完全能够满足 $\delta_p+\delta_d\leqslant Z_{\max}-Z_{\min}$ 的条件。因此,也采用凸、凹模刃口分别加工的方式。考虑凹模尺寸检测比凸模较难,凸、凹模刃口制造公差分别取 0.02mm 和 0.03mm,刃口尺寸计算见表 2-44。

表 2-44　落料刃口尺寸计算

制件尺寸	制件公差 Δ	刃口磨损凹模尺寸变化	刃口磨损系数 x	刃口尺寸公差	刃口尺寸计算
$120_{-0.87}^{0}$	0.87	变大	0.5	$\delta_p=0.02,$ $\delta_d=0.03$	凹模:$A1_d=(120-x\cdot\Delta)_{0}^{+\delta_d}=119.57_{0}^{+0.03}$ 凸模:$A1_p=(119.57-Z_{\min})_{-\delta_p}^{0}=119.32_{-0.02}^{0}$
$45_{-0.56}^{0}$	0.56	变大			凹模:$A2_d=(45-x\cdot\Delta)_{0}^{+\delta_d}=44.72_{0}^{+0.03}$ 凸模:$A2_p=(44.72-Z_{\min})_{-\delta_p}^{0}=44.47_{-0.02}^{0}$
$44_{-0.54}^{0}$	0.54	变大			凹模:$A3_d=(44-x\cdot\Delta)_{0}^{\delta_d}=43.73_{0}^{+0.03}$ 凸模:$A3_p=(43.73-Z_{\min})_{-\delta_p}^{0}=43.48_{-0.02}^{0}$
$R10_{-0.26}^{0}$	0.26	变大			凹模:$A4_d=R(10-x\cdot\Delta)_{0}^{+\frac{1}{2}\delta_d}=R9.87_{0}^{+0.015}$ 凸模:$A4_p=R(9.87-\frac{Z_{\min}}{2})_{-\frac{1}{2}\delta_p}^{0}=R9.75_{-0.01}^{0}$
$R3_{-0.15}^{0}$	0.15	变大	1		凹模:$A5_d=R(3-x\Delta)_{0}^{+\frac{1}{2}\delta_d}=R2.85_{0}^{+0.015}$ 凸模:$A5_p=R(2.85-\frac{1}{2}Z_{\min})_{-\frac{1}{2}\delta_p}^{0}=R2.73_{-0.01}^{0}$
$22.62_{-1.32}^{0}$	1.32	变大			凹模:$A6_d=(22.62-x\Delta)_{0}^{+\frac{1}{2}\delta_d}=22_{0}^{+0.015}$ 凸模:$A6_p=(22-\frac{1}{2}Z_{\min})_{-\frac{1}{2}\delta_p}^{0}=21.88_{-0.01}^{0}$
$R3_{0}^{+0.15}$	0.15	变小			凹模:$B1_d=R(3+x\Delta)_{-\frac{1}{2}\delta_d}^{0}=R3.15_{-0.015}^{0}$ 凸模:$B1_p=R(3.15+\frac{1}{2}Z_{\min})_{0}^{+\frac{1}{2}\delta_p}=R3.27_{0}^{+0.01}$

5. 模具类型及总体结构设计

【知识链接】 2.6.2　复合模;2.7　冲裁模主要零部件结构设计。

由于板料较厚,刚性较好,孔边距较大,足够满足凸凹模壁厚的最低要求,故采用倒装式复合模结构,如图 2-123 所示。模具导向为导柱导向,位于下模的弹压卸料板兼作托料板,

压力中心

1-导套 2-导柱 3-卸料螺钉 4、7、8-螺钉 5-导料销 6、18-销钉 9-推杆 10-打杆 11-模柄
12-推板 13、23-垫板 14-冲孔凸模 15-推件块 16-凸模固定板 17、25-上、下模座 19-凹模
20-卸料板 21-凸凹模 22-凸凹模固定板 24-弹簧 26-沉头螺钉 27-挡料销

图 2-123 倒装式复合模总图

毛坯定位依靠 2 个固定导料销和 1 个活动挡料销,安装于卸料板上。落料凹模内的冲件由打杆、推板、推杆(4 件)、推件块刚性打出。推板制成 X 形(见图 2-123 双点划线),以减轻对上模座强度的削弱,由于首件冲裁时推板受力不平衡,为防止卡死,将打杆与推板固定联接(铆接)。冲孔废料由下模漏料孔排出。凸凹模为直通结构,便于加工,尾部以螺钉承受卸料力。凸凹模与卸料板单边间隙 0.2mm,推件块因无需淬硬,可用数控铣削加工,故采用整体结构,与冲孔凸模单边间隙 0.4mm,与落料凹模刃口单边间隙 0.2mm,以保证滑动自如。

5. 压力机型号与标准件选用

【知识链接】 1.3.2 压力机的选用与冷冲模的安装;2.7.3 卸料与出件装置。

综合模具结构尺寸和模架标准规格,选用后置导柱标准模架,其凹模最大边界为 315mm×250mm,闭合高度在 245~280mm 之间,上下模座厚度分别为 55mm 和 70mm,导柱直径 40mm。

按前面的冲压力计算,压力机型号选 J23-63,装模高度为 200~280mm,与所选模架和冲压力相适应。

考虑模具尺寸较大,模柄选用凸缘式。

卸料弹簧的选择和计算如下:

(1)初定弹簧数为 9,分布见图 2-123。每个弹簧所分担的卸料力为:$F_x/9=15360/9=1707N$。

(2)由于卸料力较大,选用矩形弹簧,根据预压力和模具结构尺寸,初选外径为 $\phi35mm$ 的中载荷矩形弹簧,最大工作负荷 $F=2402N>1707N$,最大压缩量 $\Delta H_2=28.8mm$。

(3)校验最大压缩量,确定所选弹簧的规格为:

外径:$D=35mm$;内径:$d=17.5mm$;自由高度:$H_0=90mm$;根据卸料力计算得预压缩量 $\Delta H_0=21mm$,卸料板行程为 3.5mm,刃磨量取 4mm,则总压缩量为 $21+3.5+4=28.5mm<\Delta H_2$,满足要求。

上模紧固件选用 M10 螺钉、$\phi10$ 销钉,下模紧固件选用 M8 螺钉和 $\phi8$ 销钉,卸料螺钉共 10 个,规格为 M6。

6. 完成模具设计

综合以上设计,最后确定:上、下模垫板厚度 7mm,凸模固定板厚度 20mm,凹模厚度 35mm,卸料板厚度 22mm,凸凹模固定板厚度 20mm,凸凹模高度 62mm,模具的闭合高度为:

$$H=55+7+20+35+62-1+7+70=255mm。$$

为便于安装弹簧和卸料螺钉并节省材料,凸凹模固定板平面尺寸比凹模小。零件图略。

7. 模具制造特点

【知识链接】 1.5.7 冷冲模装配基础;2.8.2 总装配。

冲压模具的装配在大多情况下采用调整法,对于复合模来说,相当繁琐,对模具工技术要求较高,周期也较长。值得关注的是,此模具由于冲裁间隙较大,结构紧凑,可以采用完全互换法装配,省去间隙调整环节,缩短制造周期。因此,相关零件结构的坐标尺寸应使用统一的基准——压力中心和销钉孔。

1)模座的加工

(1)在上模座平面划压力中心位置。

(2)在自然导向的状态下,于上、下模座之间垫等高垫铁,大致校准模架方位,分两级压

紧上、下模座于加工中心工作台面。

(3)粗略找正压力中心,按图 2-124(a))的坐标尺寸,加工上模座销钉孔、螺钉过孔以及安装模柄的沉孔、打杆过孔。推板安装孔等可另外划线、加工。

(4)松开、取走上模座(下模座不可松开),按图 2-124(b))的坐标尺寸,加工下模座销钉孔、螺钉过孔以及卸料螺钉过孔。拆卸后扩底部沉孔,以及划线、加工弹簧安装孔。

(a)上模座　　　　　　　　(b)下模座

图 2-124　模座平面坐标尺寸

2)凸模固定板和凹模板的加工

凸模固定板和凹模板与上模座具有相同的销钉、螺钉孔位坐标尺寸,如图 2-125 所示。在用坐标镗或数控铣加工固定板的凸模安装孔时,按图(a)坐标尺寸,将销钉孔、螺钉过孔以及推杆过孔一并加工。加工凹模板时,用坐标镗或数控铣加工螺纹底孔和钻铰销钉穿丝孔,热处理后,以两销孔的穿丝孔为基准校正装夹(可磨一条边用作定位),按图(b)坐标尺寸割出凹模孔和销钉孔。

图 2-125　凸模固定板、凹模板平面坐标尺寸

3）凸凹模固定板的加工

凸凹模固定板上的螺孔、销孔坐标与下模座相同,如图 2-126 所示。线切割加工凸凹模安装孔时,按图中坐标尺寸,将销钉孔一并割出。螺纹孔则可将固定板与下模座用两销钉定位,由下模座的螺钉过孔引钻。

图 2-126　凸凹模固定板的平面坐标尺寸

卸料板的加工也依照上述方法进行,总装配时便可省去间隙调整及配钻孔,实现互换装配。可以计算,按上述坐标尺寸精度加工相关零件,不考虑导向间隙的影响(自然导向状态下组合加工模座),总装配后的累积坐标误差不超过 0.06mm,而最小冲裁间隙为 $Z_{min}=0.246mm$,间隙均匀度允差为 0.072mm,满足间隙均匀要求。

9. 总结

本项目设计有三点必需关注:一是工艺方案的确定比较微妙,实际上采用级进模或复合模生产均为合理,具体还应根据其他条件(设备、制模水平等)综合确定,本例根据材料利用率稍高而选用复合模生产。二是模具结构方面,推料机构的设计要考虑模座强度和首件冲压的失衡问题,针对推板的结构设计、推板与打杆的铆接设计,读者还可以进行改进、创新。三是本项目除了工艺方案和模具结构设计综合了零件特点和有关冲压的各个要素外,还告诉我们必须深入考虑模具的制造工艺,并根据实际条件尽量缩短制造周期。总之,冲压模具设计要求上合冲压工艺,下启模具制造工艺,甚至模具维修工艺,必须围绕冲压生产,高度综合、全面兼顾,求得最佳结果。

2.9.3　级进模

1. 项目要求

图 2-127 所示手柄,材料:Q235,料厚:1.2mm,精度等级 IT14,中等批量生产,设计冲裁模。

2. 冲裁工艺性分析

【知识链接】　2.5.1　冲裁件的工艺性。

此零件结构较简单,只有冲孔和落料工序,孔径中等偏小。左端 4 个 $\phi5$ 孔与 $\phi8$ 的孔和 R16 的外边之间的距离为 3.5mm,远大于 1.5 倍的料厚;尺寸精度为 IT14 级,属冲裁经济精度;材料 Q235 的冲裁工艺性也较好。因此,此零件用冲裁模生产,采用普通冲裁工艺完全可行。

图 2-127　手柄

3. 冲裁工艺方案确定

【知识链接】　2.5.2　冲裁件的排样;2.5.3　冲裁工艺方案。

零件为大小头结构,尺寸中等,采用条料毛坯直对排样为必然。再根据工序组合,技术上可行的工艺方案有以下五种:

(1)单工序模生产,先落料,后冲孔,需两副模具。

(2)级进模生产,一模两件,如图 2-128(a)所示。

(3)复合模生产,一模两件,见图 2-128(b)。

(4)级进模生产,隔位冲裁,一模一件,见图 2-128(c)。

(5)复合模生产,隔位冲裁,一模一件,如图 2-128(d)所示。

方案(3)和方案(5)都是用复合模生产,经查相关数据,凸凹模的壁厚是满足要求的,但最好用顺装式,以提高凸凹模寿命和保证冲件平整。然而,复合模结构太复杂,尤其一模两件的方案(3),制造成本太高,同时,生产时模具上废料和产品的清理也麻烦,再者,零件的位置精度并不高,生产批量又小,没必要采用复合模生产。方案(1)虽然模具简单,但生产效率太低,资源利用也不合理。因此,这三个方案都应放弃。

方案(2)和方案(4)均为级进模生产,生产效率高,模具也不复杂,二者相比,方案(4)生产效率要低一些,但模具尺寸小很多,模具成本低,考虑产品为中等批量生产,故决定采用方案(4)。生产时,先隔位冲出一个方向的零件,然后将条料水平调转 180°,在第一次送料冲裁的落料间隔中,再冲出另一个方向的零件(排样图中的虚线轮廓),模具结构和成本以及生产率都很适应本产品的要求。

4. 工艺计算

(1)坯料尺寸及导料板间距

【知识链接】　2.5.2　冲裁件的排样

由于不采用侧压装置,适当增加条料的侧向搭边值,根据式(2-30)、(2-31)及表 2-19～2-21 的数据并调整,得到完整的排样图如图 2-129 所示。导料板之间的距离为 133mm。

查钢板规格标准,选用 950mm×2000mm 的钢板,剪裁为 7 张 132mm×2000mm 的条料,每个条料可生产制件 37+36=73 件。计算零件的面积为:

$A=(32+16)×95/2+π(256+64)/2-π(64+5×25)/4=2634mm^2$。材料总利用率为:

$$\eta=2634×73×7/(2000×950)≈71\%。$$

(2)冲压力及压力中心

【知识链接】　2.4　冲压力和压力中心的计算。

冲裁轮廓线及建立计算坐标系如图 2-130 所示,相关计算见表 2-45 和表 2-46。

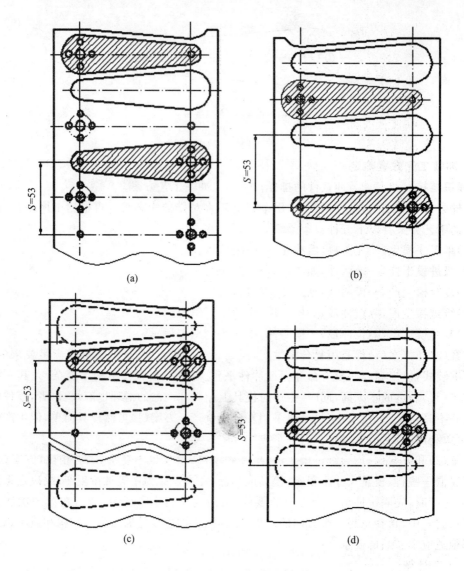

图 2-128 可行的工艺方案

表 2-45 冲裁线长度及压力中心

编号	冲裁线长度	压力中心到 Y 轴距离 x	压力中心到 X 轴距离 y
1	25.132	100.1	0
2	190.68	47.5	0
3	50.265	−10.356	0
4	15.708	95	53
5	87.965	0	53
汇总	$L=369.75$	$Y_C = \dfrac{L_1 x_1 + L_2 x_2 + \cdots + L_5 x_5}{L_1 + L_2 + \cdots + L_5} = 14.9$ $X_C = \dfrac{L_1 y_1 + L_2 y_2 + \cdots + L_5 y_5}{L_1 + L_2 + \cdots + L_5} = 33.8$	

表 2-46　冲压力计算

分类	公　式	结果	备注
冲裁力 F	$F=KLt\tau_b=1.3\times370\times1.2\times300$	173.2kN	$\tau b=300\text{MPa}$
卸料力 F_X	$F_X=K_XF=0.04\times173.2$	6.9kN	查表 $3-17:K_X=0.04$
推件力 F_T	$F_T=nK_TF=8/1.2\times0.055\times173.2$	63.5kN	查表 $3-17:K_T=0.055$
总冲压力 F_Σ	$F_\Sigma=F+F_X+F_T$	243.6kN	弹压卸料,下出件

图 2-129　排样图　　　　　　　　图 2-130　压力中心计算坐标系

(3)冲裁刃口尺寸

【知识链接】　2.3　凸、凹模刃口尺寸计算。

1)冲裁件刃口尺寸的"入体原则"标注。按 IT14 级标准公差查各尺寸公差值,按"入体原则"标注,如图 2-131 所示。

图 2-131　入体原则标注

2)查表 2-2,得初始冲裁间隙为:$Z_{\min}=0.126\text{mm}$,$Z_{\max}=0.18\text{mm}$,$Z_{\max}-Z_{\min}=0.054\text{mm}$。间隙均匀度允差取 $Z_{\min}$ 的 30%,为 0.038mm,取 0.04mm。对于 IT14 级公差,统一取刃口磨损系数 $x=0.5$。

3)刃口制造公差确定。考虑用线切割加工凹模和落料凸模,根据表 2-8,可取凸、凹模

刃口的孔类和轴类尺寸公差为：$\delta_T=0.02$mm，$\delta_A=0.03$mm，查表 2-7 得冲孔凸模刃口公差为 0.02mm，落料和冲孔均满足式(2-9)的要求；根据表 2-8，线切割机床定位精度可达 0.005mm，现取中心距(包括步距)尺寸公差为 $\delta_C=0.02$mm，满足式(2-10)的要求，故采用凸、凹模分别制造方式。

4)列表计算。见表 2-47。

表 2-47 刃口尺寸计算

	冲件尺寸	冲件公差 Δ	刃口磨损后尺寸变化	刃口公差	公　式	结　果
冲孔尺寸	$\phi5^{+0.3}_0$	0.3	凸模变小	$\delta_T=0.02$	$d_T=(d_{min}+x\Delta)^0_{-\delta_T}$ $D_A=(d_T+Z_{min})^{+\delta_A}_0$	$d_T=5.15^0_{-0.02}$ $D_A=5.28^{+0.03}_0$
	$\phi8^{+0.36}_0$	0.36	凸模变小			$d_T=8.18^0_{-0.02}$ $D_A=8.31^{+0.03}_0$
落料尺寸	$\phi8^0_{-0.22}$	0.22	凹模变大		$R_A=(R_{max}-x\Delta)^{+\frac{1}{2}\delta_A}_0$ $R_T=(R_A-\frac{1}{2}Z_{min})^0_{-\frac{1}{2}\delta_T}$	$R_A=7.89^{+0.015}_0$ $R_T=7.83^0_{-0.01}$
	$\phi16^0_{-0.31}$	0.31	凹模变大			$R_A=15.85^{+0.015}_0$ $R_T=15.79^0_{-0.01}$
中心距	95 ± 0.43	0.86	不变	$\delta_C=0.02$	$C_A=C_T=C\pm\frac{1}{2}\delta_C$	95 ± 0.01
	$\phi20\pm0.26$	0.52	不变			$\phi20\pm0.01$

【知识链接】 2.6.3 级进模；2.7 冲裁模主要零部件的结构设计与制造。

5. 模具类型及总体结构

为在保证冲件质量要求和较高生产率的前提下，尽量简化模具结构，降低模具成本，拟定级进模的总体结构如图 2-132 所示，说明如下：

(1)上模的主要零件有上模座、垫板、固定板、凸模和卸料板，下模主要零件有下模座、凹模、导料板和挡料销。模具的几何中心与压力中心(模柄轴线)不重合，但偏离不大(13.7mm)，不影响模具安装的可靠性。

(2)模具导向。采用导柱导向，对称分布，避免异常磨损。

(3)毛坯定位。粗定位用导料板和固定挡料销，精定位通过 2 个导正销对 $\phi5$ 和 $\phi8$ 孔导正；导正销装在落料凸模上，考虑其拆装方便，与落料凸模间隙配合(H7/h6)，并以一横向插销支承，导正销结构如图 2-133 所示。为简化结构，模具不设始用挡料销，首次冲裁以目测定位，使落料工位切除少许材料，为下次送进提供了挡料面。

(4)卸料方式。采用弹压卸料方式，制件和废料均由漏料孔落下。

(5)工作零件。冲孔凸模自然为台阶式，落料凸模采用直通结构，便于线切割加工，尾部用螺钉固定以承受卸料力，见图 2-134。根据凹模刃口左右最大间距(119mm)和表 2-26、表 2-27，以及条料宽度、导料板和挡料销的布置等因素，初定凹模板的外形尺寸为 200mm×180mm×25mm，凹模板最后设计见图 2-135。冲孔凸模选材 T10A，落料凸模和凹模则用 Cr12MoV 制造。

1-上模座 2-凸模固定板 3-插销 4-导正销 5-落料凸模 6-垫板 7、8-冲孔凸模
9、17、18-螺钉 10、13-销钉 11-下模座 12-导料板 14-卸料板 15-挡料销 16-凹模

图 2-132　级进模结构总图

(a) 导正销 1　　　　　　　　(b) 导正销 2

材料：45　　　热处理：43~48HRC

图 2-133　导正销

图 2-134　落料凸模

6. 压力机型号与标准件选用

【知识链接】　1.3.2　压力机的选用与冷冲模的安装；2.7.3　卸料与出件装置。

图 2-136　凹模板

材料：Cr12MoV　　　热处理：56~60 HRC

（1）压力机型号

根据总冲压力 $F_\Sigma = 243.6\text{kN}$，选压力机型号为 J23-25。其主要参数为：

公称压力：250kN；装模高度：165～220mm；垫板孔径：ϕ200mm；台面尺寸：560mm×370mm；模柄安装孔：ϕ40mm×60mm。

（2）模架规格选择

根据附录 5，选中间导柱标准模架，凹模最大边界为 200mm×160mm，上、下模座厚度分别为 40mm 和 45mm，闭合高度为 160～200mm，与所选压力机规格适应。

（3）弹性元件的选用

以橡胶板为弹性件，计算和选用过程如下：

1）橡胶块的工作压缩量，即卸料板的行程由几部分组成：凸模修磨量（取 5mm）、凸模凹进卸料板距离（1mm）、料厚（1.2mm）、凸模进入凹模深度（1mm）。故橡胶的工作压缩量为：

$$\Delta H_1 = (5+1+1.2+1) = 8.2\text{mm}。$$

2）橡胶预压缩量约为工作压缩量的一半，即：$\Delta H_0 = \Delta H_1/2 = 4.1\text{mm}$，允许最大压缩量为 $\Delta H_2 = 8.2+4.1 = 12.3\text{mm}$。

3）橡胶的自由高度取 $H_0 = \Delta H_2/0.37 \approx 33\text{mm}$。

4）查图 2-71 曲线图，取矩形橡胶，单位面积压力为 $q=0.5\text{MPa}$。由 $A \times q \geqslant F_X$，得所需橡胶块的截面积：$A = 6900/0.5 = 13800\text{mm}^2 \approx 138\text{cm}^2$。

5）将尺寸为 $138\text{cm}^2 \times 3.3\text{cm}$ 的橡胶板切成若干块，使满足 $0.5 \leqslant = \dfrac{H_0}{D} \leqslant 1.5$ 的要求。装

配时均匀布置于卸料板周边及凸模周围。

7. 协调模具尺寸,完成模具设计

根据以上计算,可协调模具零件高度尺寸为:垫板 6mm,固定板 20mm,卸料板 18mm,凹模 24mm,凸模 65mm,依此可计算模具闭合高度为179mm。固定板、凹模及卸料板的平面轮廓尺寸均为 193mm×160mm。

8. 模具制造要点

【知识链接】 2.7 冲裁模主要零部件的结构设计与制造。

此模具的制造要点是凹模板、固定板、卸料板等孔系零件和落料凸模的加工,需保证相关孔较高的相对坐标精度。装配则以凹模板为基准,垫片法调整间隙,可参照前述案例(例 2-10)。这里介绍落料凸模的加工工艺。

落料凸模如图 2-134 所示,显然,刃口可以用线切割加工成形,但关键在于如何保证两个安装导正销的孔与落料刃口的位置精度(与 R7.83 和 R15.79 同心)。

解决方法有二:一是线切割加工前磨削两个侧面基准(A、B),使与两孔中心连线平行和垂直,并精确测量孔到基准面距离 a、b,线切割时找正基准面后按尺寸 a、b 确定两孔中心坐标,如图 2-136 所示。此方法基准面的磨削比较麻烦。

图 2-136 直接找正两孔中心

另一种方法是制作和使用二类工具:将一块比凸模断面尺寸大(便于支承)、一定厚度(刚度和强度足够)的板,磨两面及两侧面,再在坐标镗床或数控铣床上加工φ6 和φ9 二孔,用两个圆柱销将凸模工件与板连接,以两孔中心为基准,割凸模刃口,如图 2-137 所示。为保证板的强度和支承刚度,可于工件轮廓外另钻一穿丝孔,作为加工路径起点,避免板被割断。此法无需磨工件的侧基准面,但二类工具尺寸较大,并与工件同时被割,增加了耗材。

因此,落料凸模的制造工艺过程可安排如下:

10)备料。锻造毛坯并退火处理,尺寸 130mm×75mm×40mm。

20)铣。铣六面至 124mm×65.8mm×35mm。

30)磨。磨上、下端面以及两直角面。

40)钳工。划各孔位线,保证刃口周边余量均匀。钻 2-φ2.8 和 2-M6 孔。

50)坐标镗。正确定位、装夹工件,钻铰φ6 和φ9 孔。

60)检验

70)热处理。淬火、回火至 58～62HRC。

80)磨。磨上、下端面至 65mm。

90)钳工。清洁、抛光φ6 和φ9 孔。

100)线切割。用二类工具支承工件,找正后割出落料刃口。

110)清洁、抛光。

工件

二类工具

穿丝孔

基准面

b

a

图 2-137　用二类工具找正基准

120)检验。

9. 总结

此项目设计过程的关注点在工艺方案的分析和确定上。一是直对排样零件的隔位级进冲压,既保证了一定的生产效率,又简化了模具结构,减小了模具尺寸,降低了模具成本;二是级进模首次冲压的定位问题,一般采用始用挡料销或侧刃,一般不见目测定位,而此项目采用了首件目测定位的方法,进一步简化了模具结构,同时由于直对排难免的料头废料,也不容易造成料耗增加。由此可见,冲压工艺及模具方案的确定,不可墨守成规,必须针对产品的特点和要求,进行细致入微的研究,不断优化,得到综合效益最佳的工艺和模具结构。

制造方面,落料凸模的加工工艺值得总结,其实还有其他的加工方法,请读者思考。

第三章 弯 曲

弯曲是将板材、管材、棒料等弯成具有一定曲率和角度，使具有一定形状和尺寸的冲压工序。弯曲是冲压的基本工序之一，在冲压生产中占有很大的比重。

根据弯曲成形方式的不同，弯曲方法可分为压弯、折弯、滚弯和拉弯等，最常见的是在普通压力机上利用模具进行压弯。虽然不同的弯曲方法所用的设备与工具不尽相同，但其变形过程和特点存在着一些共同的规律。本章讲述弯曲工艺及弯曲模。

3.1 弯曲变形分析

3.1.1 弯曲变形过程

如图 3-1 所示，为 V 形弯曲变形过程。在弯曲的开始阶段，板料发生弹性弯曲，如图(a)所示。随着凸模的下压，弯曲力臂逐渐变小，弯矩和压力则增大，板料表面层开始发生塑性变形，进入弹-塑性弯曲阶段。当板料与凹模工作表面逐渐贴合时，曲率半径由 r_0 变为 r_1，弯曲力臂也由 L_A 变为 l_1，如图(b)所示。凸模继续下压，弯曲力臂进一步减小，弯曲变形区进一步缩小，

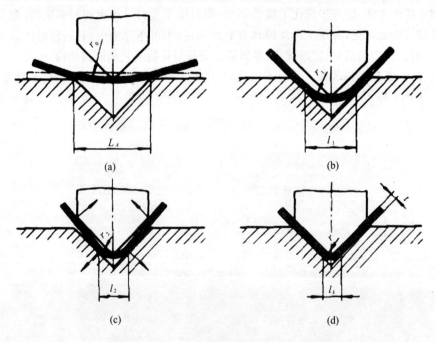

图 3-1　V 形弯曲变形过程

其塑性变形的成分和变形程度继续增大,但同时,弯矩作用区(与凹模面相切的两点之间)以外的材料沿切点发生偏转,逐渐脱离凹模面,直到与凸模接触,此时板料与凹模仅两点相切接触,张角小于凹模角,曲率半径和弯曲力臂分别减小至 r_2 和 l_2,如图(c)所示。当凸模继续下压,逐渐进入塑性弯曲阶段,弯曲半径进一步减小,工件张角则增大,直至凸模、板料与凹模三者完全贴合并压紧,板料的内侧弯曲半径等于凸模圆角半径 r,此过程中材料受到强烈的挤压作用,无论直边或圆角部分,受挤压的材料内部都产生很大的压应力,使得到的弯曲件形状更加稳定,称为校正弯曲。如图(d)所示。

U形弯曲由于同时弯两个角度,其过程与V形弯曲有所不同,如图 3-2 所示。板料首先发生弹性弯曲,从与凹模面和凸模底面贴合变为 A、B、C、D 四点接触,CD 段板料呈弧形,如图(a)所示;当凸模继续下行,凸模圆角处与材料接触面逐渐增大,进入弹-塑性弯曲阶段,如图(b)所示;当凸模圆角越过凹模圆角一段距离时,板料的直边部分与凸模侧面贴合,如图(c)所示,若为无底凹模,弯曲过程基本结束,称为自由弯曲,这时凸模底部的材料与凸模未能贴合,直边与凸模侧面的贴合程度也视凸、凹模间隙大小而不同,间隙越大,靠近圆角处贴合得越差。若为有底凹模,通常凸模继续下行,直至板料与凹模底部接触,如图(d)所示,这个阶段材料基本不发生进一步变形;当凸模继续下压,底部材料逐渐与凹模和凸模底部完全贴合并被压紧,如图(e)所示。这个过程中,材料内部产生很大压应力,发生切向压缩变形,并使圆角区材料也受到强烈挤压,内部压应力急剧增大,从而得到校正、定形。若要使弯曲件侧边也得到校正,则需将凸模或凹模制成活动结构,使弯曲时模具间隙可调,以便对板料施加校正力。

图 3-2　U形弯曲变形过程

3.1.2 弯曲变形的特点

1. 弯曲变形区及其应力应变状态

为研究板料弯曲时的变形特点,常采用画网格的方法进行辅助分析。通过在板料侧壁画出正方形网格,然后观察弯曲后的网格变化,如图 3-3 所示。分析变形前后侧壁网格变化可以发现:在弯曲中心角 α 的范围内,正方形网格变成了扇形,而直边部分除靠近圆角处的网格有少量变形外,其余部分均未发生变形,可见塑性变形区主要集中在圆角部分。在弯曲变形区,板料内缘的$\overparen{aa}$弧长小于弯曲前的$\overline{aa}$直线长度,外缘的$\overparen{bb}$弧长大于弯曲前的$\overline{bb}$直线长度,说明弯曲时外侧材料切向受拉发生了伸长变形,内侧材料切向受压发生了收缩变形。由内、外表面至板料中心,其缩短和伸长的程度逐渐变小,则其间必有一层金属在弯曲变形前后保持不变,称为应变中性层。

(a) 弯曲前

(b) 弯曲后

图 3-3　板料弯曲前后网格的变化

从弯曲变形区的横截面来看,则有两种情况,如图 3-4 所示。当板料相对宽度 $B/t<3$(窄板)时,内区宽度增加,外区宽度减小,原矩形截面变成了扇形(图 3-4(a));当板料相对宽度 $B/t\geqslant3$(宽板)时,横截面尺寸几乎不变,基本保持为矩形(图 3-4(b))。

图 3-4　弯曲变形区的横截面变化

由此,可分析变形区应力应变情况如下:

(1)应变情况。弯曲变形主要是板料中性层内外纤维的缩短和伸长,所以切向主应变的绝对值最大,根据体积不变定律,另外两个主方向上必然产生与切向应变相反的应变。由此可得:在弯曲的内区,切向应变 ε_θ 为压应变,料厚方向的应变 ε_t 为拉应变;在弯曲的外区,切向应变 ε_θ 为拉应变,料厚方向的应变 ε_t 为压应变。

在宽度方向上,应变性质本应与料厚方向相同,但由于材料的变形是相互制约的,宽度方向材料的多少决定了该方向上的自由变形能否实现。对于窄板弯曲,宽度方向材料少,相互制约较弱,自由变形得以实现,因此内区的宽度方向应变 ε_ϕ 与 ε_θ 相反为拉应变,外区在宽度方向的应变 ε_ϕ 为压应变;对于宽板弯曲,宽度方向材料多,相互制约力大,抑制了材料的自由变形,因此无论是内区还是外区,均可近似认为宽度方向的应变 $\varepsilon_\phi=0$。

(2)应力情况。变形区材料的切向应力 σ_θ 性质为:内区为压应力,外区为拉应力,板料表面的应力绝对值最大,由表及里逐渐减小,内部也必然存在应力值为零的应力中性层;在料厚方向,由于弯曲时变形区曲度增大,以及金属各层之间的相互挤压作用,从而产生压应力 σ_t,在板料表面,$\sigma_t=0$,由表及里逐渐递增,至应力中性层处达到最大值。

在宽度方向,窄板弯曲时由于材料能够自由变形,所以无论内、外区均有 $\sigma_\phi=0$;而宽板弯曲时,内区的自由伸长被抑制,所以产生了压应力,即 $\sigma_\phi<0$,外区的自由收缩被抑制,所以产生了拉应力,即 $\sigma_\phi>0$。

板料弯曲变形时的应力应变状态可归纳于表 3-1。

表 3-1　板料弯曲时的应力应变状态

板料类型	变形区域	应力状态	应变状态	特　点
窄板 $B/t<3$	内区			平面应力 三向应变
	外区			
宽板 $B/t\geqslant3$	内区			三向应力 平面应变
	外区			

2. 变形程度

塑性弯曲必先经过弹性弯曲阶段。在弹性弯曲时，受拉的外区与受压的内区以中性层为界，中性层位于料厚中央，其应力、应变值均为零。设弯曲内表面圆角半径为 r，弯曲中心角为 α，中性层曲率半径为 $\rho(\rho=r+t/2)$，如图 3-5 所示。则距离中性层 y 处的切向应变和应力为：

$$\varepsilon_\theta=\ln\frac{(\rho+y)\alpha}{\rho\alpha}=\ln(1+\frac{y}{\rho})\approx\frac{y}{\rho} \tag{3-1}$$

$$\sigma_\theta=E\varepsilon_\theta=E\frac{y}{\rho} \tag{3-2}$$

式中　ε_θ——切向应变；

　　　σ_θ——切向应力；

　　　ρ——中性层半径；

　　　α——弯曲中心角；

　　　y——到中性层的距离；

　　　E——材料的弹性模量（MPa）。

可见切向应力和变形与弯曲角和弯曲中心角无关，而与 $\frac{y}{\rho}$ 近似成正比。在变形区的内、外表面，切向应力和应变达到最大值，即：

$$\varepsilon_{\theta\max}=\pm\frac{t/2}{r+t/2}=\pm\frac{1}{1+2r/t} \tag{3-3}$$

$$\sigma_{\theta\max}=E\varepsilon_{\theta\max}=\pm\frac{E}{1+2r/t} \tag{3-4}$$

图 3-5　弯曲半径和弯曲中心角

当 $|\sigma_{\theta\max}|<\sigma_s$，可推得：$r/t>\frac{1}{2}(\frac{E}{\sigma_s}-1)$，此时板料由表及里所有材料仅发生弹性变形，称作弹性弯曲；当 r/t 减小到 $\frac{1}{2}(\frac{E}{\sigma_s}-1)$ 时，板料变形区内、外表面开始发生塑性变形，随着 r/t 继续减小，塑性变形区域由内、外表面向中心逐步扩展，弹性变形区域则逐步缩小，板料由弹性变形过渡为弹-塑性变形；一般当 $r/t\leqslant4\sim5$ 时，材料变形区内部的弹性变形区域已很小，可近似看作纯塑性弯曲。弹性弯曲、弹-塑性弯曲和纯塑性弯曲的切向应力分布情况如图 3-6 所示。

因此，生产中常用 r/t 表示弯曲变形程度的大小。r/t 越小，变形程度越大，反之亦然。

(a)弹性弯曲 (b)弹–塑性弯曲 (c)纯塑性弯曲

图 3-6　弯曲变形区的切向应力分布

3. 中性层内移

在弹性弯曲阶段,板料的应力中性层与应变中性层重合,并位于料厚的中间位置,即 $t/2$ 处;随着 r/t 的减小,发生弹-塑性弯曲或纯塑性弯曲时,由于厚度方向的应力值增大,中性层位置由料厚的中央向内侧移动,并且应力中性层的位移量大于应变中性层的位移量。

4. 变形区板料的厚度变薄和长度增加

根据前面的分析(表 3-1),变形区的内区受压使板料增厚,外区受拉使板料变薄,但由于中性层向内移动,外拉区扩大,内压区缩小,板料的变薄大于增厚,所以板料总体上呈变薄。表 3-2 列出了 90°弯曲时不同变形程度下的料厚变薄情况,由表可见,r/t 越小,变薄量越大。

表 3-2　90°弯曲时的料厚变薄

r/t	0.1	0.25	0.5	1.0	2.0	3.0	4.0	>4
弯曲后料厚	$0.82t$	$0.87t$	$0.92t$	$0.96t$	$0.99t$	$0.992t$	$0.995t$	t

3.2　弯曲成形要点

弯曲变形过程中,变形区应力应变的性质、大小和分布形态极不均匀,弯曲时坯料运动幅度较大,并与凹模发生强烈摩擦,使得弯曲件容易产生一些质量缺陷,如弯裂、回弹、偏移、截面翘曲与畸变、表面擦伤等。对这些缺陷必须深入分析,通过有效的工艺手段加以消除和预防。

3.2.1　最小弯曲半径与防止工件弯裂

1. 最小相对弯曲半径

前面已述,相对弯曲半径 r/t 反映了弯曲变形程度,r/t 越小,变形程度越大,r/t 越大,变形程度越小。我们还知道,弯曲变形区内、外侧表面的切向应力绝对值最大,并与 r/t 近似成反比。因此,如果 r/t 小到某个数值,即弯曲变形程度达到某个水平,变形区外侧表面的切向拉应力将达到材料的抗拉强度,板料必然发生开裂,而此时外表面的伸长变形量即为塑性变形极限,弯曲半径即为最小弯曲半径 r_{min}。故:以材料的伸长率 δ 代替式(3-3)的 $\varepsilon_{\theta max}$,可得:

$$r_{min}/t = \frac{1}{2}\left(\frac{1}{\delta} - 1\right)$$

(3-5)

$r_{\min}/t$ 反映了材料的极限弯曲变形程度。

2. 影响最小相对弯曲半径的因素

(1)材料的塑性及热处理状态

由式(3-5)可知,材料的塑性越好,即其断后伸长率 δ 越大,$r_{\min}/t$ 就越小。另外,材料经退火处理后,塑性提高,δ 值增大,$r_{\min}/t$ 较小,而冷作硬化后的材料塑性降低,$r_{\min}/t$ 较大。

(2)板料的弯曲方向

板料经轧制后的纤维组织呈现明显的方向性,进而在机械性能上表现出各向异性。沿纤维方向的力学性能较好,抗拉强度高,不易拉裂。因此,弯曲线与纤维组织方向垂直时的 $r_{\min}/t$ 值,比弯曲线与纤维组织方向平行时的 $r_{\min}/t$ 值小,如图 3-7 所示。

(3)板料的表面和侧面质量

当板料表面及侧面不光洁、有毛刺时,弯曲时容易造成应力集中而增加破裂倾向,$r_{\min}/t$ 的值增大,在这种情况下需选用较大的相对弯曲半径。

图 3-7　板料纤维方向对 $r_{\min}/t$ 的影响

(4)弯曲中心角 α

根据前面的讨论,板料的弯曲变形程度只与 r/t 有关,而与弯曲中心角 α 无关。但在实际弯曲过程中由于靠近圆角的直边部分也参与了变形,扩大了变形区的范围,分散和减轻了集中在圆角部分的弯曲应变,从而减缓了弯裂的危险。弯曲中心角 α 越小,弯曲伸长的弧线越短,减缓作用越明显,变形越均匀,因而 $r_{\min}/t$ 越小。

由于影响板料最小相对弯曲半径的因素较多,通常用试验方法确定 $r_{\min}/t$ 的数值,见表 3-3。

表 3-3　最小相对弯曲半径 $r_{\min}/t$

材　　料	退火状态		冷作硬化状态	
	弯　曲　线　的　位　置			
	垂直纤维方向	平行纤维方向	垂直纤维方向	平行纤维方向
08、10、Q195、Q215	0.1	0.4	0.4	0.8
15、20、Q235	0.1	0.5	0.5	1.0
25、30、Q255	0.2	0.6	0.6	1.2
35、40、Q275	0.3	0.8	0.8	1.5
45、50	0.5	1.0	1.0	1.7
55、60	0.7	1.3	1.3	2.0

材　　料	退火状态		冷作硬化状态	
	弯　曲　线　的　位　置			
	垂直纤维方向	平行纤维方向	垂直纤维方向	平行纤维方向
铝	0.1	0.35	0.5	1.0
纯铜	0.1	0.35	1.0	2.0
软黄铜	0.1	0.35	0.35	0.8
半硬黄铜	0.1	0.35	0.5	1.2
磷铜	—	—	1.0	3.0
Cr18Ni9	1.0	2.0	3.0	4.0

注:1. 当弯曲线与纤维方向不垂直也不平行时,可取垂直和平行方向二者的中间值;

　　2. 冲裁或剪裁后的板料若未作退火处理,则应作为硬化的金属选用;

　　3. 弯曲时应使板料有毛刺的一边处于弯角的内侧。

3. 控制弯裂的措施

为消除或防止弯曲时开裂,可以采取以下措施:

(1)通过热处理工艺或采用塑性较好的材料,降低其 r_{min}/t 值,改善弯曲成形性能。

(2)采取加热弯曲,或多次弯曲、中间退火的工艺方法,提高材料塑性,减小最小弯曲半径。

(3)去除板料剪切面的毛刺,采用整修、挤光、滚光等方法改善板料表面和侧面质量,消除或减轻应力集中。

(4)对于较小的毛刺,弯曲时将毛刺一面朝向弯曲内侧。

(5)合理排样和剪裁板料,使弯曲方向与材料纤维垂直,当弯曲件具有两个相互垂直的弯方向时,应使两个弯曲线与纤维方向成 45°夹角(见图 3-7)。

(6)采用整形工艺。即先以大于 r_{min} 的弯曲半径进行弯曲,然后通过整形工艺(见第六章)减小曲率半径,使零件形状尺寸达到要求。

(7)在弯曲较厚板料时,如结构允许,可采取先在弯角内侧开出工艺槽后再进行弯曲的工艺,以增大实际相对弯曲半径,如图 3-8(a))、(b))所示。对于薄料,可在弯角处压出工艺凸肩,减小弯曲中心角和局部变形量,如图 3-8(c))所示。

图 3-8　工艺槽和工艺凸肩

3.2.2 弯曲件的回弹及应对措施

弯曲过程中,板料在发生塑性变形的同时,还伴随着弹性变形。当外载荷去除后,弹性变形恢复,致使弯曲件的形状和尺寸都发生变化,这种现象称为回弹[参见图1-7及式(1-6)]。由于弯曲变形时内压和外拉区的变形方向相反,其回弹方向也相反,这两部分材料的反向回弹加剧了弯曲件圆角半径和弯曲角的增大。与其他成形工艺相比,弯曲变形时变形区料厚方向的应力分布最不均匀,回弹对弯曲件精度的影响更为显著,是弯曲成形必须应对的重要问题。

回弹的大小通常用弯曲件的弯曲半径或弯曲角与凸模圆角半径或圆弧张角的差值来表示,如图3-9所示,即

$$\Delta\varphi = \varphi - \varphi_p \qquad (3\text{-}6)$$
$$\Delta r = r - r_p \qquad (3\text{-}7)$$

式中 $\Delta\varphi$、Δr——弯曲角与弯曲半径的回弹值;

φ、r——弯曲件的弯曲角与弯曲半径;

φ_p、r_p——凸模的角度和弯曲半径。

1. 影响回弹的因素

(1)材料的力学性能

根据材料的应力-应变曲线和卸载规律易得,回弹量的大小与材料的屈服强度 σ_s 成正比,与弹性模量 E 成反比,即 σ_s/E 越大,则回弹越大。如图3-10所示,曲线1为退火状态的软钢拉伸时的应力应变曲线,曲线2为该材料经冷作硬化后的应力应变曲线(弹性模量 E 不变,σ_s 增大),将它们拉伸到同样变形量 ε_P 时卸载,回弹量分别为 $\Delta\varepsilon_1$ 和 $\Delta\varepsilon_2$,显然 $\Delta\varepsilon_2 > \Delta\varepsilon_1$。而曲线3所代表的材料其 σ_s 与曲线1相当,但弹性模量 E 小于曲线1,发生同样的变形后其回弹量 $\Delta\varepsilon_3$ 也比曲线1的大。

(2)相对弯曲半径 r/t

当其他条件相同时,回弹量随 r/t 值的增大而增大。原因在于当 r/t 增大时,弯曲变形程度减小,其中塑性变形和弹性变形成分均减小,但总变形中弹性变形所占比例在增加,如图3-10中,曲线1上 P_1 点比 Q 点的 r/t 大,$\varepsilon_P < \varepsilon_Q$,但 $\Delta\varepsilon_1/\varepsilon_P > \Delta\varepsilon_Q/\varepsilon_Q$。这即是大曲率半径的制件难以弯曲成形的原因。

(3)弯曲角度 φ

φ 越小(弯曲中心角 α 越大),弯曲变形区域就越大,因而回弹积累越大,回弹量也就越大。

(4)弯曲件形状

弯曲件形状复杂时,一次弯曲的成形角数量较多,各部分相互牵制作用较大,弯曲中拉伸变形的成分也较大,因而回弹量就小。所以,一般 U 形件弯曲比 V 形件弯曲的回弹要小,而 形件弯曲的回弹比 U 形件更小。

(5)弯曲方式

图 3-9 弯曲件的回弹

图 3-10 材料的力学性能和变形程度对回弹的影响

校正弯曲比自由弯曲的回弹量小,其原因有二。一是校正弯曲对直边部分的强力压平而产生压缩变形,会使其在弯曲后发生与弯曲方向相同的负回弹(参见图 3-1、3-2),使弯曲张角减小;二是对直边校正时,材料内部产生了很大的切向压应力,并传递到圆角变形区,使圆角区的材料压应力区域扩大,甚至整个料厚均为压应力状态,内、外区回弹方向一致,对弯曲角和圆角半径变化的影响相反,部分被抵消,从而减少了变形区引起的正回弹。因此,校正弯曲比自由弯曲的正回弹大为减少,有时甚至得到整体出现负回弹的结果。

(6)模具间隙

在弯曲 U 形件时,凸、凹模之间的间隙对回弹有较大的影响。间隙较大时,材料处于松动状态,与凸、凹模侧面的贴合程度低,回弹就大;间隙较小时材料被挤紧,与凸、凹模侧面贴合更好,回弹较小。

2. 回弹量的确定

影响回弹的因素较多,且各因素之间存在相互影响,难以进行精确的计算分析。在模具设计时,除运用 CAE 软件模拟弯曲成形并计算回弹量外,可先根据经验数值和简单的计算初步确定模具工作部分的尺寸,然后在试模时加以修正。

(1)小变形程度($r/t \geqslant 10$)自由弯曲时的回弹量

当 $r/t \geqslant 10$ 时,弯曲角和弯曲半径的回弹量都较大。此时,在考虑回弹后,可根据材料的有关参数,用下列公式计算回弹补偿时弯曲凸模的圆角半径及角度。

$$r_p = \frac{1}{1/r + 3\sigma_s/Et} \tag{3-8}$$

$$\varphi_p = 180° - \frac{r}{r_p}(180° - \phi) \tag{3-9}$$

式中　φ、r——弯曲件的弯曲角与弯曲半径;
　　　φ_p、r_p——凸模的角度和弯曲半径;
　　　σ_s——材料屈服强度,MPa;
　　　E——材料弹性模量,MPa;
　　　t——材料厚度,mm。

(2)大变形程度($r/t < 5 \sim 8$)自由弯曲时的回弹量

当 $r/t < 5 \sim 8$ 时,弯曲半径变化不大,可以不予考虑,只需考虑弯曲角的回弹量。表 3-4 为自由弯曲 V 形件、弯曲角为 90°时部分材料的平均回弹角。当弯曲角度不为 90°时,回弹角应作如下修正:

$$\Delta\varphi_x = \frac{\varphi\Delta\varphi_{90°}}{90} \tag{3-10}$$

式中　$\Delta\varphi_x$——弯曲角为 x 的回弹角;
　　　$\Delta\varphi_{90°}$——弯曲角为 90°的回弹角,见表 3-4;
　　　φ——制件的弯曲角。

(3)棒料弯曲

棒料弯曲时,其凸模圆角半径按下式计算:

$$r_p = \frac{1}{1/r + 3.4\sigma_s/Ed} \tag{3-11}$$

式中　d——棒材直径,mm。

表 3-4　单角自由弯曲 90°时的平均回弹角 $\Delta\phi_{90°}$

材　　料	r/t	材料厚度 t/mm		
		<0.8	0.8~2	>2
软钢 $\sigma_b=350\text{MPa}$	<1	4°	2°	0°
黄铜 $\sigma_b=350\text{MPa}$	1~5	5°	3°	1°
铝和锌	>5	6°	4°	2°
中硬钢 $\sigma_b=400\sim500\text{MPa}$	<1	5°	2°	0°
硬黄铜 $\sigma_b=400\sim500\text{MPa}$	1~5	6°	3°	1°
硬青铜	>5	8°	5°	3°
硬钢 $\sigma b>550\text{MPa}$	<1	7°	4°	2°
	1~5	9°	5°	3°
	>5	12°	7°	6°
硬铝 2A12	<2	2°	3°	4°30′
	2~5	4°	6°	8°30′
	>5	6°30′	10°	14°

（4）校正弯曲时的回弹量

校正弯曲时也不需要考虑弯曲半径的回弹，只考虑弯曲角的回弹值。弯曲角的回弹值可按表 3-5 中的经验公式计算。

表 3-5　V 形件校正弯曲时的回弹角 $\Delta\phi$

材　　料	弯 曲 角 φ			
	30°	60°	90°	120°
08、10、Q195	$\Delta\varphi=0.75r/t-0.39$	$\Delta\varphi=0.58r/t-0.80$	$\Delta\varphi=0.43r/t-0.61$	$\Delta\varphi=0.36r/t-0.26$
15、20、Q215、Q235	$\Delta\varphi=0.69r/t-0.23$	$\Delta\varphi=0.64r/t-0.65$	$\Delta\varphi=0.434r/t-0.36$	$\Delta\varphi=0.37r/t-0.58$
25、30、Q255	$\Delta\varphi=1.59r/t-1.03$	$\Delta\varphi=0.95r/t-0.94$	$\Delta\varphi=0.78r/t-0.79$	$\Delta\varphi=0.46r/t-1.36$
35、Q275	$\Delta\varphi=1.51r/t-1.48$	$\Delta\varphi=0.84r/t-0.76$	$\Delta\varphi=0.79r/t-1.62$	$\Delta\varphi=0.51r/t-1.71$

3. 减少回弹的措施

在实际生产中，由于塑性变形的同时总是伴随着弹性变形，又存在着材质及板厚等差异，要完全消除弯曲件的回弹是不可能的。但可以采取一些措施来减小或补偿回弹导致的误差，以提高弯曲件的精度。

（1）合理设计弯曲件

在设计弯曲件时，尽量避免选用过大的相对弯曲半径 r/t。如有可能，在弯曲变形区压出加强肋或成形边翼，以提高弯曲件的刚度，抑制回弹，如图 3-11 所示。

此外，在满足使用性能的条件下，应选用 σ_s/E 小，力学性能稳定和板料厚度波动小的材料，以减小回弹。

（2）采用合适的弯曲工艺

1）采用校正弯曲代替自由弯曲。

2）采用拉弯工艺。对曲率半径大、尺寸较大的制件，用普通弯曲方法弯曲时，由于回弹大而不易成形。拉弯是将这类制件在切向施加较大的拉应力下进行弯曲，使弯曲件变形区的整个断面都处于同向拉应力状态，卸载后变形区的内、外区回弹方向一致，从而达到减小回弹的目的，如图 3-12 所示。

图 3-11 改善制件结构减小回弹

图 3-12 拉弯工艺

3)对经冷作硬化后的材料在弯曲前进行退火处理,弯曲后再用热处理方法恢复其性能。对回弹较大的材料,必要时可采用加热弯曲。

(3)合理设计弯曲模结构

1)回弹角补偿。根据弯曲件的回弹趋势和回弹量的大小,在凸模上减去回弹角(图 3-13(a)、(b)、(c)),使弯曲件弯曲后其回弹得到补偿。利用这种模具结构补偿回弹,凸、凹模间隙应取较小值,一般单边间隙按 $Z = t_{\min}$ 选取,以保证弯曲时板料与模面贴合。对 U 形件,还可将凸、凹模底部设计成弧形(图 3-13(d)),弯曲后利用底部向上的回弹来补偿两直边向外的回弹。

图 3-13 补偿回弹

2)增大变形区压力。在弯曲凸模直边部分设置台阶,使压力集中作用在弯曲变形区,以增大变形区的变形程度,从而减少回弹,如图 3-14 所示。

3)采用橡胶或聚氨酯软凹模来代替金属的刚性凹模进行弯曲,弯曲时圆弧半径由大变小的过程中,变形区材料始终紧贴凸、凹模型面,材料有附加的拉伸变形,并排除了直边的变形和回弹,从而回弹减小。如图 3-15 所示。此法还可防止坯料的偏移。

图 3-14　增大变形区压力减小回弹

图 3-15　采用软凹模弯曲减小回弹　　　　图 3-16　端部加压减小回弹

4)采用端部加压弯曲。在弯曲终了时,利用模具对板料端部施加压力,使弯曲变形内、外区均产生压应力以减小回弹,如图 3-16 所示。

5)增大背压或模具间隙可调。对于 U 形弯曲,如果相对弯曲半径较小,可增大顶件力(即背压),使凸模底部材料始终与凸模底部和顶件块贴合,板料在开始变形时即为双角弯曲,其实质也是使直边部分产生负回弹,抵消圆角部分产生的正回弹。另外,还可以采用活动凹模或活动凸模使模具间隙可调,从而实现对侧面直边的校正,并增大圆角区的压应力。

3.2.3　坯料的偏移及应对措施

在弯曲过程中,坯料沿凹模圆角滑移时会受到摩擦力。当弯曲件不对称,以及受模具状态(粗糙度、间隙均匀、圆角大小等)不对称等因素影响,坯料两侧所受的摩擦力不平衡,在弯曲时坯料易产生偏移,使弯曲线不在指定的位置,从而造成制件边长不符合要求。坯料的偏移也是弯曲成形中不可忽视的重要问题。

为防止坯料偏移,在实际弯曲时通常采用以下方法:

(1)模具采用压料装置(或增大顶件力),使坯料在压紧的状态下逐渐弯曲成形,如图3-17所示。这样不仅可以防止坯料偏移,还可以减少回弹,提高成形质量。

(2)可靠定位。利用坯料结构设置合理可靠的定位板或定位销,或另冲工艺孔定位,使坯料在弯曲过程中无法移动,如图 3-18 所示。

(3)合体成形。对于尺寸较小的不对称弯曲件,可两件组合,成对弯曲,弯曲后再切断,如图 3-19 所示。这样坯料在弯曲时受力平衡,不易产生偏移。

图 3-17　采用压料装置

图 3-18　弯曲件毛坯的定位　　　　图 3-19　成对弯曲

（4）提高模具制造质量。模具工作零件的加工尽量保证形状、尺寸的对称，以及表面粗糙度的相同，模具装配时使凸、凹模间隙均匀，如此可防止对称弯曲件的坯料偏移。

3.2.4　翘曲和剖面畸变

对于细而长的板料弯曲件，弯曲后常会沿纵向产生翘曲变形，如图 3-20 所示。这是因为板料宽度尺寸（折弯线方向的轮廓尺寸）太大，刚度不足，弯曲成形后，在弯曲内区宽度方向的压应力（见表 3-1）作用下失稳，宽度方向的自由变形（弯曲外区的压应变和内区的拉应变）得以实现所致。翘曲现象可通过校正弯曲的方法加以控制。

剖面畸变是指弯曲后坯料断面发生变形的现象，窄板弯曲时的剖面畸变见图 3-4。而弯曲管材或其他型材时，由于径向（料厚方向）压应力 σ_t 的作用，也会产生如图 3-21 所示的剖面畸变现象，弯曲时可通过模具结构形状进行控制。另外，薄壁管的弯曲还会出现内侧面失稳起皱的现象，这是切向压应力 σ_θ 作用的结果，可在弯曲时在管中加填料（如沙子），增大其刚性和抗失稳能力。

图 3-20　弯曲后的翘曲　　　　　图 3-21　型材、管材弯曲后的剖面畸变

3.3 弯曲成形的工艺计算

3.3.1 弯曲件坯料尺寸计算

弯曲件的坯料尺寸是落料模设计的条件,其正确与否直接影响到弯曲件的尺寸精度。其计算的总原则是按弯曲后的应变中性层展开,中性层的总长即为坯料长度。

1. 应变中性层的确定

确定中性层位置是计算弯曲件弯曲部分长度的前提。坯料在塑性弯曲时,中性层发生内移,且相对弯曲半径越小,中性层内移量越大。中性层位置以曲率半径 ρ 表示,常用下列经验公式确定:

$$\rho = r + xt \tag{3-12}$$

式中 r——弯曲件的内弯曲半径;

 t——材料厚度;

 x——中性层位移系数,见表 3-6。

表 3-6 中性层位移系数 x 值

r/t	0.1	0.2	0.3	0.4	0.5	0.6	0.7	0.8	1.0	1.2
x	0.21	0.22	0.23	0.24	0.25	0.26	0.28	0.30	0.32	0.33
r/t	1.3	1.5	2	2.5	3	4	5	6	7	$\geqslant 8$
x	0.34	0.36	0.38	0.39	0.40	0.42	0.44	0.46	0.48	0.50

2. 展开尺寸的计算

弯曲件展开长度等于各直边部分长度与各圆弧部分长度之和。直边部分的长度是不变的,而圆弧部分的长度则须考虑材料的变形和中性层的位移。根据生产实际,通常将弯曲件展开尺寸的计算分为以下三种:

(1)$r/t > 0.5$ 的弯曲件

此类零件变薄不严重,断面畸变较少,可按中性层展开长度展开计算即可,即以下式计算:

$$L = \sum l_i + \sum (r_i + x_i t)\pi \frac{\alpha_i}{180} \tag{3-13}$$

式中 L——坯料展开总长度(mm);

 l_i——直边长度(mm);

 α——弯曲中心角(°)。

如图 3-22 所示弯曲件,其展开长度为:$L = l_1 + l_2 + \frac{\pi\alpha}{180}\rho$

$= l_1 + l_2 + \frac{\pi\alpha}{180}(r + xt)$

图 3-22 $r/t > 0.5$ 的弯曲件

(2)$r/t < 0.5$ 的弯曲件

此类弯曲件变形区的材料变薄严重,因此应根据变性前后体积不变原则计算坯料长度。通常采用表 3-7 所列经验公式计算。

表 3-7　$r/t<0.5$ 的弯曲件坯料长度计算公式

简 图	计算公式	简 图	计算公式
	$L_z=l_1+l_2+0.4t$		$L_z=l_1+l_2+l_3+0.6t$ （一次同时弯曲两个角）
	$L_z=l_1+l_2-0.43t$		$L_z=l_1+2l_2+2l_3+t$ （一次同时弯曲四个角） $L_z=l_1+2l_2+2l_3+1.2t$ （分两次弯曲四个角）

（3）铰链式弯曲件

铰链件通常采用图 3-23 所示的推圆方法成形，在卷圆过程中坯料增厚，中性层外移，其坯料长度 L 可按下式近似计算：

$$L=l+1.5\pi(r+x_1t)+r\approx l+5.7r+4.7x_1t \tag{3-14}$$

图 3-23　铰链式弯曲件

式中　l——直线段长度；

　　　r——铰链内半径；

　　　x_1——中性层位移系数，见表 3-8。

表 3-8　卷边时中性层位移系数 x_1

r/t	0.5~0.6	0.6~0.8	0.8~1.0	1.0~1.2	1.2~1.5	1.5~1.8	1.8~2.0	2.0~2.2	>2.2
x_1	0.76	0.73	0.7	0.67	0.64	0.61	0.58	0.54	0.5

需要注意的是，材料特性、工件厚度、弯曲形状与尺寸、弯曲方式与弯曲工艺等因素都会影响弯曲件长度的变化。因此，上述计算公式只适用于形状比较简单、尺寸精度要求不高的弯曲件。对于形状比较复杂或精度要求高的弯曲件，在利用上述公式初步计算坯料长度后，还需反复试弯进行修正，以确定坯料的形状及尺寸。

3.3.2　弯曲力计算

弯曲力是拟定板料弯曲加工工艺和选择设备的重要依据之一，必须进行计算。板料弯曲时，开始是弹性弯曲，其后是变形区内外缘纤维首先进入塑性状态，并逐渐向板的中心扩展进行自由弯曲，最后是凸、凹模与板料贴合并压紧的校正弯曲，各阶段的弯曲力是不同的。

由于在生产实际中弯曲力受弯曲方法、模具结构等诸多因素影响，很难进行精确的理论计算，通常都采用经验公式来计算。

1. 自由弯曲力

V 形件的弯曲力

$$F_{自} = \frac{0.6KBt^2\sigma_b}{r+t}$$ (3-15)

U 形件的弯曲力

$$F_{自} = \frac{0.7KBt^2\sigma_b}{r+t}$$ (3-16)

形件的弯曲力

$$F_{自} = 2.4Bt\sigma_b ac$$ (3-17)

式中 $F_{自}$——冲压行程结束时的自由弯曲力，N；

 B——弯曲件的宽度（mm）；

 r——弯曲件的内弯曲半径（mm）；

 t——弯曲件材料厚度（mm）；

 σ_b——材料的抗拉强度（MPa）；

 K——安全系数，一般取 $K=1.3$；

 a——系数，见表 3-9；

 c——系数，见表 3-10。

表 3-9 系数 a 值

r/t ＼ 断后伸长率 $\delta(\%)$	20	25	30	35	40	45	50
10	0.416	0.379	0.337	0.302	0.265	0.233	0.204
8	0.434	0.398	0.361	0.326	0.288	0.257	0.227
6	0.459	0.426	0.392	0.358	0.321	0.290	0.259
4	0.502	0.467	0.437	0.407	0.371	0.341	0.312
2	0.555	0.552	0.520	0.507	0.470	0.445	0.417
1	0.619	0.615	0.607	0.680	0.576	0.560	0.540
0.5	0.690	0.688	0.684	0.680	0.678	0.673	0.662
0.25	0.704	0.732	0.746	0.760	0.769	0.764	0.764

表 3-10 系数 c 值

Z/t ＼ r/t	10	8	6	4	2	1	0.5
1.20	0.130	0.151	0.181	0.245	0.388	0.570	0.765
1.15	0.145	0.161	0.185	0.262	0.420	0.605	0.822
1.10	0.162	0.184	0.214	0.290	0.460	0.675	0.830
1.08	0.170	0.200	0.230	0.300	0.490	0.710	0.960
1.06	0.180	0.204	0.250	0.322	0.520	0.755	1.120
1.04	0.190	0.222	0.277	0.360	0.560	0.835	1.130
1.05	0.208	0.250	0.355	0.410	0.760	0.990	1.380

注：Z 为凸、凹模间隙，一般有色金属 Z/t 介于 1.0 至 1.1 之间，黑色金属 Z/t 介于 1.05 至 1.15 之间。

2. 校正弯曲力

板料经自由弯曲阶段后，开始与凸、凹模表面全面接触，此时如果凸模继续下行，零件受到模具强烈挤压，弯曲力急剧增大，成为校正弯曲。校正弯曲的目的在于减少回弹量，提高弯曲质量。V 形件和 U 形件的校正力均按下式计算：

$$F_校 = Aq \tag{3-18}$$

式中　$F_校$——校正弯曲力（N）；

　　　A——校正部分在垂直于凸模运动方向上的投影面积（mm^2）；

　　　q——单位面积校正力（MPa），其值见表 3-11。

表 3-11 单位面积校正力 q　　　　　　　（MPa）

材　料	材　料　厚　度 t/mm			
	$\leqslant 1$	$1 \sim 3$	$3 \sim 6$	$6 \sim 10$
铝	$10 \sim 20$	$20 \sim 30$	$30 \sim 40$	$40 \sim 50$
黄铜	$20 \sim 30$	$30 \sim 40$	$40 \sim 60$	$60 \sim 80$
10、15、20 钢	$30 \sim 40$	$40 \sim 60$	$60 \sim 80$	$80 \sim 100$
20、30、35 钢	$40 \sim 50$	$50 \sim 70$	$70 \sim 100$	$100 \sim 120$

3. 冲压机公称压力的确定

选择冲压设备时，公称压力的大小是主要的技术参数之一。

若弯曲模有顶件装置或压料装置，其顶件力 F_D（或压料力 F_Y）可以近似取自由弯曲力的 $30\% \sim 80\%$，即：

$$F_D(F_Y) = (0.3 \sim 0.8)F_自 \tag{3-19}$$

因此，对于有压料的自由弯曲，压力机公称压力为

$$p = (1.6 \sim 1.8)(F_自 + F_Y) \tag{3-20}$$

对于校正弯曲，由于校正弯曲力是发生在接近压力机下止点的位置，且校正弯曲力比压料力或顶件力大得多，故 F_Y 值可忽略不计，压力机公称压力可取

$$p = (1.1 \sim 1.3)F_校 \tag{3-21}$$

3.4　弯曲件的工艺设计

3.4.1　弯曲件的工艺性

弯曲件的工艺性是指弯曲件对冲压工艺的适应性，包括结构形状、尺寸、精度、材料及技术要求是否符合弯曲加工的工艺要求。具有良好工艺性的弯曲件，能简化弯曲工艺过程及模具结构，提高弯曲件的质量。

1. 材料的性能

弯曲成形时，回弹和弯裂是核心问题，二者都受材料性能的影响。前文已述，材料的塑性越好，极限弯曲变形程度越大，弯裂倾向越小；材料的 σ_s/E 越小，回弹量就越小。因此，材料的断后伸长率越高、屈服强度越低、弹性模量越大，其弯曲工艺性越好。

2. 弯曲件的结构与尺寸

（1）弯曲件的形状

弯曲件的形状应尽可能对称，弯曲半径左右一致，以防止弯曲变形时材料受力不均匀产生偏移。对于非对称弯曲件，或精度要求较高的对称件，为保证工件的准确定位和防止偏移，最好设置可靠定位，可利用零件本身孔位或预添定位工艺孔，如图 3-24(b)、(c)）所示。

当弯曲变形区附近有缺口时,若在坯料上将缺口冲出,弯曲时会因非变形区(直边)削弱而使变形区应力减小,变形量不足,产生直边不平、开口张大的现象,严重时甚至无法弯曲成形。这时可在缺口处留出连接带,待弯曲成形后,再行切除,如图 3-24(a)、(b)所示。

图 3-24　增加连接带和定位工艺孔

（2）圆角半径

板料弯曲半径过小时,外层材料拉伸变形量过大,将会出现裂纹而使弯曲件报废。因此,弯曲件的相对弯曲半径 r/t 应大于最小相对弯曲半径。但也不宜过大,相对弯曲半径过大时,回弹量增大,不易保证精度。

（3）直边高度

在进行直角弯曲时,为使变形力足够,变形充分、稳定,须使直边高度 $H \geqslant 2t$。若 $H <$ $2t$,则需压槽(厚板料),或增加弯边高度,弯曲后再将其切除,如图 3-25 所示。

图 3-25　直边高度

（4）弯曲件上孔的位置

若工件在弯曲线附近有预先冲出的孔,在弯曲时由于材料的流动,会使原有的孔变形。为了避免这种情况,这些孔距变形区必须有足够的距离。一般地,孔边缘到弯曲圆角区的距离要保证:当 $t < 2$ mm 时,$l \geqslant t$;当 $t \geqslant 2$ mm 时,$l \geqslant 2t$。如图 3-26 所示。

如工件不能满足上述要求时,应弯曲后再冲孔。如果结构允许,也可在弯曲变形区相应位置预先冲出工艺槽或工艺孔,以消除孔附近的材料流动,防止孔的变形,如图 3-27 所示。

图 3-26　孔到弯曲部位的最小距离　　　　　　图 3-27　防止变形区附近孔的变形

（5）工艺孔、槽

在局部弯曲某一段边缘时，为了防止交接处的材料由于应力集中而产生撕裂，交界处应完全离开变形区，可将弯曲线位移一定距离，如图 3-28（a）、（b）所示，或预先冲出一个卸荷孔或卸荷槽，如图 3-28（c）、（d）所示。

图 3-28　局部弯曲时材料的交接

3. 弯曲件的精度

弯曲件的精度与很多因素有关，如弯曲件材料的机械性能和材料厚度，模具结构和模具精度，工序的多少和顺序，弯曲模的安装和调整情况，以及弯曲件本身的形状和尺寸等。对弯曲件的精度要求应合理，一般弯曲件长度的尺寸公差等级在 IT13 级以下，角度公差大于 $15'$。弯曲件长度未注公差的极限偏差见表 3-12，弯曲件角度的自由公差见表 3-13。

表 3-12　弯曲件未注公差的长度尺寸的极限偏差

长度尺寸 l/mm		3～6	>6～18	>18～50	>50～120	>120～260	>260～500
材料厚度 t/mm	≤2	±0.3	±0.4	±0.6	±0.8	±1.0	±1.5
	2～4	±0.4	±0.6	±0.8	±1.2	±1.5	±2.0
	≥4	—	±0.8	±1.0	±1.5	±2.0	±2.5

表 3-13　弯曲件角度的自由公差值

弯边长度 l/mm	～6	>6～10	>10～18	>18～30	>30～50
角度公差 $\Delta\beta$	±3°	±2°30′	±2°	±1°30′	±1°15′
弯边长度 l/mm	>50～80	>80～120	>120～180	>180～260	>260～360
角度公差 $\Delta\beta$	±1°	±50′	±40′	±30′	±25′

4. 弯曲件的尺寸标注

弯曲件尺寸标注形式,也会影响冲压工序的安排和弯曲成形的难度。例如,图 3-29 所示是弯曲件孔的位置尺寸的三种标注形式。其中采用图(a)所示的标注方法时,孔的位置精度不受坯料展开长度和回弹的影响,大大简化了工艺设计;采用图(b)、(c)所示的标注形式,受弯曲回弹的影响,冲孔只能安排在弯曲之后进行,增加了工序,还会造成诸多不便。因此,弯曲件的尺寸标注应在满足零件使用要求的前提下,使弯曲工艺和模具尽量简化。

图 3-29　弯曲件的尺寸标注

3.4.2　弯曲件的工序安排

弯曲件的工序安排应根据工件形状的复杂程度、精度要求的高低、生产批量的大小,以及材料等因素综合考虑。合理的工序安排,可以减少工序,简化模具设计,提高工件的质量和产量。

1. 弯曲件工序安排的一般原则

(1)对于形状简单的弯曲件,如 V 形、L 形、U 形、Z 形件等,可以采用一次弯曲成形。对于形状复杂的弯曲件,一般需要采用多次弯曲成形。

(2)对于批量大而尺寸较小的弯曲件,为使操作方便、定位准确和提高生产率,应尽可能采用冲裁、弯曲的连续冲压或复合冲压。

(3)在确定排样方案时,应使弯曲线与板料轧纹方向垂直(尤其当弯曲半径较小时)。若工件有多个不同的弯曲方位时,应尽量使各弯曲线与轧纹方向均保持一定的角度。

(4)对于弯曲半径过小的弯曲件,应通过加热弯曲、多次弯曲、弯曲后整形等工艺措施防止开裂,确保弯曲件质量。

(5)对孔位精度要求较高或邻近弯曲变形区的孔,应安排在弯曲成形后冲出。

(6)需多次弯曲时,弯曲次序一般是先弯两端,后弯中间部分,前次弯曲应考虑后次弯曲有可靠的定位,后次弯曲不能影响前次已成形的形状。

(7)对于非对称弯曲件,为避免弯曲时坯料偏移,应尽可能采用成对弯曲后再切成两件的工艺。如图 3-19 所示。

2. 典型弯曲件的工序安排

图 3-30 所示为典型的一次或多次弯曲以及铰链件的弯曲工序安排,供制定零件弯曲工艺时参考。

弯曲件的工序安排并不是一成不变的,在实际生产中,要具体分析生产条件和生产规模,力求所确定的弯曲工艺能够获得最好的技术经济效果。

(a) 一道工序弯曲成形

一次弯曲

二次弯曲

(b) 二道工序弯曲成形

一次弯曲

二次弯曲

三次弯曲

(c) 三道工序弯曲成形

一次弯曲

二次弯曲

三次弯曲

四次弯曲

(d) 四道工序弯曲成形

第一道工序

第二道工序

(e) 铰链件弯曲工序的安排

图 3-30　典型弯曲件的工序安排

3.5　弯曲模典型结构

弯曲模的结构主要取决于弯曲件的形状及弯曲工序的安排。由于弯曲件的种类很多，形状不一，因此弯曲模的结构类型也是多种多样的。

3.5.1　单工序弯曲模

单工序弯曲模工作时通常只有一个垂直运动，完成的制件有 V 形件、L 形件、U 形件、Z 形件等，模具结构相对简单。

1. V形件弯曲模

图 3-31 所示为 V 形件弯曲模的基本结构。凸模 3 装在标准槽形模柄 1 上，并用两个销钉 2 固定。凹模 5 通过螺钉和销钉直接固定在下模座上。弯曲前坯料由定位板 4 定位，顶杆 6 和弹簧 7 组成顶件装置，弯曲时起压料作用，可防止坯料偏移，回程时又可将弯曲件从凹模内顶出。根据不同要求，顶杆顶部形状亦可制成尖爪状，甚至采用顶板形式，以提高防止坯料偏移的效果。

该模具的特点是结构简单，在压力机上安装及调整方便，对材料厚度的公差要求不高。适用于两直边相等的 V 形件弯曲，在弯曲终了时可对制件进行一定程度的校正，回弹较小。

图 3-32 所示为 V 形精弯模，两块活动凹模 4 通过转轴 5 铰接，定位板 3 固定在活动凹模上。弯曲前顶杆 7 将转轴顶到最高位置，使两块活动凹模成一水平面。在弯曲过程中坯料始终与活动凹模和定位板接触，以防止弯曲过程中坯料的偏移。这种结构特别适用于有精确孔位定位的小零件、坯料不易放平稳的窄条状零件以及没有足够压料面的零件弯曲。但由于凹模和转轴强度所限，校正力不宜过大，不适于厚板料弯曲件。

1-槽形模柄　2-销钉　3-凸模　4-定位板
5-凹模　6-顶杆　7-弹簧
图 3-31　V形件弯曲模

1-凸模　2-支架　3-定位板　4-活动凹模
5-转轴　6-支承板　7-顶杆
图 3-32　V形精弯模

2. L形件弯曲模

对于两直边不相等的 L 形弯曲件，如果采用一般的 V 形弯曲模弯曲，两直边的长度不容易保证，此时可采用图 3-33 所示的模具结构。其中图（a）适用于两直边长度相差不大的 L 形件，图（b）适用于两直边长度相差较大的 L 形件。由于是单边弯曲，弯曲时坯料容易偏移，因此必须在坯料上冲出工艺孔，利用定位销（件 4）定位。对于图（b），还必须采用压料板

6 将坯料压住,以防止弯曲时坯料上翘。另外,由于单边弯曲时凸模 1 将承受较大水平侧向力,因此需设置反侧压块 2,以平衡侧压力。反侧压块的高度要保证在凸模接触坯料以前先挡住凸模,为此,反侧压块应高出凹模 3 的上平面,其高度差 h 可按下式确定:

$$h \geqslant 2t + r_1 + r_2 \tag{3-22}$$

式中,t 为料厚,r_1 为反侧压块导向面入口圆角半径,r_2 为凸模导向面端部圆角半径,可取 $r_1 = r_2 = (2 \sim 5)t$。

1-凸模 2-反侧压板 3-凹模 4-定位销 5-顶板 6-压料板

图 3-33 L 形件弯曲模

3. U 形件弯曲模

图 3-34 所示为下出件 U 形件弯曲模,弯曲后零件被凸模直接从凹模内推下,不需手工取出弯曲件,模具结构很简单,且对提高生产率和安全生产有一定意义。但这种模具不能进行校正弯曲,弯曲件的回弹较大,底部也不够平整,适用于高度较小、底部平整度要求不高的小型 U 形件。为减小回弹,弯曲半径和凸、凹模间隙应取较小值。

图 3-35 所示为上出件 U 形件弯曲模,坯料用定位板 4 和定位销 2 定位,凸模 1 下压时将坯料及顶板

图 3-34 下出件 U 形弯曲模

3 同时压下,待坯料在凹模 5 内成形后,凸模回升,弯曲后的零件就在弹顶器(图中未画出)的作用下,通过顶杆和顶板顶出,完成弯曲工作。该模具的主要特点是在凹模内设置了顶件装置,弯曲时顶板能始终压紧坯料,因此弯曲件底部平整。同时顶板上还装有定位销 2,可利用坯料上的孔(或工艺孔)定位,即使 U 形件两直边高度不同,也能保证弯边高度尺寸。如果要进行校正弯曲,可调节闭合高度,使得下死点时顶板压紧下模座。

图 3-36 所示为 U 形精弯模,其弯曲凸模或凹模由 2 个活动镶块组成,凸、凹模间隙能适应不同的料厚。自由弯曲结束后,在底部平面得到校正的同时,由于斜楔 2 的作用,活动镶块对弯曲件侧边也进行压紧、校正,从而获得回弹小、质量高、尺寸精确的弯曲件。回程时,活动镶块在弹簧 1 的作用下复位。其中,图(a)为活动凸模结构,适于标注外形尺寸的弯曲件,图(b)为活动凹模结构,适于标注内口尺寸的制件。

图 3-37 所示为弯曲角小于 90° 的闭角 U 形弯曲模,在凹模 4 内安装有一对可转动的凹

1-凸模　2-定位销　3-顶板　4-定位板　5-凹模　6-下模座

图 3-35　上出件 U 形弯曲模

1-复位弹簧　2-斜楔　3-活动凸模镶块　4-活动凹模镶块

图 3-36　U 形精弯模

模镶件 5,其缺口与弯曲件外形相适应。凹模镶件受拉簧 6 和止动销的作用,非工作状态下总是处于图示位置。模具工作时,坯料在凹模 4 和定位销 2 上定位,随着凸模的下压,坯料先在凹模 4 内弯曲成夹角为 90°的 U 形过渡件。当工件底部接触到凹模镶件后,凹模镶件就会相向转动而使工件最后成形。凸模回程时,带动凹模镶件反转,并在拉簧作用下保持复位状态。同时,顶杆 3 配合凸模一起将弯曲件顶出凹模,最后将弯曲件由垂直于图面方向从凸模上取下。

工件

1-凸模　2-定位销　3-顶杆　4-凹模　5-凹模镶件　6-拉簧　7-下模座　8-弹簧座　9-弹簧

图 3-37　闭角 U 形件弯曲模

4. 凵形件弯曲模

根据形件的高度、弯曲半径及尺寸精度要求不同,有一次成形弯曲模和二次成形弯曲模。

图 3-38 所示为凵形件的一次成形弯曲模。图(a)是一次直接弯曲,弯曲过程中由于凸模肩部妨碍了坯料的转动,外角弯曲线不断上移,并且随着凸模的下压,坯料通过凹模圆角的摩擦力逐步增加,使得弯曲件侧壁容易擦伤和变薄,同时弯曲后容易产生较大的回弹,使得弯曲件两肩与底部不平行。但当弯曲件高度较小时,上述影响不太大。图(b)采用了摆块式凹模,弯曲件的质量比图(a)好,可用于弯曲 r 较小的凵形件,但模具结构复杂些。图(c)实质上是两次弯曲,但被复合为一副模具,工作时凸凹模 1 和外角弯曲凹模 2 先进行外角弯曲,活动凸模 3 与下模座 5 接触不能下移后,凸凹模继续下行,完成内角弯曲。回程时,通过顶杆 4、活动凸模 3 或推杆 7、推板 6,顶出或推出制件。这种复合结构成形质量好,生产效率高。但凹模内空间应足够大,保证工件翻转不受干涉。另外,顶杆 4 的顶件力应大于内角弯曲力,以保证先弯外角后弯内角。图(d)是带摆块的复合弯曲,由于弹顶器压力较大,工作时首先由凹模 2 和活动凸模 3 进行内角弯曲,当推板 6 与凹模 2 底部接触后,迫使活动凸模下行,摆块 9 向外张开,完成外角弯曲。但结构复杂,各部结构尺寸要精确计算。

图 3-39 所示为凵形件的二次成形弯曲模。首次弯曲外角,得到 U 形工序件,第二次弯曲内角,完成凵形件成形。由于第二次弯曲内角时工序件需倒扣在凹模上定位,为了保证凹模的强度,凵形件的高度 H 应大于 $(12\sim15)t$。

(a)一次直接弯曲　　　　　　(b)摆动凹模弯曲

(c)复合弯曲　　　　　　(d)带摆动块的复合弯曲

1-凸凹模　2-凹模　3-活动凸模　4-顶杆　5-下模座　6-推板　7-推杆　8-垫板　9-摆动块

图 3-38　凵形件一次成形弯曲模

1-凸模　2-定位板　3-凹模 4-顶件块　5-下模座

图 3-39　凵形件二次成形弯曲模

5.　Z 形件弯曲模

Z 形件一次弯曲即可成形。图 3-40(a)所示的 Z 形件弯曲模结构简单,但由于没有压料装置,弯曲时坯料容易滑动,只适用于精度要求不高的零件。

图 3-40(b)的 Z 形件弯曲模设置了顶板 1 和定位销 2,能有效防止坯料的偏移。反侧压块 3 的作用是平衡上、下模之间水平方向的错移力,同时也为顶板导向,防止其窜动。

图 3-40(c)的 Z 形件弯曲模,弯曲时活动凸模与顶板 1 将坯料压紧,并由于橡皮 8 弹力较大,推动顶板下移使坯料左端弯曲。当顶板接触下模座 11 后,橡皮被压缩,凸模 4(此时

已由反侧压块 3 可靠导向并挡住)相对于活动凸模 10 下移将坯料右端弯曲成形。当压块 7 与上模座 6 接触并压紧时,整个弯曲件得到校正。

1-顶板　2-定位销　3-反侧压板　4-凸模　5-凹模　6-上模座
7-压块　8-橡皮　9-凸模托板　10-活动凸模　11-下模座

图 3-40　Z 形件弯曲模

6. 圆形件弯曲模

圆筒形弯曲件,可根据尺寸大小进行分类:直径 $d \leqslant 5$mm 的属小圆形件,直径 $d \geqslant$ 20mm 的属大圆形件。弯小圆形件的方法是先弯成 U 形,再将 U 形弯(或卷)成圆形。用模具弯曲圆形件通常限于中小型件,大直径圆形件可采用滚弯成形。

图 3-41(a)所示为用两套简单模弯圆的方法。由于工件小,分两次弯曲操作不便,可将两道工序合并,如图 3-41(b)、(c)所示。其中图(b)为有侧楔的一次弯曲模,上模下行时,芯棒 3 先将坯料弯成 U 形,随着上模继续下行,侧楔 7 便推动活动凹模 8 将 U 形弯成圆形;图(c)是另一种一次弯圆模,上模下行时,压板 2 将滑块 6 往下压,滑块带动芯棒 3 先将坯料弯成 U 形,然后凸模 1 再将 U 形弯成圆形。如果工件精度要求高,可旋转工件连冲几次,以获得较好的圆度。弯曲后工件由垂直于图面方向从芯棒上取下。

图 3-42 所示是用三道工序弯曲大圆的方法,这种方法生产率低,适用于料厚较大的工件。图 3-43 是用两道工序弯曲大圆的方法,先预弯成三个 120°的波浪形,然后再利用第二套模具弯成圆形,工件沿凸模轴向取下。

(a)

(b)　　　　　　　(c)

1-凸模　2-压板　3-芯棒　4-坯料　5-凹模　6-滑块　7-侧楔　8-活动凹模

图 3-41　小圆弯曲模

(a) 首次弯曲　　　　(b) 二次弯曲　　　　(c) 三次弯曲

图 3-42　大圆三次弯曲模

(a) 首次弯曲　　　　　　　　　　　　　(b) 二次弯曲

1-凸模　2-凹模　3-定位板

图 3-43　大圆两次弯曲模

7. 铰链件弯曲模

标准的铰链都是采用专用设备生产的,生产率很高,价格便宜,只有当选不到合适标准铰链件时才用模具弯曲,铰链件的弯曲工序安排见图 3-30(e)。铰链卷圆的原理通常是采用推圆法,图 3-44(a)所示为第一道工序的预弯模。图 3-44(b)是立式卷圆模,结构简单。图 3-44(c)是卧式卷圆模,有压料装置,操作方便,零件质量也较好。

(a)　　　　　　　　　　　(b)　　　　　　　　　　　(c)

1-斜楔　2-凹模　3-凸模　4-弹簧

图 3-44　铰链件弯曲模

8. 其他形状零件的弯曲模

其他形状件的弯曲模,因其形状、尺寸、精度要求及材料等各不相同,难以有一个统一的弯曲方法,只能在实际生产中根据各自的工艺特点采取不同的弯曲方法。图 3-45～图 3-47是三种不同特殊形状零件的弯曲模实例。

1-凸模　2-定位板　3-凹模　4-滚轴　5-挡板

图 3-45　滚轴式弯曲模

1-摆动凸模　2-压料装置　3-凹模

图 3-46　带摆动凸模的弯曲模

1-凸模　2-定位板　3-摆动凹模

图 3-47　带摆动凹模的弯曲模

3.5.2 级进模

对于批量大、尺寸小的弯曲件,为了提高生产率和操作安全性,可以采用级进弯曲模进行多工位的冲裁、弯曲、切断等工序的连续冲压,如图 3-48 所示。但一般为多工位级进模,将在第七章详细介绍。

图 3-48　弯曲件连续冲压的排样

3.5.3 复合模

对于尺寸不大的弯曲件,还可以采用复合模生产,即在压力机一次行程内,在模具的同一位置完成落料、弯曲、冲孔等几种不同工序。生产效率高,适合生产批量大的弯曲件。图 3-49(a)、(b)是切断、弯曲复合模结构简图。图 3-49(c)是落料、弯曲、冲孔复合模,模具结构紧凑,工件精度高,但凸凹模修磨困难。

图 3-49　复合弯曲模

3.5.4 通用弯曲模

对于小批量生产或试制生产的弯曲件,采用专用的弯曲模时成本高、周期长,采用手工加工时劳动强度大、精度不易保证,所以生产中常采用通用弯曲模。

用通用弯曲模不仅可以成形一般的 V 形件、U 形件,还可成形精度要求不高的复杂形状弯曲件。图 3-50 所示是经过多次 V 形弯曲成形复杂零件的实例。

图 3-50　多次 V 形弯曲成形复杂零件

图 3-51 所示为折弯机上使用的通用弯曲模。凹模的四个面分别制出适应于弯制零件的几种槽口(图 3-51a)。凸模有直臂式和曲臂式两种,工作圆角半径作成几种尺寸,以便按工件需要更换,如图 3-51(b)、(c)所示。

(a) 通用凹模　　　(b) 直臂式凸模　(c) 曲臂式凸模

图 3-51　折弯机用弯曲模的端面形状

3.6　弯曲模工作零件的设计

弯曲模工作零件的设计,主要是确定凸、凹模工作部分的圆角半径,凹模深度,凸、凹模间隙,横向尺寸及公差等。弯曲凸、凹模工作部分的结构形式如图 3-52 所示。

（a） （b） （c）

图 3-52 弯曲凸、凹模工作部分的结构形式

3.6.1 凸、凹模结构尺寸设计

1. 凸模圆角半径

当弯曲件的相对弯曲半径 $r/t < 5 \sim 8$、且不小于 r_{min}/t 时，凸模圆角半径取等于弯曲件的圆角半径。若 $r/t < r_{min}/t$，则可先弯成较大的圆角半径，然后再采用整形工序进行整形。

当弯曲件的相对弯曲半径 $r/t \geqslant 10$ 时，还应考虑回弹，根据回弹值对凸模的圆角半径作相应的修正。

2. 凹模圆角半径

凹模口部圆角半径 r_d 不能过小，否则坯料沿凹模圆角滑进时阻力增大，从而增大弯曲力，并使毛坯表面擦伤或出现压痕。同时，对称压弯件两边的凹模圆角半径应一致，否则压弯过程中毛坯会产生偏移。生产中，凹模口部圆角半径 r_d 通常根据材料厚度选取：

$t \leqslant 2mm$ 时，$r_d = (3 \sim 6)t$

$t = 2 \sim 4mm$ 时，$r_d = (2 \sim 3)t$

$t > 4mm$ 时，$r_d = 2t$

凹模底部圆角半径应小于凸模圆角半径与料厚之和。对于 V 形件凹模，其底部可开槽，或取圆角半径 $r_d' = (0.6 \sim 0.8)(r_p + t)$。对于 U 形弯曲，凹模底部可无过度圆角。

3. 凹模深度

凹模深度过小，则弯曲件两端的自由部分较长，与凸、凹模贴合较差，弯曲件回弹大且不平直；若凹模深度过大，则浪费模具材料，且需较大的压力机工作行程。

弯曲 V 形件时，凹模深度 l_0 及底部最小厚度 h 值可查表 3-14。

表 3-14 V 形件弯曲模的凹模深度 l_0 及底部最小厚度 h

弯曲件边长 l/mm	材料厚度 t/mm					
	$\leqslant 2$		$2 \sim 4$		> 4	
	h	l_0	h	l_0	h	l_0
$10 \sim 25$	20	$10 \sim 15$	22	15	—	—
$25 \sim 50$	22	$15 \sim 20$	27	25	32	30
$50 \sim 75$	27	$20 \sim 25$	32	30	37	35
$75 \sim 100$	32	$25 \sim 30$	37	35	42	40
$100 \sim 150$	37	$30 \sim 35$	42	40	47	50

弯曲 U 形件时,若弯边高度不大或要求两边平直,则凹模深度应大于弯曲件的高度,如图 3-52(b)所示,其值见表 3-15。若弯边高度较大,而对平直度要求不高时,可采用如图 3-52(c)所示的凹模形式,凹模深度 l_0 值见表 3-16。

表 3-15　U 形件弯曲凹模的 h_0 值　　　　　　　　　　　(mm)

材料厚度 t/mm	≤1	1~2	2~3	3~4	4~5	5~6	6~7	7~8	8~10
h_0	3	4	5	6	8	10	15	20	25

表 3-16　U 形件弯曲模的凹模深度 l_0　　　　　　　　　　(mm)

弯曲件边长 l/mm	材料厚度 t/mm				
	<2	1~2	2~4	4~6	6~10
<50	15	20	25	30	35
50~75	20	25	30	35	40
75~100	25	30	35	40	40
100~150	30	35	40	50	50
150~200	40	45	55	65	65

4. 凸、凹模间隙

对于 V 形件,凸模和凹模之间的间隙是由调整压力机的装模高度来控制的。对于 U 形件,凸、凹模之间的间隙对弯曲件的回弹、表面质量和弯曲力均有很大的影响。间隙越大,则回弹增大,弯曲件的误差越大;间隙过小,则会使弯曲件直边料厚减薄或出现划痕,降低模具寿命。

生产中,U 形件弯曲模的凸、凹模单边间隙一般可按如下公式确定:

弯曲有色金属时　　　　　　　　　　$Z = t_{min} + ct$　　　　　　　　(3-23)

弯曲黑色金属时　　　　　　　　　　$Z = t_{max} + ct$　　　　　　　　(3-24)

式中　Z——弯曲凸、凹模的单边间隙;

　　　t——弯曲件的材料厚度(基本尺寸);

　　　t_{min}、t_{max}——弯曲件材料的最小厚度和最大厚度;

　　　c——间隙系数,见表 3-17。

表 3-17　U 形件弯曲模凸、凹模的间隙系数 c 值

弯曲件高度 H/mm	材料厚度 t/mm								
	≤0.5	0.6~2	2.1~4	4.1~5	≤0.5	0.6~2	2.1~4	4.1~7.5	7.6~1.2
	弯曲件宽度 $B \leq 2H$				弯曲件宽度 $B > 2H$				
10	0.05	0.05	0.04	—	0.10	0.10	0.08	—	—
20	0.05	0.05	0.04	0.03	0.10	0.10	0.08	0.06	0.06
35	0.07	0.05	0.04	0.03	0.15	0.10	0.08	0.06	0.06
50	0.10	0.07	0.05	0.04	0.20	0.15	0.10	0.06	0.06
75	0.10	0.07	0.05	0.05	0.20	0.15	0.10	0.10	0.08
100	—	0.07	0.05	0.05	—	0.15	0.10	0.10	0.08
150	—	0.10	0.07	0.05	—	0.20	0.15	0.10	0.10
200	—	0.10	0.07	0.07	—	0.20	0.15	0.15	0.10

4.6.2　凸、凹模工作部分尺寸计算

弯曲凸模和凹模横向尺寸计算与工件尺寸的标注有关。一般原则是：标注弯曲件外侧尺寸时(图 3-53(a))，以凹模为基准件，间隙取在凸模上；标注弯曲件内形尺寸时(图 3-53(b))，以凸模为基准件，间隙取在凹模上。

(a)　　　　　　　　　(b)　　　　　　　　　　(c)

图 3-53　标注外形与内形的弯曲件及模具尺寸

(1)标注弯曲件外形尺寸时

$$L_d = (L_{max} - 0.75\Delta)_0^{+\delta_d} \tag{3-25}$$

$$L_p = (L_d - 2Z)_{-\delta_p}^{0} \tag{3-26}$$

(2)标注弯曲件内形尺寸时

$$L_p = (L_{min} + 0.75\Delta)_{-\delta_p}^{0} \tag{3-27}$$

$$L_d = (L_p + 2Z)_0^{+\delta_d} \tag{3-28}$$

式中　L_d、L_p——弯曲凸、凹模横向尺寸；

L_{max}、L_{min}——弯曲件的横向最大、最小极限尺寸；

Δ——弯曲件的横向尺寸公差；

δ_d、δ_p——弯曲凸、凹模的制造公差，可采用 IT7～IT9 级精度，一般取凸模精度比凹模精度高一级，但要保证 $\delta_d/2 + \delta_p/2 + t_{max}$ 的值在最大允许间隙范围内；

Z——凸、凹模单边间隙。

当弯曲件的精度要求较高时，其凸、凹模可以采用配制法加工。

3.7　弯曲模的制造与调试

弯曲模的制造虽然在零件加工手段上与冲裁模没有本质上的差别，但由于成形原理的大不相同以及模具零件技术要求的差异，在制造工艺流程上，弯曲模有其自身特点。

3.7.1　弯曲模制造要点

弯曲变形具有变形范围小、变形分布极不均匀、工件稳定性差的特点，容易产生成形缺陷，如回弹、翘曲等，并且其影响因素多而复杂，难以精确预知而优化模具设计，造成弯曲件形状、尺寸的较大误差，因此，弯曲成形对工作零件的形状、尺寸精度和粗糙度的要求较高。

在制造弯曲模时,往往采用以下工艺方法和手段。

1. 依赖试模、修整达到要求

零件加工时留较大余量,待模具装配完毕,通过反复试模、修模来消除缺陷,得到稳定的合格制件而完成模具制造。这种工艺方案对工人的技术水平要求高,手工作业量大,模具制造周期较长。当弯曲件很复杂,修整余量较大时,为使修模方便,有时先调试模具基本合格,再对工作零件进行淬火、回火处理,最后试模、精修到满足要求。

2. 先制造弯曲模,后制造落料模

对一些形状复杂或尺寸精度较高的弯曲件,毛坯尺寸的精度要求较高,工艺设计时展开料尺寸难以准确计算,必须通过弯曲模调试方可确定坯料尺寸。因此,只能在弯曲模制造和调试完毕后才能制造落料模。

3. 配制工作零件

在精加工凸、凹模或模具调试、修整时,对于尺寸标注在内形上的弯曲件,一般先加工凸模到尺寸,然后按间隙要求加工或修整凹模;对于尺寸标注在外形上的零件,应先加工凹模,凸模按凹模配制,并达到合理的间隙要求。

4. 圆角形状与尺寸

对于没有可靠定位的弯曲模,凸、凹模圆角的形状及尺寸精度必须左右对称,粗糙度相同,以避免板料在弯曲时因受力不平衡而发生偏移,影响弯曲件精度。

5. 工作零件的强度和耐磨

由于弯曲过程中坯料与凸、凹模表面摩擦严重,为提高模具寿命,以及防止工件擦伤,凸、凹模应选用工具钢并淬火处理(参见表 2-2),工作面及圆角部分均应抛光,并且保持一致性。对于活动凸模或凹模,作为非工作零件的转轴也应有较高的强度和耐磨度要求

6. 精度检测

在模具调试修整阶段,通常以标准样件或精密样板检查工作零件的形状、尺寸精度,样件或样板的精度应达到±0.05mm。机械加工时则根据不同的形状、结构以通常的量具检测。

3.7.2　数字化制造技术应用

弯曲成形的关键是对回弹、翘曲等缺陷的控制,前面所述的应对措施只是提供了解决问题的可能途径以及部分的经验数据,无助于设计精准的成形工艺和模具,只能以延长制造周期为代价补救于模具调试阶段。CAE/CAD/CAM 技术的应用使得在弯曲工艺和模具设计时,可以进行虚拟调试模具,通过调整工艺方案、改变工艺参数,基本消除成形缺陷或将其控制在较小范围后而获得比较准确的工艺方案和模具尺寸,并通过精密的数控加工获得高质量模具工作零件,从而提高模具质量并缩短制造周期。

利用计算机软件辅助弯曲模开发的大致流程如下:

(1)根据弯曲件数模和技术要求,初拟工艺方案,利用 CAD 软件构造弯曲模模型。

(2)设置弯曲材料的基本参数和弯曲工艺参数。

(3)利用 CAE 软件模拟弯曲过程,分析仿真结果和成形缺陷,调整工艺参数或更改方案,再次模拟,直至得到较满意结果,完成工艺方案和模具设计的优化。

(4)对模具工作零件进行加工工艺的分析和设计(包括毛坯、加工方式、刀具选用、走刀

路径、切削用量等),计算机编程,自动生成代码。

(5)数控加工零件。

在数字化设计和制造一体化应用的条件下,模具调试、修整的时间大为缩短。

3.7.3 弯曲模的装配与调试

1. 弯曲模的装配

弯曲模的装配方法基本上与冲裁模相同,即:确定装配基准件——按基准件装配有关零件——调整模具间隙——装配压料、顶件装置——模具调试。

弯曲模的间隙较冲裁模大得多,模具间隙调整相对简单,常用垫片法或直接用样件调整。但由于调试时需要反复修正凸、凹模工作部分的形状和尺寸,以消除回弹等缺陷,每次试冲均须重新调整间隙,因此,凸、凹模的定位销钉应在模具调试合格后配钻孔位而打入,弯曲模不太可能实现互换装配。弯曲模顶件或压料装置的行程也较大,选用的弹性件要有足够的弹力和压缩行程,也可在试模时确定。

对于无导向的简单弯曲模,可按图样要求分别装配上、下模,模具间隙在安装到压力机上时调整。

对于级进或复合弯曲模,除了弯曲工序外一般还有冲裁工序,通常以凹模或凸凹模为基准件进行总装配,冲裁和弯曲分别保证工艺要求。

2. 弯曲模的调试

弯曲模在试冲时常见的问题、产生原因以及修正方法见表 3-18。实际中常常多种缺陷同时存在,有时是独立的,有时是关联的,应加以综合分析,采取最有效的措施排除。

表 3-18　弯曲模试冲时常见的问题、产生原因以及修正方法

试冲时的问题	问题产生的原因	调整方法
弯曲件 回弹较大	1)回弹补偿量不够 2)凸模进入凹模深度不够 3)凸、凹模间隙过大 4)校正弯曲时的校正力不够	1)改变凸模的角度和形状 2)增加凹模型槽的深度 3)减小凸模与凹模之间的间隙 4)增加校正力或使校正力集中在变形部分
弯曲件 底面不平	1)推杆着力点分布不均匀 2)压料力不足 3)校正力不足	1)增加推杆并重新安排分布 2)增加压料力 3)增大校正力
弯曲件 产生偏移	1)弯曲力不平衡 2)定位不可靠 3)压料不牢	1)分析产生弯曲力不平衡的原因,加以消除或减少 2)增加定位销、定位板等可靠定位零件 3)增大压料力
弯曲部位开裂	1)板料的塑性差 2)弯曲线与板料的纤维方向平行 3)剪切断面的毛刺在弯曲的外侧	1)改用塑性好的板料或加热弯曲 2)改变落料排样,使弯曲线与板料纤维呈一定角度 3)去毛刺或使毛刺位于弯曲的内侧
弯曲件 表面擦伤	1)凹模圆角半径太小 2)工作面的粗糙度高 2)板料粘附在凹模上	1)增大凹模圆角 2)降低工作面粗糙度 3)工作表面合理润滑,或镀硬铬、表面强化处理

续表

试冲时的问题	问题产生的原因	调整方法
弯曲件尺寸 过长或不足	1)间隙过小,将材料拉长 2)压料力过大,将材料拉长 3)展开料计算错误或不准确	1)加大间隙值 2)减小压料装置的压力 3)落料尺寸应在弯曲模试模后确定

3.8 弯曲模设计项目

1. 项目要求

图 3-54 所示支架为一带 5 孔的四角弯曲件,材料为 08F,料厚 $t=1.5\text{mm}$,年产量为 2 万件,要求表面无可见划痕,各孔均不得变形,未注公差等级 IT14。试设计该产品的冲压工艺及弯曲模。

2. 工艺性分析

此冲压件成形包括冲裁、弯曲两类工序,材料为08F,塑性良好,适合冲压加工。

(1)弯曲工艺

【知识链接】 3.4.1 弯曲件的工艺性。

弯曲件结构、尺寸简单而对称,相对弯曲半径为1,大于表 3-3 所列的最小值($r_{\min}/t$);弯曲长度尺寸IT14 级,为经济精度,故弯曲工艺性较好,但由于对表面质量要求较高,在弯曲方式上应加以注意,另外,要控制好制件的回弹。

(2)冲裁工艺

【知识链接】 2.5.1 冲裁件的工艺性;3.4.1弯曲件的工艺性。

图 3-54 支架

弯曲件展开尺寸大致在 $110\text{mm} \times 30\text{mm}$ 左右,尺寸中等偏小,轮廓尺寸精度 IT14 级,各孔直径均大于允许的最小冲孔孔径,很适合冲裁。但 4-ϕ5 孔距弯曲变形区太近,且弯曲后的回弹也会影响孔距尺寸 36mm,故应安排在所有弯曲工序之后冲出;各孔的尺寸精度较高,应严格控制冲裁间隙。

据上分析,此托架零件的冲压工艺性良好,适于冲压成形。

3. 冲压工艺方案

【知识链接】 3.4.2 弯曲件的工序安排;3.5 弯曲模典型结构;2.5.3 冲裁工艺方案。

初拟该零件的弯曲成形方式得出图 3-55 所示的三种形式,图(a)方式为一次弯曲,图(b)方式分先外角、后内角两次弯曲,图(c)所示也是先外角、后内角两次弯曲,但弯曲外角时对内角进行了预弯。比较起来,图(a)方式不可取,因为弯曲行程较大,工件与凸模台肩、凹模表面的摩擦严重,制件表面质量差,回弹也较大,不能满足项目要求;图(b)、(c)的弯曲方

式避免了图(a)的缺陷,均可取。

图 3-55　弯曲方式

冲裁工序的安排,冲 4-φ5mm 孔安排在弯曲之后为必然,落料与冲 φ10mm 孔两工序组合也自然合理,但考虑冲裁件结构简单,以复合模冲裁为好。

据此,可行的冲压工艺方案有四个,简述如下:

方案一:四副模具,如图 3-56 所示。

10)落料、冲孔复合(冲 φ10mm 孔)。

20)弯曲(外角弯曲、内角预弯 45°)。

30)弯曲(内角弯曲)。

40)冲孔(冲 4-φ5mm 孔)。

(a)冲 φ10mm 孔与落料　　(b)弯外角与预弯内角　　(c)弯曲内角　　(d)冲 4×φ5mm 孔

图 3-56　方案一模具简图

方案二:四副模具。

10)落料、冲孔复合(同方案一)。

20)弯曲(弯两外角)。如图 3-57(a)所示。

30)弯曲(弯两内角)。如图 3-57(b)所示。

40)冲孔(同方案一)。

方案三:三副模具。

10)冲孔、切断、弯曲级进冲压(见图 3-58)。

20)弯曲(弯两内角,同方案二)。

30)冲孔(同方案一)。

方案四:一副模具。所有工序组合,采用多工位级进模连续冲压,图 3-59 为其排样图。

比较以上四套方案,分析如下:

(a) 弯两外角

(b) 弯两内角

图 3-57　方案二 20)、30)工序模具简图

图 3-58　方案三 10)工序模具简图

图 3-59　方案四多工位级进模冲压排样图

方案四效率最高,但模具结构复杂,制造周期长、成本高,安装、调试、维修困难,适于大批大量生产,与本产品生产批量不合,不予采纳。

方案二的优点是模具结构简单,制造周期短,模具寿命长,弯曲时定位可靠、基准统一,操作也方便。缺点是需要四副模具,工序较分散,占用设备和人员较多。

方案三与方案二在弯曲工艺上没有区别,只是采用了结构较复杂的级进、复合模,比方案二少用一副模具,但模具制造成本并不更低;由于没有落料搭边,材料利用率稍高,但是,剪裁条料时,料宽精度需严格控制。对于本项目要求,方案三应不如方案二合理。

方案一与方案二比较,模具数量相同,并且第 10)、40)工序的模具结构也完全相同,仅在第 20)、30)工序,方案一的模具比方案二的稍复杂,除此,方案一具有方案二所有的优点,并且由于外角弯曲时预弯内角,使得本来四处直角弯曲的两直边均得到校正,制件的回弹比方案二好,且容易控制。

综上分析,考虑本项目质量要求,选择方案一最为合理。

4. 主要工艺计算

(1)工序件尺寸计算

1)第 10 工序件

先计算弯曲件展开料长度。

【知识链接】 3.3.1　弯曲件坯料尺寸计算。

由于制件相对弯曲半径为 $r/t = 1 > 0.5$,按中性层展开长度计算。查表 3-6,得四个圆

角的中性层内移系数为 $x = 0.32$,根据图 3-54 和式(3-13),可计算展开料长度为:

$$L = \sum l_i + \sum (r_i + x_i t)\pi \frac{\alpha_i}{180}$$

$$=[49-4\times1.5-2\times1.5+2\times(30-1.5-2\times1.5)]$$

$$+[4\times(1.5+0.32\times1.5)\times3.14\times90\div180]$$

$$=91+12.44$$

$$\approx103.5\text{mm}。$$

易得第 10 工序件平面尺寸如图 3-60 所示。

图 3-60　第 10 工序件

进而确定板材规格、裁剪方案及材料利用率

【知识链接】　2.5.2　冲裁件的排样。

弯曲坯料形状为 103.5mm×30mm 的矩形,采用直排为必然。查表 2-19,取搭边值为 a=2mm,a1=1.5mm。由式(2-28)计算条料宽度为:B=103.5+2×2=107.5mm。排样图如图 3-61 所示。

图 3-61　第 10 工序排样图

材料规格选用 1.5mm×900mm×1800mm。

纵向裁剪时,每张板料可裁得条料数 900÷107.5=8(条),余料宽度为 40mm。

每件条料可冲零件(1800-1.5)÷31.5=57(件);

40mm×1800mm 的余料可冲制零件(1800-2)÷107.5=16(件);

每张板料可冲制零件 8×57+16=472(件)。

材料利用率为:

[472×(30×103.5－3.14×10²/4－4×3.14×5²/4)]/(900×1800)＝88.2％。

横向剪裁时,每张板料可裁得条料数 1800÷107.5＝16(条),余料宽度为 80mm。

每件条料可冲零件(900－1.5)÷31.5＝28(件);

80mm×900mm 的余料横向可冲两件,共可冲制零件 2×(900－2)÷107.5＝16(件);

每张板料可冲制零件 16×28＋16＝464(件)。

材料利用率为:

[464×(30×103.5－3.14×10²/4－4×3.14×5²/4)]/(900×1800)＝86.7％。

由以上计算可见,纵向剪裁的材料利用率高,但大多数零件的弯曲线与材料纤维平行,不过此时,其弯曲半径仍比最小相对弯曲半径(查表 3-3)大,故工艺上没有问题,应从经济性考虑,采用纵裁法排样。

2)第 20 工序件

【知识链接】 3.3.1 弯曲件坯料尺寸计算。

为使外角弯曲时两个直边得到相同压力的校正,取内角预弯 45°(弯曲角 135°,弯曲半径 R1.5mm),仍按前面的计算方法,根据展开总长度为 103.5mm,可求得图 3-62 所示工序件的斜边长度为:

$$L＝[103.5－(9＋9)－2×(1.5＋0.32×1.5)×3.14×90÷180$$
$$－2×(1.5＋0.32×1.5)×3.14×135÷180－(25－2×1.5)]/2$$
$$＝24mm。$$

3)第 30、40 工序件

根据工艺方案易得,第 30 工序件如图 3-63 所示,第 40 工序件即为图 3-54 产品。

图 3-62 第 20 工序件　　　图 3-63 第 30 工序件

(2)冲压力计算

【知识链接】 2.4.1 冲压力的计算;3.3.2 弯曲力计算。

1)工序 10 (冲孔落料复合)

采用倒装式复合模[图 3-56(a)],查附录 1 得材料抗拉强度为 $\sigma_b＝360MPa$,根据式(2-12)、(2-13)、(2-14)、(2-16)及表 2-11 的相关系数,可计算冲压力为:

冲裁力：落料 $F_落 = L_落 \cdot t \cdot \sigma_b = (2 \times 30 + 2 \times 103.5) \times 1.5 \times 360 = 144180(\text{N}) \approx 144(\text{kN})$

冲孔 $F_孔 = L_孔 \cdot t \cdot \sigma_b = \pi \cdot 10 \times 1.5 \times 360 = 16965(\text{N}) \approx 17(\text{kN})$

卸料力：$\quad F_X = K_X F_{落料} = 0.05 \times 144 = 7.2(\text{kN})$

推件力：$\quad F_T = n \cdot K_T \cdot F_孔 = 5 \times 0.055 \times 17 = 4.7(\text{kN})$

总冲压力：$\quad F_\Sigma = F + F_X + F_T = 144 + 17 + 7.2 + 4.7 \approx 173(\text{kN})$

2）工序 20 （弯曲外角、预弯内角）

采用校正弯曲，忽略压料力，校正面的实际面积为 $(24 + 9) \times 2 \times 30 = 1980\text{mm}^2$。根据表 3-11 的单位面积校正力数据（取 50MPa）和式（3-18），计算弯曲力为：

$$F_校 = A \cdot q = 1980 \times \cos\frac{\pi}{4} \times 50 = 70004(\text{N}) = 70(\text{kN})$$

不计内角预弯，自由弯曲力按式（3-16）计算为：

$$F_自 = \frac{0.6KBt^2\sigma_b}{r+t} = \frac{0.6 \times 1.3 \times (30+30) \times 1.5^2 \times 360}{1.5+1.5} = 12636(\text{N}) = 12.6(\text{kN})$$

总冲压力为：$F_\Sigma = F_自 + F_校 = 82.6(\text{kN})$

3）工序 30 （弯曲内角）

按自由弯曲计算，根据式（3-16）、（3-19），得冲压力为：

弯曲力：$F_自 = \dfrac{0.7KBt^2\sigma_b}{r+t} = \dfrac{0.7 \times 1.3 \times 30 \times 1.5^2 \times 360}{1.5+1.5} = 7371(\text{N})$

压料力：$F_Y = (0.3 \sim 0.8)F_自 = 0.6 \times 7371 = 4422(\text{N})$

总冲压力：$F_\Sigma = F_自 + F_Y = 11793(\text{N}) \approx 11.8(\text{kN})$

4）工序 40 （冲 $4\text{-}\phi5\text{mm}$ 孔）

根据 10 工序的公式和相关系数，计算得：

冲裁力：$F_孔 = L_孔 \cdot t \cdot \sigma_b = 4 \times 5\pi \times 1.5 \times 360 = 33929(\text{N}) \approx 34(\text{kN})$

卸料力：$F_X = K_X F_孔 = 0.05 \times 34 = 1.7(\text{kN})$

推件力：$F_T = n \cdot K_T \cdot F_孔 = 5 \times 0.055 \times 34 = 9.4(\text{kN})$

总冲压力：$F_\Sigma = F + F_X + F_T = 34 + 1.7 + 9.4 = 45.1(\text{kN})$

（3）选择冲压设备

各工序冲压力均较小，工件尺寸也较小，可选用可倾式开式压力机，根据式（2-19）、（3-20）、（3-21），以及附录 3 的压力机参数，注意压力机行程应大于工件高度两倍的要求，考虑模具大致尺寸及漏料方便，第 10 工序可选用 J23-25 压力机，其他工序可选 J23-16 压力机。

5．模具设计

此零件生产的四副模具中，两副为冲裁模，两副为弯曲模，这里仅细述第 20 工序的弯曲模设计，读者可自行完成其他三副模具。

（1）总体结构

【知识链接】 3.5.1 单工序弯曲模。

单工序弯曲模一般无导向，依靠安装时调整上、下模的位置，因此结构比较简单，总体结构如图 3-64 所示。凹模 10 定位于下模座的沟槽中，以螺钉 12 紧固，凸模 5 以螺钉 4 紧固于上模座。压料板 8 套在凸模 5 的四周，压料部分高出 1mm，保证可靠压料。工作时，坯料

以定位销 9 和挡料块 13 定位,上模下行时,压料板中部凸台首先压紧坯料,随后凸模下行将坯料弯曲成形,回程时,压料板靠弹簧复位,手动取出制件。

1-模柄 2-上模座 3-防转销钉 4、12-内六角螺钉 5-凸模 6-卸料螺钉 7-弹簧
8-压料板 9-定位销 10-凹模 11-下模座 13-挡料板 14-开口螺钉

图 3-64 第 20 工序弯曲模

(2)弹簧规格选择

【知识链接】 2.7.3 卸料与出件装置;3.3.2 弯曲力计算。

按照前面的计算方法,第 20 工序若按自由弯曲,根据式(3-15)计算,自由弯曲力为 12636(N),根据式(3-19),压料力为 0.3×12636＝3790(N),拟用 6 个弹簧,则每个弹簧预压力为 3790/6＝632(N)＝63.2(kg)。虽然压力不大,但要考虑压料行程,经计算压料行程为 18.4mm,故初选中载荷矩形弹簧,规格为外径 ϕ35mm,内径 17.5mm,最大压缩量 25.6mm,最大负荷 245kg,弹性常数为 9.57kg/mm,自由高度选 80mm。则弹簧预压缩量为 63.2/9.57＝6.6mm,总压缩量为 6.6＋18.4＝25mm＜25.6mm,弹簧选择合适。

(3)模具零件设计

【知识链接】　3.6　弯曲模工作零件的设计。

1)凹模与下模座。虽然凹模为整体结构,但制造及安装、调整的误差,仍可能产生较大侧向力,靠销钉与模座定位不可靠,现采用在模座上加工直槽,单向镶入凹模的方法。配合面凹模与模座的配合面需配磨,保证极小间隙(<0.01mm)滑配。故加工这两个零件时,应保证结合面、配合面的位置精度。为减少坯料与凹模面的摩擦,凹模两侧比中部低 6.5mm,满足外角 V 型弯曲的可靠校正即可。凹模和下模座的零件图分别如图 3-65、图 3-66 所示。

尺寸 120 两端面与底平面不垂直度 0.005mm。

未注倒角 $1 \times 45°$

材料:Cr12MoV　数量:1　热处理:58~62HRC

图 3-65　凹模

2)凸模与压料板。由于压料部位必须且只能是坯料中部较小区域,凸模和压料板采用图 3-67 和图 3-68 所示结构,凸模中部开较深的槽,两外角 V 型弯曲凸模穿过压料板的两个型孔,弹簧布置在周围,为保证压料可靠,压料板的压料面高出 1mm,同时也为挡料块让出空间。凸模的工作面、压料板的型孔均用线切割加工,可保证坐标精度。

其他零件都比较简单,不一一列出。

图 3-66 下模座

材料：HT250 数量：1 热处理：时效

6. 项目总结

此项目的特点主要在冲压工艺方案的制订。一般来说，U 形件弯曲模的常规结构只能校正一条直边，回弹量不易控制，本项目产品为四角弯曲，由两次 U 形弯曲组成，批量不大时，一般采用方案二冲压，但此托架产品质量要求较高，采用方案二，回弹较大，若减小间隙，又容易擦伤工件。而方案一在第一次弯曲时，将四角弯曲（包括内角预弯）转换成了四个 V 型弯曲，使能对四条斜直边都进行有效校正，提高了制件的精度和质量，并使得下一道工序的内角弯曲采用自由弯曲即可（否则仍需校正弯曲）。当然，此方案的 20 工序比方案二的 20 工序模具要复杂、精密，模具成本要高许多。

在模具结构方面，本项目要点也在 20 工序，一是压料结构要保证可靠、合理，二是凸、凹模结构尺寸要精确计算。另外，本例上模座与模柄可设计为一体，用 45 或 Q235 钢。总体结构上也可采用倒装结构，坯料以定位板和导正销定位，托料板（兼压料）的弹性力由模具底部的弹顶器提供，在弹簧选择上较方便，模具尺寸（闭合高度）可减少许多，但定位较麻烦。

材料：Cr12MoV　数量：1　热处理：58~62HRC

图 3-67　凸模

材料：45　数量：1　热处理：22~28HRC

图 3-68　压料板

第四章 拉 深

拉深是指将一定形状的平板通过拉深模具冲压成各种开口空心件,或以开口空心件为毛坯,通过进一步拉深改变其形状和尺寸的一种冷冲压工艺方法。用拉深方法可以制成圆筒形、阶梯形、锥形、球形、盒形和其他不规则形状的薄壁空心零件。如果拉深工序与其他冲压工艺配合,还可以加工形状极为复杂的零件。本章主要讲述拉深工艺原理和工艺设计。

4.1 拉深变形分析

4.1.1 拉深变形的过程和原理

图 4-1 所示为将圆形板料拉深成为圆筒形件的过程。凸模下部和凹模口部都有一定大小的圆角,凸、凹模单边间隙一般稍大于料厚。由图可见,拉深时,板料在凸模的作用下被逐渐拉入凹模。再看板料上的扇形区域 oab,在凸模作用下,首先变形为三部分:筒底——oef、筒壁——cdef、凸缘——a′b′cd。随着凸模继续下压,筒底部分基本不变,凸缘部分继续缩小而转变为筒壁,筒壁部分则逐渐增高,直至全部变为筒壁。

为进一步分析拉深时材料的变形,可以做如下实验:拉深前在圆形平板坯料上绘制等距同心圆和分度相等的辐射线,组成如图 4-2(a)所示的扇形网格。拉深后的筒壁、筒底情况分别如图 4-2(b)、4-2(d)所示,将变形前后对应的网格作比较可以发现,筒底部分基本没有变化,而筒壁部分则发生了较大变化,原来不同大小的同心圆之间间距增大,大小变为相等,辐射线则变为平行线,原来的扇形单元区变为矩形了。

产生这种规律的变形是因为坯料在凸模施加的外载荷作用下,凸缘区的环形材料(单元体可取为扇形)径向受到拉应力产生伸长变

图 4-1 拉深变形过程

图 4-2　拉深变形的特点和原理

形,同时,切向必然产生封闭的压应力,使材料发生收缩变形,如图 4-2(c))所示。这两个方向的变形协调进行,材料连续向凹模口流动,径向不断伸长,切向不断缩短,环形材料逐步变形为圆筒壁(或扇形变为矩形),直到直径为 D 的圆形平板坯料变形为直径为 d、高度为 H 的有底薄壁筒形件,此时,坯料最外缘材料的切向收缩量为 $\pi(D-d)$,环形区材料径向伸长量为 $H-(D-d)/2$。

综上所述,拉深变形过程及原理可概括如下:在径向外力的作用下,坯料凸缘区环形材料内部的各个扇形小单元体之间产生了相互作用的内应力,径向为拉应力 σ_1;切向为压应力 σ_3,在 σ_1 和 σ_3 的协调作用下,凸缘部分金属材料产生塑性变形,径向伸长,切向压缩,

不断被拉入凹模而形成筒壁。

4.1.2　拉深变形时的应力应变状态

由上面的描述可知,在拉深过程中,坯料的不同区域有着不同的变形情况,为进一步把

握拉深变形的规律,防止可能出现的缺陷,实现稳定的拉深成形,可将坯料划分为若干区域进行应力应变分析,如图 4-3 所示。

图 4-3　坯料各区域应力应变状态

1. 凸缘平面部分(Ⅰ区)

这个区域是拉深的主变形区,材料在径向拉应力 σ_1 和切向压应力 σ_3 的共同作用下产生切向压缩与径向伸长变形而逐渐被拉入凹模。在厚度方向,由于压边圈的作用,产生了压应力 σ_2,通常 σ_1 和 σ_3 的绝对值比 σ_2 大得多(无压边圈时,$\sigma_2=0$)。

凸缘区 σ_1 和 σ_3 的分布情况如图 4-4 所示,由图可见,越靠近凹模圆角处,径向拉应力越大,于外缘处最小,该处 $\sigma_1=0$;越远离凹模圆角,切向压应力越大,于外缘处最大。可以推证,在 $R'=0.61Rt$ 时,$|\sigma_1|=|\sigma_3|$。此处到外缘:$|\sigma_3|>|\sigma_1|$,压应力占优势,切向压应变为最大主应变,板料增厚;此处到凹模口:

图 4-4　拉深时凸缘区的应力分布

$|\sigma_1| > |\sigma_3|$，拉应力占主导地位，径向拉应变为最大主应变，板料变薄。由于 $|\sigma_3| > |\sigma_1|$ 的区域较大，所以拉深属于压缩类变形。当拉深变形程度较大，板料又比较薄时，则在坯料的凸缘部分，特别是外缘部分，在切向压应力 σ_3 作用下可能失稳而拱起，形成所谓起皱。

2. 凸缘的圆角部分（Ⅱ区）

这是位于凹模圆角部分的材料。切向受压应力而压缩，径向受拉应力而伸长，厚度方向受到凹模圆角的压力和弯曲作用。此部分也是变形区，但内部的切向压应力 σ_3 不大，在与筒壁相接处，$\sigma_3 = 0$，因此为次变形区，也是主变形区与非变形区的过渡区域；但径向拉应力 σ_1 达到凸缘区域的最大值，并且凹模圆角越小，弯曲变形程度越大，弯曲引起的拉应力也越大。

3. 筒壁部分（Ⅲ区）

这部分为凸缘区材料流入凹模而形成，是已经结束塑性变形的已变形区，受单向拉应力作用，发生微量的伸长变形。

4. 底部圆角区（Ⅳ区）

这是与凸模圆角接触的部分，是拉深过程开始时，基本上由凸模圆角下面的材料受双向拉应力（径向拉应力和切向拉应力）作用而形成，并受到凸模圆角的正压力和弯曲作用。这种应力状态一直持续到拉深过程结束，因此这部分材料变薄最严重，尤其与侧壁相切的部位，最容易开裂，是拉深的"危险断面"。

5. 筒底平面部分（Ⅴ区）

这部分材料自拉深开始一直与凸模底面接触，最早被拉入凹模，并在拉深的整个过程保持其平面形状。它也是受双向拉应力作用，产生双向伸长变形，但其变形抗力大，基本上不发生或仅有微量的塑性变形。

筒壁部分、底部圆角部分和筒底平面部分这三个区域组成坯料变形的传力区，凸模对板料的作用力即通过传力区传递到凸缘区材料，使产生拉深变形所需的径向拉应力 σ_1。

4.1.3 拉深变形的特点

根据上面的分析，对拉深变形可以得到以下结论：

（1）拉深时材料的应力应变分布很不均匀，即使在变形区内，不同位置的应力和应变大小也不同，材料的变形程度也不一样。

（2）由于变形区应力和应变的不均匀，先流入凹模的材料（形成筒壁下部），变形时受切向压应力小，板料增厚较少甚至变薄，同时，由于其塑性变形程度较小，加工硬化程度也较低，因而硬度也较低；而后流入凹模的材料（形成筒壁上部）则相反。如图 4-5 所示。

图 4-5 拉深件壁厚和硬度的变化

拉深件的类型很多，有直壁型和曲面型、回转对称型和不对称型，如图 4-6 所示。不同的形状类型，拉深时变形区的位置、应力分布、变形特点等都有很大差异。

图 4-6　各种拉深件

4.2　拉深成形要点

根据对材料拉深变形过程和应力应变状态的分析,板料的成形极限有两个趋向,即变形区的失稳起皱和传力区的开裂。在确定零件的拉深工艺或调试、维修拉深模时,必须作全面、深入的分析,以防止或消除起皱和拉裂现象的产生。

4.2.1　变形区起皱

板料产生起皱现象的机理类似于压杆的失稳弯曲,原因有两个方面,一是压应力太大,二是材料的刚度不足,抗失稳能力差。拉深时,凸缘区大部分材料内部的切向压应力 σ_3 占主导地位,当 σ_3 的值超过材料的失稳临界值时,拉深件便产生图 4-7 所示不同程度的起皱现象。因此,要防止或消除拉深件的起皱,应从减小切向压应力和提高坯料的抗失稳能力两方面分析原因和采取措施。

(a)　　　　　　　　　(b)　　　　　　　　　(c)

图 4-7　拉深件的起皱现象

1. 影响起皱的工艺条件和参数

(1)材料的力学性能。材料的弹性模量 E 和硬化指数 n 越大,材料本身的刚度越好,压应力作用下的抗失稳能力就越强,从而越不易起皱,反之亦然。

(2)坯料的相对厚度(t/D)。坯料的相对厚度越大(相当于压杆的长径比小),其刚度也越大,抗失稳能力就越强,越不容易起皱。反之亦然。

(3)拉深系数($m=d/D$)。拉深系数越小,材料的变形程度越大,切向压应力 σ_3 的绝对值就越大,越容易发生起皱。同时,拉深系数越小,拉深开始时凸缘区宽度就相对越大,坯料的抗失稳能力就越弱,也容易产生起皱。

(4)模具工作面的几何形状与参数。用锥形凹模拉深与用平端面凹模拉深相比,前者不容易起皱,如图4-8所示。其原因是,变形区材料在拉深过程中形成曲面过渡形状(图4-8(b)),与平端面凹模拉深时简单的平面形状的变形区相比,具有较大的刚度和抗失稳能力。而且,锥形凹模圆角处对坯料造成的摩擦阻力和弯曲变形阻力减小到最低限度,凹模锥面对坯料变形区的作用力也有助于它产生切向压缩变形。因此,其拉深力比平端面凹模拉深力小得多,拉深系数可以大为减小。

图 4-8　锥形凹模的拉深

凸模和凹模圆角以及凸、凹模间隙过大时,也容易起皱,并且发生于拉深的初始阶段或最后阶段(无凸缘件拉深),起皱位置在凸、凹模圆角之间。其主要原因是:在拉深初始阶段不与模具表面接触的坯料宽度过大,这部分材料处于悬空状态,抗失稳能力差,容易起皱;在拉深后期,过大的凹模圆角半径使毛坯外边缘过早地脱离压边圈而呈自由状态,从而起皱。

2. 防止或消除拉深件起皱的措施

(1)控制拉深系数。在设计拉深工艺时,一定要使拉深系数在安全的范围内(大于极限拉深系数),以减小变形区的切向压应力。

(2)设置压料装置。实际生产中,常采用压料装置防止起皱,或增大压边力消除起皱,带压料装置的拉深如图4-9所示。拉深时压边圈以一定的压力将坯料凸缘区材料压在凹模平面上,提高了材料的刚度和抗失稳能力,减小了材料的极限拉深系数。但并不是任何情况下都会发生起皱现象,在变形程度较小、坯料相对厚度较大时,一般不会起皱,此时就可不必采用压料装置。判断是否采用压料装置可按表4-1确定。

图 4-9　带压料装置的拉深

表 4-1　采用或不采用压料装置的条件

拉深方法	首次拉深		以后各次拉深	
	$(t/D)(\%)$	m_1	$(t/D)(\%)$	m_1
采用压料装置	<1.5	<0.6	<1.0	<0.8
可用不可用	1.5~2.0	0.6	1.0~1.5	0.8
不用压料装置	>2.0	>0.6	>1.5	>0.8

（3）采用反拉方式。反拉一般是指多次拉深时,后次拉深的方向与前次拉深相反的拉深方式,如图 4-10 所示。反拉时,材料对凹模的包角为 180°（一般拉深为 90°）,坯料的刚度得到提高,同时,增大了材料流入凹模的阻力,即:径向拉应力增大,材料的切向堆积减小,坯料不容易起皱。一般用于拉深尺寸大、板料较薄、一般拉深不便压边的拉深件后次拉深。

（3）设置拉延筋。拉延筋也称拉延沟,如图 4-11 所示。它是在压边圈和凹模面上设置起伏的沟槽和凸起,拉深时材料流向凹模型腔的过程中需经过多次弯曲,增大了材料的径向流动阻力即径向拉应力。利用拉延筋防止起皱的原理及应用主要有两种情况:

图 4-10　圆筒形件的反拉深

1)对于曲面拉深、锥面拉深等情况,由于在拉深初始阶段中间悬空部分的坯料宽度大、刚度差（见图 4-11）,容易失稳起皱,使用拉延筋可使凸缘区材料的变形抗力增大,径向流动趋缓,而使中间部分材料的胀形成分增加,材料的切向压应力减小,并得到硬化、强化,刚度和抗失稳能力提高,降低了起皱倾向。

2)对于沿周变形不均匀的非对称形状拉深,凸缘区各区域材料流进凹模的阻力和速度不同（见图 4-12）,于材料流进快处设置拉延筋可以调节沿周径向拉应力均匀,控制变形区不同部位材料流入凹模的速度均衡,消除因拉应力不均匀而导致的局部切向压应力过大,从而引起的变形区局部起皱、波纹等缺陷。

拉延筋的形状、尺寸和设置位置十分重要,也较复杂,这里不作介绍。

图 4-11　拉延筋

图 4-12　非对称形状拉深的材料流动

4.2.2　传力区开裂

冲压件开裂是由于拉应力过大,超过了材料的抗拉强度而导致。拉深件的开裂现象常如图 4-13 所示,一般都发生在传力区的危险断面,因为该处的承载能力最弱。危险断面处的有效抗拉强度与凸模圆角半径有关,一般情况下可用下式计算:

图 4-13　拉深件的开裂

$$\sigma_k = 1.555\sigma_b - \frac{\sigma_b}{2\frac{r_T}{t}+1} \quad (4-1)$$

式中　σ_k——危险断面的有效抗拉强度;

　　　r_T——凸模圆角半径;

　　　σ_b——材料的抗拉强度。

可见,凸模圆角半径越小,危险断面的有效抗拉强度就越小。

拉深时,危险断面处的实际拉应力 σ_L 则包括三部分,即:为变形区提供径向拉应力 σ_1 所需的拉应力;克服材料与凹模表面和压边圈的摩擦力所需的拉应力;使材料滑过凹模圆角产生弯曲变形所需的拉应力。防止拉深件的开裂就是要控制危险断面处的实际拉应力小于该处的有效抗拉强度,具体措施有:

(1)降低凹模表面和压边圈的压料面粗糙度。这是为了减小摩擦系数,从而减小摩擦力,减轻危险断面的载荷。

(2)拉深时在材料与压边圈和凹模之间施加润滑,其目的与降低表面粗糙度相同。

(3)适当减小压边力。这是通过减小对材料表面的正压力来减小其流动时的摩擦力。

(4)适当增大凹模圆角半径。目的是减小材料流过圆角时的弯曲力。但凹模圆角半径不可太大,否则在拉深开始时,凸、凹模之间悬空的坯料容易失稳起皱。

(5)适当增大凸模圆角半径。适当增大凸模圆角半径可提高危险断面的有效抗拉强度,但过大的凸模圆角易引起材料的失稳。

(6)增大拉深系数。增大拉深系数,减小拉深变形程度,是防止开裂的根本措施。因为拉深系数越小,变形程度越大,拉深变形所需径向拉应力 σ_1 也越大,若拉深系数太小,由 σ_1 引起的危险断面处载荷过大,无论如何改善其他工艺条件也无法避免开裂。

4.2.3　起皱与开裂的关系

起皱和开裂是拉深变形经常要面对的问题,二者的产生机理虽不同,但却存在一定的内在关系,这是因为拉深过程中,径向拉应力 σ_1 和切向压应力 σ_3 并非独立产生、变化和起作用的,而是互相影响、共同作用,在一定的范围内协调变化,共同使材料发生正常的拉深变形。分析和解决问题时不可孤立地看待起皱和开裂现象,而应全面、深入地分析材料的实际受力和变形情况,采取合理的解决措施。

(1)起皱和开裂现象同时存在。实际调试拉深模时,常会发生变形区起皱和传力区开裂同时存在的情况,如图 4-7(c)所示。而应对起皱和开裂的措施中有些是相反的,比如对压边力的调节。这就要分析起皱和开裂产生的先后次序,如果传力区拉应力首先达到危险断

面的有效抗拉强度,就会先发生开裂,但在发生开裂后,变形区的径向拉应力和切向压应力都会急剧减小到零,不可能又发生起皱现象。因此,应该是先发生起皱,起皱后材料流动阻力急剧增大,使危险断面处拉应力过大而发生开裂,因此通过增大压边力、增加润滑等措施将起皱消除,开裂也就不会发生了。

(2)凸缘区均匀起皱与不均匀起皱。均匀起皱一般发生在对称形状的拉深,可按一般分析采取措施。而不均匀起皱或局部起皱多发生在复杂形状的拉深,若对称拉深时发生,多因模具间隙、压料力、圆角形状等不均匀引起。复杂拉深件凸缘区发生局部或不均匀起皱时,虽然仍是局部压应力过大而引起,却往往与径向拉应力有关。沿周径向拉应力的不均匀,使相邻材料间产生额外的切向压应力,径向拉应力最不均匀处切向压应力最大,最容易发生起皱。而影响径向拉应力不均匀的因素,主要是拉深件的各部分在拉深成形时所需凸缘区材料的流入补充量的多少不一致,或零件的轮廓形状曲率变化大,进料阻力不同,解决方法是局部设置拉延筋,或沿周设置不同尺寸的拉延筋,以均衡各处进料阻力。另外,坯料形状和尺寸的不准确也会引起径向拉应力不均匀。

(3)坯料凸缘区起皱与中间部分起皱。一般情况下,拉深时起皱现象多发生在坯料的凸缘区,过大的切向压应力是主要原因,可通过压边和减小变形程度等措施预防。但有些特殊的拉深件,底部形状不平或侧壁不直,如球形件、锥形件等,这类零件拉深时,凸模与坯料的接触面小(或开始较小),凸、凹模之间的坯料宽度大,处于悬空、松弛的状态,抗失稳能力很差,极易起皱。这时用增大拉深系数等措施无济于事,而应设法提高该部分坯料的刚度,因此可以通过合理抑制凸缘区材料的径向流动,减少拉深变形,增加该部分材料的胀形,使其处于硬化、张紧的状态,从而提高抗失稳能力。这时,设置拉延筋、反拉深是可选的措施。

4.3 拉深件的工艺性

4.3.1 拉深件的结构与尺寸

1. 拉深件的结构

(1)拉深件的形状应尽量简单、对称,使拉深时沿周应力应变分布均匀。对于半敞开及非对称的拉深件,工艺上可以采取成对拉深,然后剖切成两件的方法,以改善拉深时的受力状况。形状特别复杂及不完整的拉深件,需修补工艺面,使拉深件形状完整、饱满,过渡圆

(a) (b)

图 4-14　拉深件的形状

滑。如图 4-14(a)所示的两个冲压件,形状复杂且不完整,但基本对称,合拉成形时,拉深件形状修补为图 4-14(b)所示形状。

（2）拉深件形状应尽可能避免急剧转角或凸台,拉深高度尽可能小,以减少拉深次数,提高冲件质量（见图 4-14(b)）。

（3）当零件一次拉深的变形程度过大时,为避免拉裂需多次拉深,此时在保证表面质量的前提下,应允许内、外表面存在拉深过程中可能产生的痕迹。

（4）在保证装配要求的前提下,应允许拉深件侧壁有一定的斜度。

2. 拉深件的尺寸

（1）拉深件壁厚公差或变薄量不应超出拉深工艺壁厚变化规律,一般不变薄拉深工艺的筒壁最大增厚量约为 $(0.2\sim0.3)t$,最大变薄量为 $(0.1\sim0.18)t$,其中 t 为板料厚度。

（2）拉深件的孔位布置要合理

拉深件凸缘上的孔距应满足:$D_1 \geqslant d_1 + 3t + 2r_2 + d$;拉深件底部孔径应保证:$d \leqslant d_1 - 2r_1 - t$,如图 4-15 所示。

图 4-15　拉深件凸缘上的孔位

拉深件侧壁上的孔,只有当孔与底边或凸缘边的距离 $h \geqslant 2d + t$ 时（图 4-16(a)）,选用冲孔方式比较合理,否则应采用钻孔方式,如图 4-16(b)所示。

(a)　　　　　　(b)

图 4-16　拉深件侧壁上的孔

（3）拉深件的底与壁、凸缘与壁、矩形件的四角等处的圆角半径应满足:$r \geqslant t$,$R \geqslant 2t$,$r_g \geqslant 3t$,如图 4-17 所示。如增加整形工序,其圆角半径可取 $r \geqslant (0.1\sim0.3)t$,$R \geqslant (0.1\sim0.3)t$。

4.3.2　拉深件的精度

一般情况下,拉深件的尺寸精度应在 IT13 级以下,不宜高于 IT11 级。对于精度要求高的拉深件,应在拉深后增加整形工序或用机械加工方法达到要求。

图 4-17　拉深件的圆角半径

圆筒形拉深件的径向尺寸精度和带凸缘圆筒形拉深件的高度尺寸精度分别见表 4-2、表 4-3。

表 4-2　圆筒形拉深件径向尺寸的偏差值

板料厚度 t/mm	拉深件直径 d/mm			板料厚度 t/mm	拉深件直径 d/mm		
	<50	50~100	>100~300		<50	50~100	>100~300
0.5	±0.12	—	—	2.0	±0.40	±0.50	±0.70
0.6	±0.15	±0.20	—	2.5	±0.45	±0.60	±0.80
0.8	±0.20	±0.25	±0.30	3.0	±0.50	±0.70	±0.90
1.0	±0.25	±0.30	±0.40	4.0	±0.60	±0.80	±1.00
1.2	±0.30	±0.35	±0.50	5.0	±0.70	±0.90	±1.10
1.5	±0.35	±0.40	±0.60	6.0	±0.80	±1.00	±1.20

表 4-3　带凸缘圆筒形拉深件高度尺寸的偏差值

板料厚度 t/mm	拉深件高度 H/mm					
	<18	18~30	30~50	50~80	80~120	120~180
<1	±0.3	±0.4	±0.5	±0.6	±0.8	±1.0
1~2	±0.4	±0.5	±0.6	±0.7	±0.9	±1.2
2~4	±0.5	±0.6	±0.7	±0.8	±1.0	±1.4
4~6	±0.6	±0.7	±0.8	±0.9	±1.1	±1.6

4.3.3　拉深件的材料

用于拉深成形的材料应具有良好的拉深性能,要求塑性高、屈强比 σ_s/σ_b 小、板厚方向性系数 r 大、板平面方向性系数 Δr 小。

屈强比 σ_s/σ_b 越小,一次拉深允许的极限变形程度越大,拉深的性能越好。例如,低碳钢的屈强比 $\sigma_s/\sigma_b \approx 0.57$,其一次拉深的最小拉深系数为 $m=0.48\sim0.50$;65Mn 的屈强比 $\sigma_s/\sigma_b \approx 0.63$,其一次拉深的最小拉深系数为 $m=0.68\sim0.70$。所以有关材料标准规定,作为拉深用的钢板,其屈强比不大于 0.66。

板厚方向性系数 r 反映了材料的各向异性性能。当 $r>1$ 时，材料宽度方向上的变形比厚度方向容易，拉深过程中材料不易变薄和拉裂。材料的板厚方向系数 r 的值越大，其拉深性能越好。板平面方向性系数 Δr 则影响拉深时材料沿周变形及极限变形程度的均匀性，Δr 数值越小，材料的拉深性能越好。

4.4 旋转体零件的拉深

旋转体零件具有毛坯形状简单、拉深时沿周应力和变形均匀的特点。旋转体拉深件主要有圆筒形件(无凸缘圆筒形件、有凸缘圆筒形件、带台阶圆筒形件)、球形件、锥形件等。

4.4.1 毛坯尺寸计算

1. 拉深件坯料尺寸的计算依据

由于板料在拉深过程中，材料没有增减，只是发生塑性变形，以一定的规律流动和转移，且料厚有变薄也有增厚，平均料厚变化不大，所以在计算拉深件坯料尺寸时，常采用等面积法，即用拉深件表面积与坯料面积相等的原则进行计算，拉深件的表面积应按厚度中线计算，料厚小于 1mm 时，也可按外形或内形尺寸计算。

坯料的形状应符合金属在塑性变形时的流动规律，其形状一般与拉深件周边的形状相似。坯料的周边应该是光滑的曲线而无急剧的转折，对于旋转体拉深件来说，坯料的形状是一块圆板，只要求出它的直径即可。

由于材料的方向性以及坯料在拉深过程中的摩擦条件不均匀等因素的影响，拉深后零件的口部或凸缘周边一般都不平齐，必须将边缘的不平部分切除。因此，在计算坯料尺寸时，需在拉深件的高度方向或带凸缘零件的凸缘直径上添加切边余量，其值可参考表 4-4、表 4-5。但是当零件的相对高度 H/d 很小且高度尺寸要求不高时，也可以不用切边工序。

表 4-4 无凸缘圆筒形拉深件的切边余量 Δh (mm)

工件高度 h	工件相对高度 h/d				附 图
	$>0.5\sim0.8$	$>0.8\sim1.6$	$>1.6\sim2.5$	$>2.5\sim4$	
$\leqslant10$	1.0	1.2	1.5	2	
$>10\sim20$	1.2	1.6	2	2.5	
$>20\sim50$	2	2.5	3.3	4	
$>50\sim100$	3	3.8	5	6	
$>100\sim150$	4	5	6.5	8	
$>150\sim200$	5	6.3	8	10	
$>200\sim250$	6	7.5	9	11	
>250	7	8.5	10	12	

表 4-5　带凸缘圆筒形拉深件的切边余量 ΔR　　　　　　　　　　（mm）

凸缘直径 d_t	凸缘相对直径 d_t/d				附　图
	1.5 以下	>1.5~2	>2~2.5	>2.5~3	
≤25	1.6	1.4	1.2	1.0	
>25~50	2.5	2.0	1.8	1.6	
>50~100	3.5	3.0	2.5	2.2	
>100~150	4.3	3.6	3.0	2.5	
>150~200	5.0	4.2	3.5	2.7	
>200~250	5.5	4.6	3.8	2.8	
>250	6	5	4	3	

2. 简单旋转体拉深件坯料尺寸的确定

由于旋转体拉深件坯料的形状是圆形的,对于简单旋转体拉深件,可以将它划分为若干个简单的几何形状,分别求出各部分的面积并相加得到拉深件的总表面积。然后根据拉深前后坯料与拉深件表面积相等的原则,即可计算出坯料直径,即

$$D = \sqrt{\frac{4A'}{\pi}} = \sqrt{\frac{4\sum A}{\pi}} \tag{4-2}$$

式中　D——坯料直径(mm);

　　　A'——拉深件总表面积(mm^2);

　　　A——分解成简单几何形状的表面积(mm^2)。

常用旋转体拉深件坯料直径的计算公式见表 4-6。

表 4-6　常见旋转体拉深件的坯料直径的计算公式

序号	零年形状	坯料直径 D
1		$\sqrt{d_1^2 + 2l(d_1 + d_2)}$
2		$\sqrt{d_1^2 + 2r(\pi d_1 + 4r)}$
3		$\sqrt{d_1^2 + 4d_2 h + 6.28 r d_1 + 8r^2}$ 或 $\sqrt{d_2^2 + 4d_2 H - 1.72 r d_2 - 0.56 r^2}$

序号	零年形状	坯料直径 D
4		当 $r \neq R$ 时 $\sqrt{d_1^2 + 6.28rd_1 + 8r^2 + 4d_2h + 6.28Rd_2 + 4.56R^2 + d_4^2 - d_3^2}$ 当 $r = R$ 时 $\sqrt{d_4^2 + 4d_2H - 3.44rd_2}$
5		$D = \sqrt{8rh}$ 或 $\sqrt{s^2 + 4h^2}$
6		$D = \sqrt{2d^2} = 1.414d$
7		$D = \sqrt{d_1^2 + 4h^2 + 2l(d_1 + d_2)}$
8		$D = \sqrt{8r_1\left[x - b\left(\arcsin\dfrac{x}{r_1}\right)\right] + 4dh_2 + 8rh_1}$

续表

序号	零件形状	坯料直径 D
9		$D=\sqrt{8r^2+4dH-4dr-1.72dR+0.56R^2+d_4^2-d^2}$
10		$D=1.414\sqrt{d^2+2dh}$ 或 $D=2\sqrt{dH}$

注:对于部分未考虑工件圆角半径的计算公式,在计算有圆角半径的工件时计算结果要偏大,故在此情形下,可不考虑或少考虑修边余量。

3. 复杂旋转体拉深件坯料尺寸的确定

复杂旋转体拉深件是指母线较复杂的旋转体零件,其母线可能由一段曲线组成,也可能由若干直线与圆弧段相接组成。复杂旋转体拉深件的表面积可根据久里金法则求出,即任何形状的母线绕轴旋转一周所得到的旋转体表面积,等于该母线的长度与其形心绕该轴线旋转所得周长的乘积。如图 4-18 所示,旋转体表面积为

图 4-18 旋转体表面积计算图

$$A=2\pi R_x L$$

根据拉深前后表面积相等的原则,坯料直径可按下式求出

$$\pi D^2/4=2\pi R_x L$$

$$D=\sqrt{8R_x L} \tag{4-3}$$

式中 A——旋转体表面积(mm^2);

R_x——旋转体母线形心到旋转轴线的距离(称旋转半径,mm);

L——旋转体母线长度(mm);

D——坯料直径(mm)。

由式(4-3)可知,只要知道旋转体母线长度及其形心的旋转半径,就可以求出坯料的直径。当母线较复杂时,可先将其分成简单的直线和圆弧,分别求出直线和圆弧的长度 L_1、L_2、…、L_n,以及其形心到旋转轴的距离 R_{x1}、R_{x2}…R_{xn}(直线的形心在其中点,圆弧的长度及形心位置可按表 4-7 计算),再根据下式进行计算:

$$D=\sqrt{8\sum_{i=1}^{n}R_{xi}L_i} \tag{4-4}$$

表 4-7 圆弧长度和形心到旋转轴的距离计算公式

中心角 $\alpha < 90°$ 时的弧长	中心角 $\alpha = 90°$ 时的弧长
$l = \pi R \dfrac{2}{180}$	$l = \dfrac{\pi R}{2}$

中心角 $\alpha < 90°$ 时弧的形心到 YY 轴的距离	中心角 $\alpha = 90°$ 时弧的形心到 YY 轴的距离
$R_x = R \dfrac{180\sin\alpha}{\pi\alpha}$ $\quad$ $R_x = R \dfrac{180(1-\cos\alpha)}{\pi\alpha}$	$R_x = \dfrac{2}{\pi} R$

4.4.2　无凸缘圆筒形件的拉深

1. 拉深系数

拉深系数是表示拉深变形程度的重要工艺参数,是制订拉深工艺和设计拉深模的关键依据。

拉深系数用"m"表示,其含义是每次拉深后筒形件的直径与拉深前坯料(或工序件)直径的比值。根据图 4-19 所示多次拉深的尺寸变化情况,则各次拉深系数为:

第一次拉深系数 $\qquad\qquad\qquad m_1 = \dfrac{d_1}{D}$

第二次拉深系数 $\qquad\qquad\qquad m_2 = \dfrac{d_2}{d_1}$

第 n 次拉深系数 $\qquad\qquad\qquad m_n = \dfrac{d_n}{d_{n-1}}$

总拉深系数 $m_{总}$ 表示从坯料直径 D 拉深至 d_n 的总变形程度,即

$$m = \frac{d_n}{D} = \frac{d_1}{D} \frac{d_2}{d_1} \frac{d_3}{d_2} \cdots \frac{d_{n-1}}{d_{n-2}} \frac{d_n}{d_{n-1}} = m_1 m_2 m_3 \cdots m_{n-1} m_n$$

由此可见,拉深系数 m 的值小于 1,而且其值越小,表示变形程度越大。在一定条件下,材料的塑性变形是有限的,反映材料极限变形程度的拉深系数即为极限拉深系数。制订拉深工艺时,必须使实际拉深系数大于极限拉深系数,否则,拉深过程不能正常进行。极限拉深系数常用用符号"[m]"表示。

图 4-19　无凸缘圆筒形件的多次拉深

2. 影响极限拉深系数的因素

（1）材料的力学性能

一般来说，塑性好、材料组织均匀、屈强比 σ_s/σ_b 小，板平面方向性系数 Δr 小、板厚方向系数 r 大、硬化指数 n 大的板料，变形抗力小，变形均匀，筒壁传力区不容易产生局部严重变薄和拉裂，极限拉深系数就相对小。

（2）板料的相对厚度 t/D

坯料的相对厚度愈大，拉深时抗失稳能力也愈大，抑制了起皱现象的发生，拉深系数可以相应地减小。

（3）模具的几何参数

凹模圆角半径较大时，坯料流动经过凹模圆角时的弯曲变形阻力较小，有利于拉深，可以适当减小拉深系数；但凹模圆角半径也不宜过大，否则位于圆角上面悬空的材料区域过大，开始拉深时容易产生起皱。

凸模圆角半径较大时，坯料在该处的弯曲阻力较小，使危险断面的应力减小，拉深系数可以相应地减小；反之，如果凸模圆角半径过小，易使底部拉裂。凸模圆角半径一般也不可取值太大，理由同凹模圆角。

由于拉深过程中坯料厚度要增加，为了有利于坯料的塑性流动应取合适的间隙，过大会影响拉深件的精度，过小则会增大拉深力，容易拉裂。

（4）摩擦与润滑

凹模和压边圈与板料接触的表面应当光滑，而且必须润滑。凸模下表面则应相对粗糙些，且不要润滑，以保持一定的摩擦力，有利于拉深过程中坯料的稳定性。

（5）压边条件

采用压边圈压料是为了防止起皱，压边力过大，会增加拉深阻力，容易导致拉裂。压边

力过小,防起皱作用小。所以选择合理的压边力时,应保证在不起皱的前提下取最小值,以减小极限拉深系数。

除此以外,影响极限拉深系数的因素还有拉深方法、拉深次数、拉深速度、拉深件形状等。由于影响因素很多,极限拉深系数的数值一般在一定的拉深条件下用试验方法得出,见表 4-8、表 4-9。

表 4-8 圆筒形件的极限拉深系数(带压料圈)

拉深系数	坯 料 相 对 厚 度 (t/D)(%)					
	2.0~1.5	1.5~1.0	1.0~0.6	0.6~0.3	0.3~0.15	0.15~0.08
$[m_1]$	0.48~0.50	0.50~0.53	0.53~0.55	0.55~0.58	0.58~0.60	0.60~0.63
$[m_2]$	0.73~0.75	0.75~0.76	0.76~0.78	0.78~0.79	0.79~0.80	0.80~0.82
$[m_3]$	0.76~0.78	0.78~0.79	0.79~0.80	0.80~0.81	0.81~0.82	0.82~0.84
$[m_4]$	0.78~0.80	0.80~0.81	0.81~0.82	0.82~0.83	0.83~0.85	0.85~0.86
$[m_5]$	0.80~0.82	0.82~0.84	0.84~0.85	0.85~0.86	0.86~0.87	0.87~0.88

注:1. 表中拉深系数适用于 08 钢、10 钢和 15Mn 钢等普通拉深碳钢及黄铜 H62。对拉深性能较差的材料,如 20 钢、25 钢、Q215 钢、硬铝等应比表中数值大 1.5%~2.0%;而对塑性较好的材料,如 05 钢、08 钢、10 钢及软铝等可比表中数值减小 1.5%~2.0%。

2. 表中数据适用于未经中间退火的拉深。若采用中间退火工序时,则取值可比表中数值小 2%~3%。

3. 表中较小值适用于大的凹模圆角半径$[r_d=(8\sim15)t]$,较大值适用于小的凹模圆角半径$[r_d=(4\sim8)t]$。

表 4-9 圆筒形件的极限拉深系数(不带压料圈)

拉深系数	坯 料 相 对 厚 度 (t/D)(%)				
	1.5	2.0	2.5	3.0	>3
$[m_1]$	0.65	0.60	0.55	0.53	0.50
$[m_2]$	0.80	0.75	0.75	0.75	0.70
$[m_3]$	0.84	0.80	0.80	0.80	0.75
$[m_4]$	0.87	0.84	0.84	0.84	0.78
$[m_5]$	0.90	0.87	0.87	0.87	0.82
$[m_6]$	—	0.90	0.90	0.90	0.85

注:此表适用于 08 钢、10 钢及 15Mn 钢等材料。

3. 拉深次数的确定

确定拉深次数是保证拉深顺利进行的基础,也是工序件尺寸计算、拉深模设计及冲压设备选择的依据。当拉深件的拉深系数 $m=d/D$ 大于首次拉深的极限拉深系数$[m_1]$时,该拉深件只需一次拉深即可,否则就要进行多次拉深。需要多次拉深时,可按如下方法确定拉深次数:

(1)推算法

先根据 t/D 和是否带压料圈的条件,从表 4-8 或表 5-9 查出$[m_1]$、$[m_2]$、…,然后从第一道工序开始,依次算出按极限拉深系数拉深的各次拉深工序件直径,即 $d_1=[m_1]D$、$d_2=[m_2]d_1$、…、$d_n=[m_n]d_{n-1}$,直到 $d_n\leqslant d$,即当计算所得直径 d_n 小于拉深件所要求的直径 d 时,计算的次数 n 即为所需的拉深次数。若正好 $d_n=d$,为保证拉深工艺的安全可靠,取 $n+1$ 为拉深次数。

(2)查表法

圆筒形件的拉深次数还可以从各种实用的表格中查取。如表 4-10 是根据坯料的相对

厚度 t/D 与零件的相对高度 H/d 查取拉深次数;表 4-11 则是根据 t/D 与总拉深系数 m 查取拉深次数。

表 4-10　圆筒形件相对高度 H/d 与拉深次数的关系

拉深次数	坯 料 相 对 厚 度 $(t/D)(\%)$					
	$2\sim1.5$	$1.5\sim1.0$	$1.0\sim0.6$	$0.6\sim0.3$	$0.3\sim0.15$	$0.15\sim0.08$
1	$0.94\sim0.77$	$0.84\sim0.65$	$0.71\sim0.57$	$0.62\sim0.50$	$0.52\sim0.45$	$0.46\sim0.38$
2	$1.88\sim1.54$	$1.60\sim1.32$	$1.36\sim1.10$	$1.13\sim0.94$	$0.96\sim0.83$	$0.90\sim0.70$
3	$3.50\sim2.70$	$2.80\sim2.20$	$2.30\sim1.80$	$1.90\sim1.50$	$1.60\sim1.30$	$1.30\sim1.10$
4	$5.60\sim4.30$	$4.30\sim3.50$	$3.60\sim2.90$	$2.90\sim2.40$	$2.40\sim2.00$	$2.00\sim1.50$
5	$8.90\sim6.60$	$6.60\sim5.10$	$5.20\sim4.10$	$4.10\sim3.30$	$3.30\sim2.70$	$2.70\sim2.00$

注:1. 大的 H/d 值适用于第一道工序的大凹模圆角 $[r_d=(8\sim15)t]$。

　　2. 小的 H/d 值适用于第一道工序的小凹模圆角 $[r_d=(4\sim8)t]$。

　　3. 表中数据适用材料为 08F、10F。

表 4-11　圆筒形件总拉深系数 $m(t/D)$ 与拉深次数的关系

拉深次数	坯 料 相 对 厚 度 $(t/D)(\%)$				
	$2\sim1.5$	$1.5\sim1.0$	$1.0\sim0.5$	$0.5\sim0.2$	$0.2\sim0.06$
2	$0.33\sim0.36$	$0.36\sim0.40$	$0.40\sim0.43$	$0.43\sim0.46$	$0.46\sim0.48$
3	$0.24\sim0.27$	$0.27\sim0.30$	$0.30\sim0.34$	$0.34\sim0.37$	$0.37\sim0.40$
4	$0.18\sim0.21$	$0.21\sim0.24$	$0.24\sim0.27$	$0.27\sim0.30$	$0.30\sim0.33$
5	$0.13\sim0.16$	$0.16\sim0.19$	$0.19\sim0.22$	$0.22\sim0.25$	$0.25\sim0.29$

注:表中数值适用于 08 钢及 10 钢的圆筒形件(用压料圈)。

4. 各次拉深工序件尺寸的计算

对于需多次拉深的零件,需要计算各工序件的尺寸,作为设计模具及选择压力机的依据。

(1)工序件的直径

根据前述方法确定拉深次数后,从表中查出各次拉深的极限拉深系数,并加以调整确定各次拉深实际采用的拉深系数。调整时应注意满足如下条件:

1) $m_1 m_2 \cdots m_n = d/D$。

2) $m_1 > [m_1]$, $m_2 > [m_2]$, $\cdots$, $m_n > [m_n]$,且 $m_1 < m_2 < \cdots < m_n$。

然后根据调整后的各次拉深系数,计算各次工序件直径

$$d_1 = m_1 D$$
$$d_2 = m_2 d_1$$
$$\vdots$$
$$d_n = m_n d_{n-1}$$

(2)工序件的圆角半径

工序件的圆角半径 r(换算成内圆角)等于相应拉深凸模圆角半径 r_p,按式(4-27)、(4-28)、(4-29)计算。最后一次拉深的圆角半径即为零件的圆角半径,但如果 $r<t$,为提高危险断面的抗拉强度,应取 $r_p=t$,然后增加整形工序达到尺寸要求。

(3)工序件的高度

确定了工序件的直径和圆角半径后,可根据圆筒形坯料尺寸计算公式(见表 4-6)推导

出各次工序件高度的计算公式为

$$H_1 = 0.25\left(\frac{D^2}{d_1} - d_1\right) + 0.43\frac{r_1}{d_1}(d_1 + 0.32r_1)$$

$$H_2 = 0.25\left(\frac{D^2}{d_2} - d_2\right) + 0.43\frac{r_2}{d_2}(d_2 + 0.32r_2)$$

$$\vdots$$

$$H_n = 0.25\left(\frac{D^2}{d_n} - d_n\right) + 0.43\frac{r_n}{d_n}(d_n + 0.32r_n) \qquad (4\text{-}5)$$

式中　H_1、H_2、$\cdots H_n$——各次工序件的高度；

　　　d_1、d_2、$\cdots d_n$——各次工序件的直径；

　　　r_1、r_2、$\cdots r_n$——各次工序件的圆角半径；

　　　D——坯料直径。

例 4-1　图 5-20 所示无凸缘圆筒形件，材料为 10，求拉深次数，并计算工序件尺寸。

解：求解过程如下。

(1)计算毛坯尺寸。根据图 4-19，按料厚中间层计算，有：$d = \phi28$，$H = 75$，$r = 3$，$t = 2$。查表 4-4，的切边余量为 $\Delta h = 6$mm。查表 4-6，选正确公式计算，得毛坯直径为：

$$D = \sqrt{20^2 + 4\times28\times(71+6) + 6.28\times4\times20 + 8\times4^2} = $$

98.3mm

图 4-20　无凸缘圆筒形件

板料相对厚度为：$t/D = 2/98.3 \approx 2\%$。总拉深系数为 $m = 28/98.3 = 0.285$。

(2)计算拉深次数。根据板料相对厚度和拉深系数查表 5-1，应采用压边圈拉深。查表 4-8，得各次拉深的极限拉深系数为：$m_1 = 0.5$，$m_2 = 0.75$，$m_3 = 0.78$，$m_4 = 0.8$，$m_5 = 0.82$。计算相应的各次极限拉深直径为：

$$d_{1\min} = [m_1]\times D = 0.5\times98.3 = 48.7$$

$$d_{2\min} = [m_2]\times d_1 = 0.75\times48.7 = 36.5$$

$$d_{3\min} = [m_3]\times d_2 = 0.78\times36.5 = 28.5$$

$$d_{4\min} = [m_4]\times d_3 = 0.8\times28.5 = 22.8 < 28$$

故需要 4 次拉深。

(3)确定各次拉深系数。增大调整各次极限拉深系数，确定各次拉深系数为：

$m_1 = 0.53$，$m_2 = 0.79$，$m_3 = 0.81$，$m_4 = 0.84$。满足条件：$m_1 < m_2 < m_3 < m_4$，且 $m_1\times m_2 \times m_3\times m_4 = 0.285 = m$。

(4)计算工序件直径 d_i。

$$d_1 = m_1\times D = 0.53\times98.3 = 52.1$$

$$d_2 = m_2\times d_1 = 0.79\times52.1 = 41.16$$

$$d_3 = m_3\times d_2 = 0.81\times41.16 = 33.34$$

$$d_4 = m_4\times d_3 = 0.84\times33.34 = 28$$

(5)计算工序件底部圆角半径 r_i。按凸模圆角半径的计算方法，得各次拉深的凸模圆角半径为：

$$r_1 = 7\text{mm}$$

$$r_2 = \frac{41.16 - 33.34}{2} = 3.91,\text{取 } 4\text{mm}$$

$$r_3 = \frac{33.34 - 28}{2} = 2.67,\text{取 } 3\text{mm}$$

由于 $r = 3\text{mm} > t = 2\text{mm}$，故取 $r_4 = 3\text{mm}$ 合理。

(6)计算工序件高度。根据式(4-5)计算各次工序件高度为：

$$H_1 = 0.25 \times (\frac{98.3^2}{52.1} - 52.1) + 0.43 \times \frac{7+1}{52.1} \times [52.1 + 0.32 \times (7+1)] = 36.9\text{mm}$$

$$H_2 = 0.25 \times (\frac{98.3^2}{41.16} - 41.16) + 0.43 \times \frac{4+1}{41.16} \times [41.16 + 0.32 \times (4+1)] = 50.6\text{mm}$$

$$H_3 = 0.25 \times (\frac{98.3^2}{33.34} - 33.34) + 0.43 \times \frac{3+1}{33.34} \times [33.34 + 0.32 \times (3+1)] = 65.9\text{mm}$$

按零件尺寸标注方式，各次工序件如图 4-21 所示。

图 4-21　各次工序件尺寸

4.4.3　带凸缘圆筒形件的拉深

从变形区的应力与应变特点看，带凸缘圆筒形件的拉深与无凸缘圆筒形件相同，直观感觉它是无凸缘圆筒形件拉深的某中间状态，似乎较简单。而实际上，当需要多次拉深时，带凸缘圆筒形件的拉深面临的问题复杂得多，拉深方法有其特殊之处。

1. 带凸缘圆筒形件的拉深方法

图 4-22 所示为带凸缘的圆筒形件，当 $d_1/d = 1.1$ ~1.4 时，称为窄凸缘件；$d_1/d > 1.4$ 时，称为宽凸缘圆筒形件。

图 4-22　带凸缘圆筒形件

(1)窄凸缘圆筒形件的拉深

由于凸缘尺寸较小,常采用与无凸缘圆筒形件相同的方法进行拉深,只是在最后两道工序将零件拉成锥形凸缘,可用锥形凹模(见图 4-8)实现,最后通过整形工序将凸缘压平。图 4-23 所示为某小凸缘圆筒形件及其拉深工艺过程。

(a)　　　　　　　　　(b)

图 4-23　窄凸缘圆筒形件的拉深

(2)宽凸缘圆筒形件的拉深

宽凸缘圆筒形件拉深时,若需多次拉深,在后次拉深过程中,当工件的直壁部分被完全拉入凹模后,若模具继续下压,凸缘区材料将参与变形,这就意味着拉深系数突然减小很多,变形程度急剧增大,筒壁部分的拉应力骤然大幅增加,哪怕凸缘直径产生微量的减小,都会导致危险断面处破裂。因此,第一次拉深就应拉出所需的凸缘外径,而在以后各次拉深时,凸缘直径保持不变,即凸缘区材料不再发生变形,仅仅依靠筒壁部分材料的流动来获得本工序所要求的尺寸。为做到这一点,装模时必须严格控制闭合高度,但由于工艺计算误差、料厚变化以及压力机调整的困难,通常采用以下方法来解决上述问题:在进行工艺计算时,有意将第一次拉入凹模的材料增加 3%～5% 的面积(高度比理论高度大),而在以后的各次拉深中,逐步减少这部分额外多拉入凹模的材料面积,减少的这部分材料积留在凸缘区圆角附近,使该处板料不平整。这样既避免了凸缘区参与变形引起开裂,又为安装模具提供了较大调控范围,调整方便。

生产实际中,宽凸缘圆筒形件需多次拉深时有两种方法,如图 4-24 所示。

a)　　　　　　　　　b)

图 4-24　宽凸缘圆筒形件的拉深

1)如图 4-24(a)所示,首次拉深到凸缘尺寸,以后各次拉深中凸缘不变,而是逐渐缩小圆筒的直径,增加高度从而达到零件的尺寸要求。用这种拉深方法得到的拉深件表面质量差,直壁和凸缘上留有圆角弯曲和局部变薄的痕迹,一般需增加整形工序达到零件要求,常用于薄板料的中、小型零件($d_1 < 200$mm)拉深。

2)首次以大圆角拉深到凸缘尺寸及高度尺寸,以后各次拉深中凸缘及高度尺寸保持不变,通过逐步减小凸、凹模圆角半径和筒壁直径来达到最终要求,见图 4-24(b)。采用这种拉深方式,所得拉深件表面光滑,料厚均匀,但容易产生起皱现象。多适用于坯料相对厚度大,大圆角拉深时不易起皱的情况。

2. 拉深系数

带凸缘圆筒形件的拉深系数为:

$$m_t = d/D \tag{4-6}$$

式中　m_t——带凸缘圆筒形件拉深系数;

　　　d——拉深件筒形部分的直径;

　　　D——坯料直径。

当拉深件底部圆角半径 r 与凸缘处圆角半径 R 相等,即 $r = R$ 时,坯料直径为

$$D = \sqrt{d_t^2 + 4dH - 3.44dR}$$

则　　　　　$$m_t = d/D = \frac{1}{\sqrt{\left(\dfrac{d_t}{d}\right)^2 + 4\dfrac{H}{d} - 3.44\dfrac{R}{d}}} \tag{4-7}$$

由上式可以看出,带凸缘圆筒形件的拉深系数与凸缘的相对直径 d_t/d、零件的相对高度 H/d、相对圆角半径 R/d 三个因素有关,其影响程度依次减小。

带凸缘圆筒形件首次拉深的极限拉深系数见表 4-12。由表可以看出,$d_t/d \leqslant 1.1$ 时,极限拉深系数与无凸缘圆筒形件基本相同;d_t/d 大时,其极限拉深系数比无凸缘圆筒形件的小。而且当坯料直径 D 一定时,凸缘相对直径 d_t/d 越大,极限拉深系数越小。这是因为在坯料直径 D 和圆筒形直径 d 一定的情况下,带凸缘圆筒形件的凸缘相对直径 d_t/d 大,意味着只要将坯料直径稍加收缩即可达到零件凸缘外径,筒壁传力区的拉应力远没有达到最大许可值,因而可以减小其拉深系数。但这并不表明带凸缘圆筒形件拉深时,材料的极限变形程度更大。

表 4-12　带凸缘圆筒形件首次拉深的极限拉深系数$[m_1]$

凸缘的相对直径 d_t/d	坯 料 相 对 厚 度 (t/D)(%)				
	2~1.5	1.5~1.0	1.0~0.6	0.6~0.3	0.3~0.1
<1.1	0.51	0.53	0.55	0.57	0.59
1.3	0.49	0.51	0.53	0.54	0.55
1.5	0.47	0.49	0.50	0.51	0.52
1.8	0.45	0.46	0.47	0.48	0.48
2.0	0.42	0.43	0.44	0.45	0.45
2.2	0.40	0.41	0.42	0.42	0.42
2.5	0.37	0.38	0.38	0.38	0.38
2.8	0.34	0.35	0.35	0.35	0.35
3.0	0.32	0.33	0.33	0.33	0.33

由上述分析可知,在影响 m_t 的因素中,因 R/d 影响较小,因此当 m_t 一定时,则 d_t/d 与 H/d 的关系也就基本确定了。这样,就可用拉深件的相对高度来表示带凸缘圆筒形件的变形程度。首次拉深可能达到的相对高度见表 4-13。

表 4-13 带凸缘圆筒形件首次拉深的极限相对高度 $[H_1/d_1]$

凸缘的相对直径 dt/d	坯 料 相 对 厚 度 $(t/D)(\%)$				
	$2\sim1.5$	$1.5\sim1.0$	$1.0\sim0.6$	$0.6\sim0.3$	$0.3\sim0.1$
<1.1	$0.90\sim0.75$	$0.82\sim0.65$	$0.57\sim0.70$	$0.62\sim0.50$	$0.52\sim0.45$
1.3	$0.80\sim0.65$	$0.72\sim0.56$	$0.60\sim0.50$	$0.53\sim0.45$	$0.47\sim0.40$
1.5	$0.70\sim0.58$	$0.63\sim0.50$	$0.53\sim0.45$	$0.48\sim0.40$	$0.42\sim0.35$
1.8	$0.58\sim0.48$	$0.53\sim0.42$	$0.44\sim0.37$	$0.39\sim0.34$	$0.35\sim0.29$
2.0	$0.51\sim0.42$	$0.46\sim0.35$	$0.38\sim0.32$	$0.34\sim0.29$	$0.30\sim0.25$
2.2	$0.45\sim0.35$	$0.40\sim0.31$	$0.23\sim0.27$	$0.29\sim0.25$	$0.26\sim0.22$
2.5	$0.35\sim0.28$	$0.32\sim0.25$	$0.27\sim0.22$	$0.23\sim0.20$	$0.21\sim0.17$
2.8	$0.27\sim0.22$	$0.24\sim0.19$	$0.21\sim0.17$	$0.18\sim0.15$	$0.16\sim0.13$
3.0	$0.22\sim0.16$	$0.20\sim0.16$	$0.17\sim0.14$	$0.15\sim0.12$	$0.13\sim0.10$

注:1. 表中大数值适用于大圆角半径,小数值适用于小圆角半径。随着凸缘直径的增加及相对高度的减小,其数值也跟着减小。

2. 表中数值适用于 10 钢,对比 10 钢塑性好的材料取接近表中的大数值,塑性差的取小数值。

当带凸缘圆筒形件的总拉深系数 $m_t = d/D$ 大于表 4-12 的极限拉深系数,且零件的相对高度 H/d 小于表 4-13 的极限值时,则可以一次拉深成形,否则需要两次或多次拉深。

带凸缘圆筒形件以后各次拉深系数为

$$m_i = d_i/d_{i-1} \tag{4-8}$$

其值与凸缘宽度及外形尺寸无关,可取与无凸缘圆筒形件的相应拉深系数相等或略小的数值,见表 4-14。

表 4-14 带凸缘圆筒形件以后各次的极限拉深系数

拉深系数	坯 料 相 对 厚 度 $(t/D)(\%)$				
	$2\sim1.5$	$1.5\sim1.0$	$1.0\sim0.6$	$0.6\sim0.3$	$0.3\sim0.1$
$[m_2]$	0.73	0.75	0.76	0.78	0.80
$[m_3]$	0.75	0.78	0.79	0.80	0.82
$[m_4]$	0.78	0.80	0.82	0.83	0.84
$[m_5]$	0.80	0.82	0.84	0.85	0.86

3. 各次拉深高度

带凸缘圆筒形件各次拉深的高度,可根据求坯料直径的公式(见表 4-6)推导出通用公式:

$$H_i = \frac{0.25}{d_i}(D^2 - d_t^2) + 0.43(r_i + R_i) + \frac{0.14}{d_i}(r_i^2 - R_i^2)$$

$$(i = 1、2、3、\cdots、n) \tag{4-9}$$

式中 H_i——各次拉深工序件的高度;

d_i——各次拉深工序件的高度;

d_t——凸缘直径;

D——坯料直径；

r_i——各次拉深工序件的底部圆角半径；

R_i——各次拉深工序件的凸缘圆角半径。

例 4-2 试对如图 4-25 所示带凸缘圆筒形件的拉深工序进行计算。零件材料为 08 钢，厚度 $t=1mm$。

图 4-25 带凸缘圆筒形件

解：板料厚度 $t=1mm$，故按中线尺寸计算。

(1)计算坯料直径 D。根据零件尺寸查表 4-5 得切边余量 $\Delta R=2.2mm$，故实际凸缘直径 $d_t=(55.4+2\times2.2)=59.8mm$。由表 4-6 查得带凸缘圆筒形件的坯料直径计算公式为

$$D=\sqrt{d_1^2+6.28rd_1+8r^2+4d_2h+6.28Rd_2+4.56R^2+d_4^2-d_3^2}$$

根据图 4-25 有：$d_1=16.1mm$，$R=r=2.5mm$，$d_2=21.1mm$，$h=27mm$，$d_3=26.1mm$，$d_4=59.8mm$，代入上式得

$$D=\sqrt{3200+2895}\approx78mm$$

(其中 $3200\times\pi/4$ 为该拉深件除去凸缘平面部分的表面积)

(2)判断可否一次拉深成形

$$t/D=1/78=1.28\%$$
$$d_t/d=59.8/21.1=2.83$$
$$H/d=32/21.1=1.52$$
$$m_t=d/D=21.1/78=0.27$$

查表 4-12、表 4-13，$[m_1]=0.35$，$[H_1/d_1]=0.21$，得：该零件需要多次拉深。

(3)确定首次拉深工序件尺寸。初定 $d_t/d_1=1.3$，查表 4-12 得 $[m_1]=0.51$，取 $m_1=0.52$，则

$$d_1=m_1\times D=0.52\times78=40.5mm$$

取 $r_1=R_1=5.5mm$，为了使以后各次拉深时凸缘区不再变形，取首次拉入凹模的材料面积比最后一次拉深后，拉入凹模的材料总面积(即零件中除去凸缘平面以外的表面积 $3200\times\pi/4$)增加 5%，故坯料直径修正为

$$D=\sqrt{3200\times105\%+2895}=79mm$$

按式(4-9)，可得首次拉深高度为

$$H_i=\frac{0.25}{d_i}(D^2-d_t^2)+0.43(r_i+R_i)+\frac{0.14}{d_i}(r_i^2-R_i^2)$$

$$= \frac{0.25}{40.5} \times (79^2 - 59.8^2) + 0.43 \times (5.5 + 5.5) = 21.2mm$$

验算所取 m_1 是否合理：根据 $t/D = 1/79 = 1.27\%$，$d_1/d_1 = 59.8/40.5 = 1.48$，查表 4-13 可知 $[H_1/d_1] = 0.58$。因 $H_1/d_1 = 21.2/40.5 < [H_1/d_1] = 0.58$，故所取 m_1 是合理的。

(4)计算以后各次拉深的工序件尺寸　查表 4-14 得，$[m_2] = 0.75$，$[m_3] = 0.78$，$[m_4] = 0.80$，则

$$d_2 = [m_2] \times d_1 = 0.75 \times 40.5 = 30.4mm$$
$$d_3 = [m_3] \times d_2 = 0.78 \times 30.4 = 23.7mm$$
$$d_4 = [m_4] \times d_3 = 0.80 \times 23.7 = 19.0mm$$

因 $d_4 = 19.0 < 21.1$，故共需 4 次拉深。

调整以后各次拉深系数，取 $m_2 = 0.77$，$m_3 = 0.80$，$m_4 = 0.844$。故以后各次拉深工序件的直径为

$$d_2 = m_2 \times d_1 = 0.77 \times 40.5 = 31.2mm$$
$$d_3 = m_3 \times d_2 = 0.80 \times 31.2 = 25.0mm$$
$$d_4 = m_4 \times d_3 = 0.844 \times 25.0 = 21.1mm$$

以后各次拉深工序件的圆角半径取

$$r_2 = R_2 = 4.5mm, r_3 = R_3 = 3.5mm, r_4 = R_4 = 2.5mm$$

设第二次拉深时多拉入 3% 的材料（其余 2% 的材料返回到凸缘上），第三次拉深时多拉入 1.5% 的材料（其余 1.5% 的材料返回到凸缘上），则第二次和第三次拉深的假想坯料直径分别为

$$D' = \sqrt{3200 \times 103\% + 2895} = 78.7mm$$
$$D'' = \sqrt{3200 \times 101.5\% + 2895} = 78.4mm$$

以后各次拉深工序件的高度为

$$H_2 = \frac{0.25}{d_2}(D'^2 - d_t^2) + 0.43(r_2 + R_2) + \frac{0.14}{d_2}(r_2^2 - R_2^2)$$

$$= \frac{0.25}{31.2} \times (78.7^2 - 59.8^2) + 0.43 \times (4.5 + 4.5) = 24.8mm$$

$$H_3 = \frac{0.25}{d_3}(D''^2 - d_t^2) + 0.43(r_3 + R_3) + \frac{0.14}{d_3}(r_3^2 - R_3^2)$$

$$= \frac{0.25}{25} \times (78.4^2 - 59.8^2) + 0.43 \times (3.5 + 3.5) = 28.7mm$$

最后一次拉深后达到零件的高度 $H_4 = 32mm$，上道工序多拉入的 1.5% 的材料全部返回到凸缘，拉深工序至此结束。

将上述按中线尺寸计算的工序件尺寸换算成与零件图相同的标注形式后，所得各工序件的尺寸如图 4-26 所示。

图 4-26　带凸缘圆筒形件的各次拉深工序尺寸

4.4.4　阶梯圆筒形件的拉深

阶梯圆筒形件如图 4-27 所示,每一个阶梯相当于一个圆筒形件的拉深。但是阶梯圆筒形件的拉深次数及拉深方法与圆筒形件是有区别的。而主要问题是确定拉深次数,所以应先计算零件的高度 H 与最小直径 d_n 之比值 H/d_n,然后根据坯料相对厚度 t/D 查表 4-10。如果拉深次数为 1,则可一次拉深成形,否则需要多次拉深成形。

图 4-27　阶梯圆筒形件

阶梯圆筒形件需要多次拉深时,根据阶梯圆筒形件的各部分尺寸关系不同,其拉深方法也有所不同。

(1)当任意两相邻阶梯直径的比值 d_i/d_{i-1} 都不小于相应的圆筒形件的极限拉深系数时,其拉深方法由大阶梯到小阶梯依次拉出(见图 4-28(a)),拉深次数等于阶梯直径数目与最大直径拉深所需的拉深次数之和。

(2)当某两相邻阶梯直径的比值 d_i/d_{i-1} 小于相应圆筒形件的极限拉深系数时,则可先按带凸缘圆筒形件的拉深方法拉出直径 d_i,再将凸缘拉成直径 d_{i-1},其顺序是由小到大,如图 4-28(b)所示。图中因 d_2/d_1 小于相应圆筒形件的极限拉深系数,故先用带凸缘圆筒形件的拉深方法拉出直径 d_2(图中共拉 3 次),d_3/d_2 不小于相应圆筒形件的极限拉深系数,可直接从 d_2 拉到 d_3,最后拉出 d_1。

(a) (b)

图 4-28　阶梯圆筒形件多次拉深方法

（3）当零件是浅阶梯圆筒形件，且坯料相对厚度较大（t/D）、相邻阶梯直径差不大时，可以先拉成带大圆角半径的圆筒形件，然后用胀形方法得到零件的形状和尺寸。但需要注意材料的局部变薄，以免影响零件质量。

此外，当阶梯件的最小阶梯直径 d_n 很小，d_n/d_{n-1} 过小，其高度 h_n 又不大时，则最小阶梯可以用胀形的方法得到。但材料容易变薄，影响零件质量。

4.4.5　曲面回转体零件的拉深

前面所介绍的均为直壁旋转体零件的拉深，其共同点是变形区为凸缘部分，其余为传力区，成形极限是变形区起皱和传力区开裂，拉深系数是工艺计算和模具设计的依据，通过多次拉深控制每次变形程度以及采用压边圈等措施，总能实现正常拉深。

曲面回转体零件包括球形零件、抛物线形零件、锥形零件等。这类零件在拉深成形时，变形区的位置、受力情况、变形特点等都与直壁旋转体拉深件不同，所以在拉探中出现的问题和解决问题的方法与直壁旋转体拉深件也有很大的差别。对这类零件不能简单地用拉深系数去衡量和判断成形的难易程度，也不能将拉深系数作为工艺设计和模具设计的依据。

1. 曲面回转体零件的成形特点

与直壁旋转体零件的拉深相比，曲面回转体零件的拉深成形具有以下特点。

（1）材料的变形区扩大。除凸缘区材料发生变形外，凸模下面的材料也发生变形，球面、抛物线面拉深时，整个板料都是变形区。这不利于板料产生均匀、稳定的变形。

（2）变形性质复杂。曲面回转体零件的成形，除拉深变形外，还有较大的胀形成分，属于复合成形。所以在工艺设计时，对变形程度难以进行精确的分析和计算，更不能以拉深系数为依据。

（3）成形极限复杂。这类零件成形时，刚开始凸模与板料的接触面小，甚至是点接触（如球面、抛物线面），有较大区域的材料无法被压料板压住而处于悬空状态，刚度差，成形的初始阶段容易产生起皱，这是这类零件成形需要解决的主要问题；而在成形后期，凸模底部顶端或拐角处的材料由于变薄加剧容易开裂。

2. 提高曲面回转体零件成形质量的措施

（1）加大坯料直径。这种方法实质上是通过增大坯料凸缘部分的变形抗力和摩擦力，从而增大了径向拉应力，降低了中间部分坯料的切向压应力，增大了中间部分材料的胀形，从而起到防止起皱的作用。这种方法简单，但成形后的切变量大，增大了材料的消耗。

（2）增大压料力。这种方法可增大凸缘区材料流动的摩擦阻力，防皱原理与上述相同。

（3）增设压料筋。通过在压边圈和凹模上设置压料筋，增大凸缘区材料流动的阻力，增大径向拉应力，使中间部分的坯料胀形成分增大，降低了起皱趋向。压料筋的应用见图4-11，这种方法既能有效防皱，又不以增加料耗为代价，在复杂曲面零件的成形中应用广泛。

（4）采用反拉深方法。反拉深也是增大材料径向拉应力，减小切向压应力，从而防止起皱的有效措施，其原理见图4-10。

以上都是为了防止曲面回转体零件拉深时起皱的方法，其共同点是减缓凸缘区材料的拉深变形，增大中间部分材料的胀形成分，降低其起皱的可能性。但也可能导致凸模顶点处坯料过分变薄甚至破裂，实际应用中应根据零件形状及变形特点选择适当措施，细致调整相关参数，方能确保零件顺利成形。

4.5 压料力、拉深力与冲压设备选择

4.5.1 压料装置与压料力的确定

压料力是为了防止起皱保证拉深过程顺利进行而对板料表面施加的压力，压料装置及压料力的大小直接关系到拉深能否顺利进行。

1. 压料装置的选用

目前生产中常见的压料装置有两种类型：弹性压料装置和刚性压料装置。

（1）弹性压料装置

弹性压料装置用于一般的单动压力机，根据弹性力的不同，弹性压料装置有橡胶式、弹簧式和气垫式三种，如图4-29所示。

(a) 橡胶式压料装置　　(b) 弹簧式压料装置　　(c) 气垫式压料装置

图4-29 弹性压料装置

三种压料装置所产生的压料力和压力机行程的关系如图4-30所示。由图可知，橡胶和弹簧式压料装置的压料力是随着工作行程的增加而增大的，尤其橡胶式压料装置更突出。这样的压料力变化特性会使拉深过程的拉探力不断增大，从而增大拉裂的危险性。因此，弹簧和橡胶压料装置通常只用于浅拉深。但是.这两种压料装置结构简单，在中小型压力机上使用较为方便。气垫式装置的压料力随行程的变化很小，压料效果较好，但结构复杂，且必

须使用压缩空气。

近年来,一种新的压力元件——氮气缸常用于拉深模的压料(见图 2-73)。氮气缸相当于压力恒定的弹簧,压料装置与弹簧式相似,它既有气垫的压力特点,安装、拆换又方便,并且可换气、充气,使用寿命长,因而得到越来越广泛的应用。

图 4-30 各种弹性压料装置的压料力曲线

压料圈是压料装置的关键零件,常见的结构形式有平面形、锥形和弧形,如图 4-31 所示。一般的拉深模采用平面形压料圈(图(a));锥形压料圈(图(b))能降低极限拉深系数,与锥形凹模配套使用,其锥角与锥形凹模的锥角相对应,一般取 $\beta=$ 30°~40°,主要用于拉深系数较小的拉深件;当坯料相对厚度较小,拉深件凸缘小且圆角半径较大时,则采用带弧形的压料圈(图 c)。

(a) (b) (c)

1-凸模 2-顶板 3-凹模 4-压料圈
图 4-31 压料圈的结构形式

若采用弹簧式或橡胶式压料装置,为保持压料力均衡,防止坯料被过分压紧,特别是拉深带宽凸缘的薄板零件时,可采用带限位装置的压料圈,如图 4-32 所示。限位柱可使压料圈和凹模之间始终保持一定的距离 s。对于带凸缘零件的拉深,$s=t+(0.05\sim0.1)$mm;铝合金零件的拉深,$s=1.1t$;钢板零件的拉深,$s=1.2t$(t 为板料厚度)。

(a) (b) (c)

图 4-32 有限位装置的压料圈

（2）刚性压料装置

刚性压料装置用于在双动压力机上冲压的拉深模,冲压时,压力机的外滑块带动压料圈首先下行,压住板料,随后内滑块带动凸模下行进行拉深,如图 4-33 所示。这种压料装置的特点是压料力的大小不会随压力机的行程而改变,又可根据拉深要求,调整压边圈与凹模的间隙来调节压料力,拉深效果好,且模具结构简单。

1-凸模固定杆　2-外滑块　3-拉深凸模
4-压料圈兼落料凸模　5-落料凹模　6-拉深凹模
图 4-33　双动压力机用拉深模的刚性压料

2. 压料力的确定

当确定需要采用的压料装置后,压料力大小必须适当。压料力过大,会增大坯料拉入凹模的拉力,导致危险断面破裂;压料力不足,则不能防止凸缘起皱。一般来说,对于一定的拉深变形程度,压料力大小有一定的安全范围,图 4-34 所示为压料力与拉深系数的关系,由图可见,拉深系数越小,压料力可供调节的范围越小,当拉深系数接近极限拉深系数时,压料力的确定十分困难。确定压料力大小时,要在保证坯料变形区不起皱的前提下,尽量选用较小的压料力。

图 4-34　压料力与拉深系数的关系

在模具设计时,压料力可按下列经验公式计算:

任何形状的拉深件 $\qquad F_Y = Ap$ (4-10)

圆筒形件首次拉深 $\qquad F_Y = \dfrac{\pi}{4}\left[D^2 - (d_1 + 2r_{d1})^2\right]p$ (4-11)

圆筒形件以后各次拉深

$$F_Y = \dfrac{\pi}{4}\left[d_{i-1}^2 - (d_i + 2r_{di})^2\right]p \quad (i=2、3、\cdots)$$ (4-12)

式中　F_Y——压料力(N);

A——压料圈下坯料的投影面积(mm^2);

p——单位面积压料力(MPa),见表 4-15;

D——坯料直径(mm);

d_n——各次拉深工序件的直径(mm);

r_{di}——各次拉深凹模的圆角半径(mm)。

表 4-15　单位面积压料力

材料	单位压料力 p/MPa	材料	单位压料力 p/MPa
铝	0.8～1.2	软钢($t<0.5$mm)	2.5～3.0
纯铜、硬铝(已退火)	1.2～1.8	镀锡钢	2.5～3.0
黄铜	1.5～2.0	耐热钢	2.8～3.5
软钢($t>0.5$mm)	2.0～2.5	高合金钢、不锈钢、高锰钢	3.0～4.5

4.5.2　拉深力的确定

拉深力大小随凸模行程变化的大致曲线见图 1-3,通常拉深力是指其峰值。拉深力的确定,应根据材料塑性力学的理论进行计算,但影响拉深力的因素相当复杂,计算结果往往和实际情况出入较大。因此,在实际生产中多采用经验公式进行计算。对于圆筒形件:

首次拉深　　　　　　　　　　$F=K_1\pi d_1 t\sigma_b$ 　　　　　　　　　　(4-13)

以后各次拉深　　　　　　　$F=K_2\pi d_i t\sigma_b$ 　(i=2、3、…、n)　　　(4-14)

式中　F——拉深力;

d_i——各次拉深工序件直径(mm);

t——板料厚度(mm);

σ_b——拉深件材料的抗力强度(MPa);

K_1、K_2——修正系数,与拉深系数有关,见表 4-16。

表 4-16　修正系数 K_1、K_2 的数值

m_1	0.55	0.57	0.60	0.62	0.65	0.67	0.70	0.72	0.75	0.77	0.80	—	—	—
K_1	1.0	0.93	0.86	0.79	0.72	0.66	0.60	0.55	0.5	0.45	0.40	—	—	—
m_2、…、m_n	—	—	—	—	—	—	0.70	0.72	0.75	0.77	0.80	0.85	0.90	0.95
K_2	—	—	—	—	—	—	1.0	0.95	0.90	0.85	0.80	0.70	0.60	0.50

4.5.3　拉深压力机的选用

1. 压力机公称压力的确定

对于单动压力机,其公称压力 F_g 应大于拉深力 F 与压料力 F_Y 之和,即

$$F_g>F+F_Y$$

对于双动压力机,应使内滑块公称压力 F_g 和外滑块公称压力 $F_{g外}$ 分别大于拉深力 F 和压料力 F_Y,即

$$F_g>F \qquad F_{g外}>F_Y$$

确定机械式拉深压力机公称压力时必须注意,当拉深工作行程较大,尤其是落料拉深复合时,应使拉深力曲线位于压力机滑块的许用负荷曲线之下(见图 1-3),而不能简单地按压力机公称压力大于拉深力或拉深力与压力之和的原则去确定规格。在实际生产中,也可以按下式来确定压力机的公称压力:

浅拉深 $$F_g \geqslant (1.6 \sim 1.8)F_\Sigma \qquad (4\text{-}15)$$

深拉深 $$F_g \geqslant (1.8 \sim 2.0)F_\Sigma \qquad (4\text{-}16)$$

式中 F_Σ——冲压工艺总力,与模具结构有关,包括拉深力、压料力、冲裁力等。

2. 拉深功的计算

当拉深高度较大时,由于凸模工作行程较大,可能出现压力机的压力满足要求而功率不够的情况。此时应计算拉深功,并校核压力机的电机功率。

拉深功按下式计算:

$$W = CF_{max}h/1000 \qquad (4\text{-}17)$$

式中 W——拉深功(J);

F_{max}——含压料力在内的最大拉深力(N);

h——凸模工作行程(mm);

C——系数,可取 $0.6 \sim 0.8$。

压力机的电机功率可按下式计算:

$$P_w = KWn/(60 \times 1000 \times \eta_1 \eta_2) \qquad (4\text{-}18)$$

式中 P_w——电机功率(kW);

K——不均衡系数,取 $1.2 \sim 1.4$;

η_1——压力机效率,取 $0.6 \sim 0.8$;

η_2——电机效率,取 $0.9 \sim 0.95$;

n——压力机每分钟行程次数。

若所选压力机的电机功率小于计算值,则应另选更大规格的压力机。

4.6 拉深模

4.6.1 拉深模工作零件结构与尺寸设计

凸、凹模的断面形式是保证拉深件得到正确形状及较高精度的关键,同时也直接影响到拉深的变形程度。拉深模凸、凹模设计时应在保证其强度的前提下有利于金属材料的流动。

1. 拉深凸、凹模的结构

(1)凸模的结构形式

拉深后为使零件容易从凸模上脱下,凸模的高度方向可带有一定锥度 α(图 4-35(b)),一般圆筒形件或其他形状零件的拉深 α 可取 $2' \sim 5'$。中型和大型的拉深件在多次拉深时,其前几道工序的拉深凸模可以做成带有锥形侧角的结构(图 4-35(c)),其转角处为 45°的斜面,在斜面和圆柱形连接的地方倒圆角,避免材料在圆角处过分变薄。但应注意其底部直径 d_2 的大小应等于下一次拉深时凸模的外径。

拉深后由于受空气压力的作用工件套紧在凸模上不易脱下,材料厚度较薄时工件甚至会被压缩。因此,通常需要在凸模上开设通气孔(图 4-35(a))。

(2)凹模的结构形式

常见的拉深凹模结构是一个带圆角的孔,如图 4-36 所示。圆角以下的直壁部分 h 是板料受力变形形成圆筒形件侧壁、产生滑动的区域,其值应尽量取小些。但如果 h 过小,拉深

图 4-35 拉深凸模的形式

图 4-36 拉深凹模结构

过程结束后制件会有较大的回弹,而使拉深件在整个高度上各部分的尺寸不能保持一致。而当 h 过大时,拉深件侧壁在凹模内直壁部分滑动时摩擦力增大,造成制件侧壁过分变薄。

不带压边圈的拉深凹模,在口部可以做成带台肩的结构,如图 4-37 所示,以保证坯料的正确定位,但此种结构形式的凹模修模不方便。

锥形凹模的口部结构如图 4-38 所示,其直壁高度 h 要求同一般凹模。

图 4-37 无压边圈拉深凹模结构　　　　图 4-38 锥形凹模口部结构尺寸

对于下出件拉深模,是利用凹模孔下部的台肩对有一定回弹而变大的拉深件口部作用而实现下出件,此时,凹模的直壁部分下端应做成直角(图 4-39(a))或锐角(图 4-39(b))的

形式,使拉深件在凸模回程时能被凹模钩下。如果凹模下端为圆角或尖角变钝,则拉深件仍然会套紧凸模一起上升(图 4-39(c))。

(a)　　　　　　　　　　(b)　　　　　　　　　　(c)

图 4-39　拉深凹模下部结构

2. 凸、凹模工作尺寸的计算

拉深件的尺寸和公差是由最后一次拉深模保证的,考虑拉深模的磨损和拉深件的弹性回复,最后一次拉深模的凸、凹模工作尺寸及公差按如下确定:

当拉深件标注外形尺寸时(图 4-40(a)),则

$$D_d = (D_{max} - 0.75\Delta)_0^{+\delta_d} \tag{4-19}$$

$$D_p = (D_{max} - 0.75\Delta - 2Z)_{-\delta_p}^0 \tag{4-20}$$

当拉深件标注内形尺寸时(图 5-40(b)),则

$$d_p = (d_{min} + 0.4\Delta)_{-\delta_p}^0 \tag{4-21}$$

$$d_d = (d_{min} + 0.4\Delta + 2Z)_0^{+\delta_d} \tag{4-22}$$

式中　D_d、d_d——凹模工作尺寸;

D_p、d_p——凸模工作尺寸;

D_{max}、d_{min}——拉深件的最大外形尺寸和最小内形尺寸;

Z——凸、凹模单边间隙;

Δ——拉深件的公差;

δ_p、δ_d——凸、凹模的制造公差,可按 IT6~IT9 级确定,或查表 4-17。

(a)拉深件标注外形尺寸　　　　　　(b)拉深件标注内形尺寸

图 4-40　拉深件尺寸与凸、凹模工作尺寸

表 4-17 拉深凸、凹模制造公差 （mm）

材料厚度 t	拉深件直径 d					
	$\leqslant 20$		$20\sim100$		>100	
	δ_d	δ_p	δ_d	δ_p	δ_d	δ_p
$\leqslant 0.5$	0.02	0.01	0.03	0.02	—	—
$>0.5\sim1.5$	0.04	0.02	0.05	0.03	0.08	0.05
>1.5	0.06	0.04	0.08	0.05	0.10	0.06

对于首次和中间各次拉深模,因工序件尺寸无需严格要求,所以其凸、凹模工作尺寸取相应工序的工序件尺寸即可。若以凹模为基准,则

$$D_d = D_0^{+\delta_d} \tag{4-23}$$

$$D_p = (D-2Z)_{-\delta_p}^0 \tag{4-24}$$

式中　D——各次拉深工序件的基本尺寸。

3. 凸、凹模的圆角半径

（1）凹模圆角半径

首次拉深凹模圆角半径可按下式计算:

$$r_{d1} = 0.8\sqrt{(D-d)t} \tag{4-25}$$

式中　r_{d1}——凹模圆角半径;

　　　D——坯料直径;

　　　d——凹模内径(当工件料厚 $t \geqslant 1$ 时,也可取首次拉深时工件的中线尺寸);

　　　t——材料厚度。

以后各次拉深时,凹模圆角半径应逐渐减小时,一般可按以下关系确定:

$$r_{di} = (0.6\sim0.9)r_{d(i-1)} \qquad (i=2、3、\cdots、n) \tag{4-26}$$

以上计算所得凹模圆角半径均应符合 $r_d \geqslant 2t$ 的拉深工艺性要求。

（2）凸模圆角半径

首次拉深凸模圆角半径按下式确定

$$r_{p1} = (0.7\sim1.0)r_{d1} \tag{4-27}$$

以后各次拉深的凸模圆角半径可按下式确定:

$$r_{p(i-1)} = (d_{i-1}-d_i-2t)/2 \qquad (i=3、4、\cdots、n) \tag{4-28}$$

式中　d_{i-1}、d_i——各次拉深工序件的直径。

当 $d_{i-1}-d_i$ 较小时,按式(4-28)计算所得 $r_{p(i-1)}$ 也较小,常不符合工艺要求,这时可直接按下式选取

$$r_{p(i-1)} = (d_{i-1}-d_i)/2 \qquad (i=3、4、\cdots、n) \tag{4-29}$$

最后一次拉深时,凸模圆角半径 r_{pn} 应与拉深件底部圆角半径 r 相等。但当拉深件底部圆角半径小于拉深工艺要求的最小值时,则凸模圆角半径应按工艺性要求确定($r_p \geqslant t$),然后通过增加整形工序得到拉深件所要求的圆角半径。

4. 凸、凹模的间隙

拉深模的间隙是指凸模和凹模工作部分之间的间距,其对拉深力、拉深件质量和模具寿命等都有影响。确定模具间隙时,不仅要考虑材料、板料厚度及厚度公差,同时还要考虑拉深件的尺寸以及表面粗糙度要求。

如果模具凸、凹模间隙过小,拉深时虽然可能给得到平直光滑的零件,但坯料在通过间隙时产生的校直与变薄变形会引起较大的拉深力,致使零件的侧壁变薄严重,甚至产生拉裂。此外,间隙过小会使坯料与模具表面之间的接触压力加大,加剧模具的磨损。而如果间隙过大,则坯料的校直作用较小,拉深件由于回弹的作用将会产生较大的畸变。

(1)无压料装置的凸、凹模间隙

对于无压料装置的拉深模,其凸、凹模单边间隙可按下式确定:

$$Z=(1\sim1.1)t_{max} \tag{4-30}$$

式中　Z——凸、凹模单边间隙;

　　　t_{max}——材料厚度的最大极限尺寸。

对于系数$1\sim1.1$,末次拉深或精度要求高的拉深件取较小值,首次和中间各次拉深或精度要求不高的拉深件取较大值。

(2)带压料装置的凸、凹模间隙

对于有压料装置的拉深模,其凸、凹模间隙可按表4-18确定。

表 4-18　有压料装置的凸、凹模单边间隙值 Z

总拉深次数	拉深工序	单边间隙 Z	总拉深次数	拉深工序	单边间隙 Z
1	第一次拉深	$(1\sim1.1)t$		第一、二次拉深	$1.2t$
2	第一次拉深	$1.1t$	4	第三次拉深	$1.1t$
	第二次拉深	$(1\sim1.05)t$		第四次拉深	$(1\sim1.05)t$
3	第一次拉深	$1.2t$		第一、二、三次拉深	$1.2t$
	第二次拉深	$1.1t$	5	第四次拉深	$1.1t$
	第三次拉深	$(1\sim1.05)t$		第五次拉深	$(1\sim1.05)t$

注:1. t 为材料厚度,取材料允许偏差的中间值。

　　2. 当拉深精度要求较高的零件时,最后一次拉深间隙 $Z=t$。

4.6.2　拉深模典型结构

1. 首次拉深模

图4-41(a)为无压料装置的首次拉深模。拉深件直接从凹模底部落下,为了从凸模上卸下冲件,在凹模下安装卸件器,当拉深工作行程结束,凸模回程时,卸件器下平面作用于拉深件口部,把冲件卸下。如果拉深件深度较小,拉深后有一定回弹量,回弹引起拉深件口部张大,当凸模回程时,凹模下平面挡住拉深件口部而自然卸下拉深件,此时可以不配备卸件器。此类拉深模结构简单,适用于拉深板料厚度较大而深度不大的拉深件。

图4-41(b)为有压料装置的正装式首次拉深模。拉深模的压料装置在上模,由于弹性元件高度受到模具闭合高度的限制,此类结构形式的拉深模只适用于拉深高度不大的零件。

图4-41(c)为倒装式的具有锥形压料圈的拉深模,压料装置的弹性元件在下模底下,工作行程可以较大,可用于拉深高度较大的零件,应用广泛。

图4-41(d)为双动压力机用首次拉深模。下模由凹模、定位板、凹模固定板、顶件块和下模座组成,上模的压料圈通过上模座固定在压力机的外滑块上,凸模通过凸模固定杆固定在内滑块上。工作时,坯料由定位板定位,外滑块先行下降带动压料圈将坯料压紧,接着内滑块下降带动凸模完成对坯料的拉深。回程时,内滑块先带动凸模上升将工件卸下,接着外滑块带动压料圈上升,同时顶件块在弹顶器作用下将工件从凹模内顶出。

(a) 无压料装置　　(b) 料装置

(c) 锥形压料圈　　(d) 双动压力机用

图 4-41　首次拉深模

2. 以后各次拉深模

图 4-42 所示为无压料装置的以后各次拉深模,前次拉深后的工序件由定位板 6 定位,拉深后工件由凹模孔台阶卸下。为了减小工件与凹模间的摩擦,凹模直边高度 h 取 9～13mm。该模具适用于变形程度不大、拉深件直径和壁厚要求均匀的以后各次拉深模。

图 4-43 所示为有压料倒装式以后各次拉深模,压料圈 6 兼起定位作用,前次拉深后的工序件套在压料圈上进行定位。压料圈的高度应大于前次工序件的高度,其外径最好按已拉成的前次工序件的内径配作。拉深完的工件在回程时分别由压料圈顶出和推件块 3 推出。可调式限位柱 5 可控制压料圈与凹模之间的间距,以防止拉深后期由于压料力过大造成工件侧壁底角附近过分减薄或拉裂。

1-上模座　2-垫板　3-凸模固定板　4-凸模　5-通气孔
6-定位板　7-凹模　8-凹模座　9-下模座

图 4-42　无压料以后各次拉深模

1-打杆　2-螺母　3-推件块　4-凹模
5-可调式限位柱　6-压料圈

图 4-43　有压料以后各次拉深模

3. 落料拉深复合模

图 4-44 所示为落料拉深复合模,条料由两个导料销 11 进行导向,由挡料销 12 定距。由于排样图取消了纵搭边,落料后废料中间将自动断开,因此可不设卸料装置。工作时,首先由落料凹模 1 和凸凹模 3 完成落料,紧接着由拉深凸模 2 和凸凹模进行拉深。压料圈 9 既起压料作用又起顶件作用。由于有顶件作用,上模回程时,冲件可能留在拉深凹模内,所以设置了推件装置。为保证先落料后拉深,模具装配时,应使拉深凸模 2 比落料凹模 1 低约 1～1.5 倍料厚的距离。

4.6.3　拉深模的制造与调试

由于拉深变形的复杂性,拉深模的制造要求较高,即使最简单的无凸缘圆筒形件的拉深模,工作零件尺寸的微小变化都有可能导致拉深件产生缺陷。另一方面,由于工艺和模具设计精度的局限,拉深模制造精度即使完全符合设计要求,仍然需要通过试模和修整方能达到成形质量要求。

1. 拉深模制造要点

(1)工作面的形状精度。凸、凹模的工作面必须与拉深件内外形状吻合,间隙均匀,保证拉深件精度要求以及板料沿周受力和变形均匀,不至于引起超标的缺陷。

(2)压料圈的精度。压料时,压边圈压料面与凹模面必须完全吻合,压料力均匀,保证材料流动稳定。尤其是曲面压料面,制造时须研配或数控加工。

(3)表面粗糙度。拉深时材料与模具表面的摩擦强烈,要求凹模与材料接触的所有表面、压边圈的压料面的粗糙度较低,一般小于 Ra0.4,以创造有利的变形条件,降低传力区载

1-落料凹模　2-拉深凸模　3-凸凹模　4-推件块　5-螺母　6-拉杆

7-拉杆　8-垫板　9-压料圈　10-固定板　11-导料销　12-挡料销

图 4-44　落料拉深复合模

荷和开裂的风险。同时,凸模工作面的粗糙度则不可太低,以防止坯料偏移。

(4)主要零件的力学性能。凸、凹模材料与热处理要求应满足强度和耐磨度的要求,具体见表 1-8。压边圈也必须选用工具钢并淬硬处理。

(5)除旋转体拉深件外,其余复杂拉深件的坯料形状和尺寸一般都无法预先精确计算,即使采用 CAE 软件模拟和计算,仍需在试模后确定坯料形状和尺寸。因此,落料模的制造一般在拉深模调试合格以后进行。

2. 拉深模制造方法

对于圆筒形件的拉深模,制造工艺比较简单,普通加工设备基本能满足要求。对于形状和变形复杂的拉深成形件,目前都采用 CAE/CAD/CAM 软件辅助成形工艺设计、模具设计和编程加工,使在调试前,模具更接近合理状态,缩短了模具制造周期。

3. 拉深模的调试

拉深模的调试是非常重要的环节,从毛坯形状和尺寸到凸、凹模局部尺寸的确定,以及压边力的大小确定、毛坯定位等问题都必须在模具调试阶段最后解决,当工艺设计的不确定

性多、模具制造误差大时,模具调试耗时较长。拉深模调试过程中常出现的主要问题以及解决问题的措施,在前面的拉深模要点中有所叙述,这里仅就这些措施应用时的注意事项加以说明。

(1)当拉深件产生起皱现象时,应首先考虑调整压边力,再考虑修改坯料的形状和尺寸,一般均能使起皱消除;若压边力增大后发生开裂,再按优先次序采取应对开裂的措施加以消除;若在其他工艺条件良好的情况下,压边力稍有增大就发生开裂,稍有减小又发生起皱,则可能工艺设计不佳。

(2)当拉深件产生开裂时,优先采取的措施依次应为:减小压边力、抛光凹模表面及压边圈的压料面、改善润滑条件、适当修大凹模圆角、修改坯料性状和尺寸、修改压料筋。

(3)若同时存在变形区起皱和传力区开裂,应先采取措施消除起皱问题,然后视情况进一步采取措施。

(4)复杂形状的拉深成形,一般都含有其他性质的变形(如胀形),常会发生局部起皱或开裂的缺陷,或邻近区域同时发生起皱和开裂,应仔细分析材料流动规律,必要时在坯料上画网格进行分析,然后按以下优先顺序采取措施:修改坯料局部形状和尺寸、精修凸模和凹模局部形状、精修压料筋尺寸。

(5)压边力弹性件为弹簧或橡胶,难以调试合格时,可考虑更换恒力压力元件,如氮气缸。机械压力机上难以调试合格时,可考虑在油压机上调试。

(6)对板料实施润滑时,不可润滑与凸模底部接触的部分。

4.7 拉深模设计项目

拉深模设计的关键在于拉深工艺方案制定和精确的工艺计算,这里以例 5-2 的带凸缘拉深件为例,在前面计算的基础上,细述拉深模的设计过程。

1. 项目要求

拉深图 4-25 所示带凸缘圆筒形零件,材料为 08 钢,厚度 $t=1$mm,大批量生产。试确定拉深工艺,设计拉深模。

2. 零件的工艺性分析

该零件为带凸缘圆筒形件,要求内形尺寸,料厚 $t=1$mm,没有厚度不变的要求;零件的形状简单、对称,底部圆角半径 $r=2$mm$>t$,凸缘处的圆角半径 $R=2$mm$=2t$,满足拉深工艺对形状和圆角半径的要求;尺寸 $\phi20.1_0^{+0.1}$mm 为 IT12 级,其余尺寸为自由公差,满足拉深工艺对精度等级的要求;零件所用材料 08 钢的拉深性能较好,易于拉深成形。

因此,该零件的拉深工艺性较好,可以拉深成形。

3. 确定工艺方案

为了确定零件的成形工艺方案,先应计算拉深次数及有关工序尺寸。

该零件的拉深次数与工序尺寸计算见例 4-2,其计算结果列于表 4-19。

表 4-19　拉深次数与各次拉深工序件尺寸　　　　　　　　　　　(mm)

拉深次数 n	凸缘直径 d_t	筒体直径 d（内形尺寸）	高度 H	圆角半径	
				R（外形尺寸）	r（内形尺寸）
1	$\phi 59.8$	$\phi 39.5$	21.2	5	5
2	$\phi 59.8$	$\phi 30.2$	24.8	4	4
3	$\phi 59.8$	$\phi 24$	28.7	3	3
4	$\phi 59.8$	$\phi 20.1$	32	2	2

根据上述计算结果,本零件需要落料(制成 $\phi 79$mm 的坯料)、四次拉深和切边(达到零件要求的凸缘直径 $\phi 55.4$mm)共六道冲压工序。考虑该零件的首次拉深高度较小,且坯料直径($\phi 79$mm)与首次拉深后的筒体直径($\phi 39.5$mm)的差值较大,为了提高生产效率,可将坯料与首次拉深复合。因此,该零件的冲压工艺方案为:

10)落料与首次拉深复合

20)第二次拉深

30)第三次拉深

40)第四次拉深

50)切边。

现仅以第四次拉深为例介绍拉深模设计过程。

4. 拉深力与压料力计算

(1)拉深力　拉深力根据式(4-14)计算,由附录 1 查得 08 钢的强度极限 $\sigma_b = 400$MPa,由 $m_4 = 0.844$ 查表 4-16 得 $K_2 = 0.70$,则

$$F = K_2 \pi d_i t \sigma_b = 0.70 \times 3.14 \times 20.1 \times 1 \times 400 = 17672\text{N}$$

(2)压料力　压料力根据式(4-12)计算,查表 4-15 取 $p = 2.5$MPa,则

$$F_Y = \pi(d_3^2 - d_4^2)p/4 = 3.14 \times (24^2 - 20.1^2) \times 2.5/4 = 338\text{N}$$

(3)压力机公称压力　根据式(4-16)和 $F_\Sigma = F + F_Y$,取 $F_g \geqslant 1.8 F_\Sigma$,则

$$F_g \geqslant 1.8 \times (17672 + 338) = 32418 = 32.4\text{kN}$$

5. 模具工作部分尺寸

(1)凸、凹模间隙。由表 4-18 查得凸、凹模的单边间隙 $Z = (1 \sim 1.05)t$,取 $Z = 1.05t = 1.05 \times 1 = 1.05$mm。

(2)凸、凹模圆角半径。因是最后一次拉深,故凸、凹模圆角半径应与拉深件相应圆角半径一致,故凸模圆角半径 $r_p = 2$mm,凹模圆角半径 $r_d = 2$mm。满足工艺性要求。

(3)凸、凹模工作尺寸及公差。由于工件要求内形尺寸,故凸、凹模工作尺寸及公差分别按式(4-21)、式(4-22)计算。查表 4-17,取 $\delta_p = 0.02$,$\delta_d = 0.04$,则

$$d_p = (d_{min} + 0.4\Delta)_{-\delta_p}^{0} = (20.1 + 0.4 \times 0.2)_{-0.02}^{0} = 20.18_{-0.02}^{0}\text{mm}$$

$$d_d = (d_{min} + 0.4\Delta + 2Z)_{0}^{+\delta_d} = (20.1 + 0.4 \times 0.2 + 2 \times 1.05)_{0}^{+0.04} = 22.28_{0}^{+0.04}\text{mm}$$

(4)凸模通气孔。根据凸模直径大小,取通气孔直径为 $\phi 5$mm。

6. 模具的总体设计

模具的总装图如图 4-45 所示。因为压料力不大($F_Y = 338$N),故在单动压力机上拉深。本模具采用倒装式结构,凹模 11 固定在模柄 7 上,凸模 13 通过固定板 15 固定在下模座 3 上。由上道工序拉深的工序件套在压料圈 14 上定位,拉深结束后,由推件块 12 将卡在凹模

工作图

1-螺杆　2-橡胶　3-下模座　4、6-螺钉　5、10-销钉　7-模柄　8、18-螺母
9-拉杆　11-凹模　12-推件块　13-凸模　14-压料圈　15-固定板　16-顶杆　17-托板

图 4-45　拉深模总装图

内的工件推出。

7. 压力机选择

根据公称压力 $F_g \geqslant 32.4\text{kN}$，模具闭合高度 $H = 188\text{mm}$，以及滑块行程 $s \geqslant 2h_{\text{工件}} = 2 \times 32 = 64\text{mm}$。查附录 3，确定选择型号为 JC23-35 型开式双柱可倾式压力机。

8. 模具主要零件设计

根据模具总装图结构、拉深工作要求及前述模具工作部分的计算，设计出的拉深凸模、拉深凹模及压料圈分别见图 4-46、图 4-47、图 4-48。

9. 项目总结

从本例设计过程（包括例 4-2 的内容）可见，拉深模设计的工艺分析和计算较繁琐，对于更复杂的拉深件，甚至无法计算，只能定性分析，凭经验进行模具设计，依赖试模时调整、修配到合理状态。而在模具结构上，拉深模总体上较简单，只是工作零件、压边圈的形状与拉深件形状相适应，有时型面较复杂。目前，复杂拉深件的工艺分析和参数确定多采用 CAE 软件辅助完成，第六章将给出此类案例。

材料：T10A 热处理：58～62HRC

图 4-46 拉深凸模

材料：T10A 热处理：60～64HRC

图 4-47 拉深凹模

材料：T08A 热处理：54～58HRC

图 4-48 压料圈

第五章　其他成形

其他成形是指除弯曲和拉深以外的塑性成形工序,包括胀形、翻边、缩口、校形和旋压等。这些成形工序的共同点是:通过材料的局部变形来改变坯料或工序件的形状。不同点是成形性质和成形极限不尽相同,其中,旋压属于特殊的成形方法。这类成形件和成形方法的应用也非常广泛,并且往往与拉深、弯曲变形综合于一体,使工艺设计变得更加复杂。本章仅介绍这类成形的基本原理和特点以及模具设计要点。

5.1　胀　形

胀形是使坯料局部产生凸起或凹陷而得到所需形状和尺寸的冲压方法。

5.1.1　胀形变形的原理与特点

如图 5-1 所示为平板坯料胀形模的示意图,在结构上与首次拉深模相同,但变形原理、过程和特点却大不相同。胀形时,坯料的凸缘区面积较大(相当于拉深系数很小),当凸模作用于板料时,板料的凸缘区比凸模底部的坯料更"强",即所谓"强区",材料向凹模流动的趋向不能实现,而凸模底部的坯料则相对较"弱",即所谓"弱区",从而向四周流动而成形。一般来说,当坯料直径 D 超过成形直径 D_j 的 3 倍以上时,将发生胀形变形。

图 5-1　平板坯料胀形示意图

图 5-2　胀形变形区

为便于胀形过程的进行,胀形形状一般为曲面,如图 5-2 所示。不难分析,由于凸缘区材料不能向中部流动,胀形的变形区仅为凸模底部直径为 d 的圆周以内的坯料,胀形的实现完全依靠变形区材料厚度的变薄及表面积的增大。变形区应力状态为两向受拉、厚度方向

受压,因而其成形极限受拉裂的限制。

由于胀形时坯料处于双向受拉的应力状态,变形区的材料不会产生失稳起皱现象,因此成形后零件的表面光滑,质量好。同时,由于变形区材料截面上拉应力沿厚度方向的分布比较均匀,所以卸载后的回弹很小,容易得到尺寸精度较高的零件。另外,随着变形区截面直径的减小,拉应力增大,所以胀形面的底尖部应力最大,最易开裂。

胀形变形根据不同的坯料形状,可分为平板坯料的局部胀形和圆柱空心坯料的胀形两大类。

5.1.2 平板坯料的局部胀形

平板坯料的胀形又称起伏成形,是一种使材料发生伸长,形成局部的凹进或凸起,以改变坯料形状的方法。经起伏成形后的制件,由于惯性矩的改变和材料的加工硬化作用,有效地提高了制件的强度和刚度,而且外形美观。

生产中常见的压加强肋、压凸包、压字和压花等,都是对平板坯料进行局部胀形的结果。如图 5-3 所示。

图 5-3 平板坯料胀形实例

1. 压加强肋

常用胀形加强筋的形式和尺寸如表 5-1 所示。

表 5-1 加强筋的形式和尺寸

名称	简 图	R	h	D 或 B	r	α
弧形筋		$(3\sim4)t$	$(2\sim3)t$	$(7\sim10)t$	$(1\sim2)t$	—
梯形筋		—	$(1.5\sim2)t$	$\geqslant3h$	$(0.5\sim1.5)t$	$15°\sim30°$

简单加强筋在成形时,加强筋的中间段是单向拉应力,两端是双向拉应力状态。对于形状较复杂的压筋件,成形时应力应变分布比较复杂,其危险部位和极限变形程度一般要通过试验的方法或 CAE 软件仿真确定。

简单加强筋能够一次成形的条件是:

$$\frac{l-l_0}{l_0} \leqslant (0.7 \sim 0.75)[\delta] \tag{5-1}$$

式中 l、l_0——分别为材料变形前后的长度(见图 5-4);

 $[\delta]$——材料的断后伸长率。

系数 $0.7 \sim 0.75$ 视筋的形状而定,球形筋取最大值,梯形筋取小值。

图 5-4 胀形的变形程度

如果计算结果不满足式(5-1),则应增加工序,可以先压制成半球形过渡形状,然后再压出工件所需形状,如图 5-5 所示。

图 5-5 深度较大的胀形方法

压加强筋时,所需冲压力可按下式估算:

$$F = KLt\sigma_b \tag{5-2}$$

式中 L——加强筋的周长(mm);

 t——材料厚度(mm);

 σ_b——材料的抗拉强度(MPa);

 K——系数,一般 $K = 0.7 \sim 1.0$(加强筋形状窄而深时取大值,宽而浅时取小值)。

如果加强筋与边缘的距离太小,成形过程中边缘处的材料会受胀形力影响而参与一定程度的变形,产生收缩(见图 5-3(b)、(d))。一般当加强筋与边缘的距离小于 5t 时,应根据实际的收缩留出切边余量,成形后增加一道切边工序。

2. 压凸包

压制凸包时,凸包高度受到材料性能参数、模具形状及润滑条件的影响,一般不能太大。

通常有效坯料直径与凸包直径的比值 D/d 应大于 4,以保证凸缘部分材料不致流入凹模口内,否则将成为拉深成形。表 5-2 为成形件平面压凸包时的参考尺寸,表 5-3 列出了平板坯料压凸包时的许用成形高度。

表 5-2 成形件平面压凸包的尺寸

简 图	D/mm	L/mm	l/mm
	6.5	10	6
	8.5	13	7.5
	10.5	15	9
	13	18	11
	15	22	13
	18	26	16
	24	34	20
	31	44	26
	36	51	30
	43	60	35
	48	68	40
	55	78	45

表 5-3 平板坯料压凸包时的许用成形高度

简 图	材 料	许用凸包成形高度 h/mm
	软钢	$\leqslant (0.15 \sim 0.2)d$
	铝	$\leqslant (0.1 \sim 0.15)d$
	黄铜	$\leqslant (0.15 \sim 0.22)d$

压凸包时,所需冲压力可按下式估算:

$$F = KAt^2 \tag{5-3}$$

式中 A——局部胀形面积(mm^2);

t——材料厚度(mm);

K——系数,对于钢为 $K=200 \sim 300$,对于黄铜为 $K=150 \sim 200$。

5.1.3 圆柱空心坯料的胀形

空心坯料的胀形俗称凸肚,它是通过模具作用将空心坯料向外扩张成腰鼓形空心零件的成形方法。空心坯料胀形用的工件可以是一段无底的管子,也可以是带底的拉深件。采用这种工艺方法可以获得形状复杂的空心曲面零件,常用来加工壶嘴、皮带轮、波纹管以及火箭发动机上的一些异形空心件。

空心坯料的胀形需通过传力介质将压力传至工件的内壁,以使其产生较大的切向变形,

使直径尺寸增大。根据所用传力介质的不同,可将空心坯料的胀形分为刚性凸模胀形和软体凸模胀形。

1. 刚性凸模胀形

刚性凸模胀形必须考虑成形后凸模从制件内腔退出的方式。图 5-6 所示为刚性凸模胀形,凸模做成分瓣式结构形式,上模下行时,由于锥形芯块 2 的作用,使分瓣凸模 1 向四周顶开,从而将工件 3 胀出所需的形状。上模回程时,分瓣凸模在顶杆 4 和拉簧 5 的作用下复位,便可取出工件。凸模分瓣数越多,胀出工件的形状和精度越好。

由于刚性凸模胀形的凸模是分体的,在下止点处完成最大胀形变形时,在分瓣凸模结合面处将会出现较大的缝隙,影响胀形件的质量。同时受模具制造与装配精度的影响较大,很难获得尺寸精确的胀形件,工件表面容易出现压痕。当工件形状复杂时,给模具制造带来较大的困难,工件质量更加难以保证,因而使刚性凸模胀形的应用受到很大的限制。

1-分瓣凸模 2-锥形芯块
3-工件 4-顶杆 5-拉簧
图 5-6 刚性凸模胀形

2. 软体凸模胀形

软体凸模胀形是以气体、液体、橡胶及石蜡等作为传力介质,代替金属凸模进行胀形。软体凸模胀形时工件的变形比较均匀,容易保证工件的几何形状和尺寸精度要求。

图 5-7(a)所示为橡胶胀形。橡胶 3 作为胀形凸模,胀形时,橡胶在柱塞 1 的压力作用下发生变形,从而使坯料沿凹模 2 内壁胀出所需的形状。橡胶胀形的模具结构简单,坯料变形均匀,能成形形状复杂的零件,所以在生产中广泛应用。

橡胶胀形凸模的结构尺寸需设计合理。由于橡胶凸模一般在封闭状态下工作,其形状和尺寸不仅要保证能顺利进入空心坯料,还要有利于压力的合理分布,使胀形的零件各部位都能很好地紧贴凹模形腔。

(a)　　　　　　　　　(b)

1-柱塞 2-分块凹模 3-橡胶 4-斜楔 5-液体
图 5-7 软凸模胀形

图 5-7(b)所示为液压胀形。液体 5 作为胀形凸模,上模下行时斜楔 4 先使分块凹模 2 合拢,然后柱塞 1 的压力传给液体,凹模内的坯料在高压液体的作用下直径胀大,最终紧贴凹模内壁成形。液压胀形可加工大型零件,零件表面质量较好。

图 5-8 所示为采用轴向压缩和高压液体联合作用的胀形方法。首先将管坯 4 置于凹模 3 之内,将其压紧,两端轴头 2 也压紧管坯端部,继而由轴头内孔引进高压液体,在轴向和径向压力的共同作用下,管坯向凹模处胀形,得到所需的制件。用这种方法可以加工高精度的零件,如高压管接头、自行车管接头等。

1-上模 2-轴头 3-下模 4-管坯
图 5-8 加轴向压缩的液体胀形

3. 胀形系数

空心坯料胀形时,材料切向受拉应力作用产生拉伸变形,其极限变形程度用胀形系数 K 表示(见图 5-9):

$$K = \frac{d_{\max}}{D} \tag{5-4}$$

式中 $d_{\max}$——胀形后零件的最大直径(mm);

　　D——空心坯料的原始直径(mm)。

胀形系数 K 和坯料切向拉伸伸长率 δ 的关系为

$$\delta = \frac{d_{\max} - D}{D} = K - 1$$

或　　　　　　　　　　$$K = 1 + \delta \tag{5-5}$$

图 5-9 空心坯料胀形尺寸

由于坯料的变形程度受到材料伸长率的限制,所以根据材料的断后伸长率便可按上式求出相应的极限胀形系数。表 5-4 和表 5-5 所列是一些材料极限胀形系数的近似值,可供参考。

表 5-4　常用材料的极限胀形系数　[K]

材　料	厚度 t/mm	极限胀形系数 [K]
铝合金 LF21-M	0.5	1.25
纯铝 1070A、1060、1050A、1035、1200、8A06	1.0	1.28
	1.5	1.32
	2.0	1.32
黄铜 H62、H68	0.5～1.0	1.35
	1.5～2.0	1.40
低碳钢 08F、10、20	0.5	1.20
	1.0	1.24
不锈钢 1Cr18Ni9Ti	0.5	1.26
	1.0	1.28

表 5-5　铝管坯料的试验极限胀形系数

胀形方法	极限胀形系数[K]	胀形方法	极限胀形系数[K]
用橡胶的简单胀形	1.2～1.25	局部加热至 200℃～250℃	2.0～2.1
用橡胶并对坯料轴向加压胀形	1.6～1.7	加热至 380℃锥形凸模端部胀形	～3.0

4. 胀形坯料的计算

圆柱空心坯料胀形时,为了便于材料流动、减小变形区材料的变薄量,坯料两端一般不加固定,使其能够自由收缩,因此坯料的原始高度可按下式进行估算:

$$L = l[1 + (0.3 \sim 0.4)\delta] + b \tag{5-6}$$

式中　l——变形区的母线长度(mm);

　　　δ——坯料切向拉伸的伸长率;

　　　b——切边余量,一般取 $b = 5 \sim 15$mm。

其中,系数 0.3～0.4 决定了收缩量的大小。

5. 胀形力的计算

圆柱空心坯料胀形时,所需的胀形力 F 可按下式计算:

$$F = pA \tag{5-7}$$

式中　p——胀形时所需的单位面积压力(MPa);

　　　A——胀形面积(mm²)。

胀形时所需的单位面积压力 p 可用下式近似计算:

$$p = 1.15\sigma_b \frac{2t}{d_{max}} \tag{5-8}$$

式中　σ_b——材料抗拉强度(MPa);

　　　d_{max}——胀形最大直径(mm);

　　　t——材料原始厚度(mm)。

5.1.4 胀形模设计要点及示例

1. 胀形模设计要点

胀形模的凹模一般采用钢、铸铁、锌基合金、环氧树脂等材料制造,其结构有整体式和分块式两类。

整体式凹模在工作时要承受较大的压力,必须要有足够的强度。增加凹模强度的方法是采用加强筋,也可以在凹模外面套上模套,凹模和模套间采用过盈配合,构成预压应力组合凹模,这比单纯增加凹模壁厚更加有效。

分块式胀形凹模必须根据胀形零件的形状合理选择分模面,分块数应尽量少。在模具闭合状态下,分模面应紧密贴合,形成完整的凹模形腔,在拼缝处不应有间隙和不平。分模块用整体模套固紧并采用圆锥面配合,其锥角应小于自锁角,一般取 $\alpha = 5°\sim 10°$ 为宜。模块之间通过定位销连接,以防止模块之间错位。

以橡胶作为胀形的传力介质时,橡胶的形状、尺寸应设计合理,使在胀形前顺利放入空心坯料,胀形时压力分布合理,使胀形零件各部分与凹模面紧密贴合。圆柱形橡胶凸模的自由直径和高度可按下式计算:

$$d = 0.895D \tag{5-9}$$

$$h = K\frac{LD^2}{d^2} \tag{5-10}$$

式中　d——橡胶凸模的直径(mm);

　　　D——空心坯料内径(mm);

　　　H——橡胶凸模的高度(mm);

　　　L——空心坯料长度(mm);

　　　K——考虑橡胶受压后的体积缩小和提高变形力的系数,一般取 $K = 1.1\sim 1.2$。

2. 胀形模示例

图 5-10 所示为胀形件罩盖及其胀形模。该零件侧壁由空心坯料胀形而成,底部凸包则为成形件平面压凸包,该模具为两种胀形同时成形。工艺设计时,应按平面压凸包和空心件胀形分别计算,根据表 5-2、5-3 及式(5-4)和表 5-4,得变形程度均在极限变形程度内,结构尺寸也满足工艺要求,可一次成形。橡胶尺寸按式(5-9)和(5-10)计算。

该模具结构特点是:采用聚氨酯橡胶进行软模胀形,胀形凹模分为上、下两部分(件5和件6),于产品中部直径最大处分型,以便成形后制件的取出。上、下凹模之间通过止口定位,其配合间隙为单边 0.05mm。底部压包由压包凹模 4 和压包凸模 3 成形,但成形力仍由橡胶提供。工作时先由弹簧 13 压紧上、下凹模,然后固定板 9 压缩橡胶进行胀形。

图 5-11 所示为三通管及其胀形模。三通管的生产方法过去多采用焊接、铸造、机加工等,金属的损耗大、产品质量低、生产成本高而效率低。而用无缝管一次塑性加工成形不仅能显著提高制件的力学性能,还可大幅降低生产成本和提高生产效率。

罩盖 材料: 10 料厚: 0.5mm

1-下模座 2、11-螺钉 3-压包凸模 4-压包凹模 5-胀形下凹模 6-胀形上凹模 7-聚氨酯橡胶
8-拉杆 9-上固定板 10-上模座 12-模柄 13-弹簧 14-螺母 15-卸料螺钉 16-导柱 17-导套

图 5-10 罩盖胀形模

1-下模座 2-调节钉 3-平衡橡皮 4-下半凹模 5-冲头
6-连接块 7-上半凹模 8-胀形介质 9-下顶杆

图 5-11 三通管胀形模结构图

5.2 翻　边

在坯料的平面或曲面上沿封闭或不封闭的曲线边缘进行折弯,使之形成有一定角度的直壁或凸缘的成形称为翻边。翻边是冲压生产中常用的工艺方法之一,根据工件边缘的位置和

应力应变状态的不同,可分为内孔翻边和外缘翻边,另外,还有变薄翻边。如图 5-12 所示。

(a) 内孔翻边　　　　　　(b) 外缘翻边　　　　　　(c) 变薄翻边

图 5-12　翻边变形实例

5.2.1　内孔翻边

内孔翻边是在预先打好孔的坯料上,沿孔边缘将材料翻起成竖立直边的冲压方法。内孔翻边按孔的形状,又可分为圆孔翻边和异型孔翻边。

1. 圆孔翻边

（1）变形特点

为分析圆孔翻边的变形情况,同样采用网格试验法。如图 5-13 所示,设翻孔前坯料孔径为 d,翻孔后的孔径为 D。翻孔时,在凸、凹模作用下 d 不断扩大,凸模下面的材料向侧面转移,最后使平面环形材料变成竖立的圆筒直壁。变形区是内径 d 和外径 D 之间的环形部分。

图 5-13　圆孔翻边时的应力与变形情况

根据网格变化可以看出,变形区坐标网格变宽,由扇形变为矩形,即周向伸长了,越靠近孔口伸长越大;而同心圆之间的距离变化不明显,说明其径向变形量很小。此外,竖边的壁厚有所减薄,尤其在孔口处减薄更为严重。由此表明,圆孔翻边的变形区主要受切向拉应力作用并产生切向伸长变形,在孔口处拉应力和拉应变达到最大值,材料的转移主要靠厚度的变薄来补偿;圆孔翻边的主要危险在于孔口边缘被拉裂,拉裂的条件取决于变形程度的大小。

至此可以发现,圆筒形件拉深、平板圆形胀形、圆孔翻边三种成形工艺有着一定的内在

联系,当工艺条件(坯料直径 D、成形直径 D_t、坯料孔径 d 三者之间的关系)发生变化时,成形性质也就发生变化,借此可以判断材料的变形趋向。其大致规律如表 5-6 所示。

表 5-6 拉深、胀形和翻孔的工艺条件

简 图	工艺条件	变形趋向	说 明
	$\dfrac{D}{D_t}<1.5\sim2$; $\dfrac{d}{D_t}<0.15$	拉深	
	$\dfrac{D}{D_t}>2.5$; $\dfrac{d}{D_t}>0.2\sim0.3$	翻孔	若要完全翻出直边,$\dfrac{d}{D_t}$ 应更大,否则开裂
	$\dfrac{D}{D_t}>2.5$; $\dfrac{d}{D_t}<0.15$	胀形	$d=0$ 时,为完全胀形

(2)变形程度

在圆孔翻边中,变形程度用翻边系数 K 表示,其表达式为:K 值取决于坯料预制孔直径 d 与翻边直径之比,即:

$$K=\frac{d}{D} \tag{5-11}$$

式中 d——翻边前的孔径(mm);

D——翻边后的孔径(mm)。

K 值越小,变形程度就越大,反之变形程度就越小。当翻边系数小到使孔的边缘濒于破裂时,这种极限状态下的翻边系数称为极限翻边系数,用[K]表示。

影响[K]值的因素有材料的塑性、预制孔状态、凸模形状和材料厚度。

1)材料的塑性。可以计算,孔口边缘材料翻边前后的切向伸长率为:

$$\delta=\frac{\pi D-\pi d}{\pi d}=\frac{D-d}{d}=\frac{1}{K}-1 \tag{5-12}$$

所以

$$K=\frac{1}{1+\delta} \tag{5-13}$$

可见,翻边系数越小,材料的切向伸长率越大,不过,由于在变形区内远离孔口边缘处,材料的切向拉应力和伸长量逐步减小,能对靠近孔口的材料变形起补充作用,使得孔口边缘的材料可以得到比简单拉伸试验大得多的变形量,即δ可以比断后伸长率[δ]大得多,提高了边缘材料塑性变形的稳定性。

2)预制孔的状态。翻孔预制孔若粗糙或有毛刺,翻孔时易产生应力集中而开裂,翻边变形程度需降低,应增大翻边系数,所以,钻孔比冲孔得到的预制孔,翻边系数可更小。

3)凸模形状。凸模形状对翻边过程有很大影响,选择合适的翻边凸模形状,不但能减小翻边力,而且有利于翻边成形。凸模的形状应使变形区材料从孔口向外依次先后开始变形,孔口逐渐张开,这样后变形的材料可对先变形的孔口部材料进行充分的补充,获得较大的变形程度。所以凸模端部形状以平缓过渡为佳。

4)材料厚度。变形区材料的相对厚度 d/t 越小,即材料越厚,可提高材料的绝对延伸率,翻边系数可减小。

考虑以上因素,低碳钢圆孔翻边时的极限翻边系数如表 5-7 所示。对于其他材料可参考表中数值适当增减。

表 5-7　低碳钢圆孔翻边的极限翻边系数　[K]

凸模型式	孔加工方法	比　值 d/t										
		100	50	35	20	15	10	8	6.5	5	3	1
球形	钻孔去毛刺	0.70	0.60	0.52	0.45	0.40	0.36	0.33	0.31	0.30	0.25	0.20
	冲　孔	0.75	0.65	0.57	0.52	0.48	0.45	0.44	0.43	0.42	0.42	—
圆柱形平底	钻孔去毛刺	0.80	0.70	0.60	0.60	0.45	0.42	0.40	0.37	0.35	0.30	0.25
	冲　孔	0.85	0.75	0.65	0.65	0.55	0.52	0.50	0.50	0.48	0.47	—

（3）圆孔翻边的工艺计算

1）平板坯料翻孔的工艺计算。在平板坯料上进行圆孔翻边前，必须在坯料上加工出待翻边的孔，如图 5-14 所示。根据变形机理，翻孔时径向尺寸近似不变，故预制孔孔径 d 可按弯曲展开的原则求出：

$$d = D - 2(H - 0.43r - 0.72t) \tag{5-14}$$

直边高度则为

$$H = \frac{D-d}{2} + 0.43r + 0.72t = \frac{D}{2}(1-K) + 0.43r + 0.72t \tag{5-15}$$

如将极限翻边系数[K]代入，便可求出一次翻孔可达到的极限高度 H_{max} 为

$$H_{max} = \frac{D}{2}(1-[K]) + 0.43r + 0.72t \tag{5-16}$$

图 5-14　平板坯料翻孔尺寸计算

当零件要求的翻边高度 $H > H_{max}$ 时，说明不能一次翻边成形。此时可采用加热翻孔、多次翻孔或先拉深后冲预孔再翻孔的方法。

采用多次翻孔时，应在相邻两次翻孔工序间进行退火，第一次翻边以后的极限翻边系数 $[K']$ 可取为

$$[K'] = (1.15 \sim 1.20)[K] \tag{5-17}$$

2）先拉深后冲预制孔再翻孔的工艺计算。经过多次翻边所得的零件壁部变薄较严重，若对壁部变薄有限制，则可先采用拉深工艺形成一部分直壁，然后在底部冲预制孔、翻孔的方法。此时应先确定翻孔所能达到的最大高度 h，然后根据翻孔高度 h 及零件高度 H 来确定拉深高度 h' 及预孔直径 d。

由图 5-15 可知，先拉深后翻孔的翻孔高度 h 可由下式计算（按板厚的中线尺寸计算）：

$$h = \frac{D-d}{2} + 0.57r = \frac{D}{2}(1-K) + 0.57r \tag{5-18}$$

若将极限翻边系数[K]代入，可求得翻孔的极限高度 h_{max} 为

$$h_{max} = \frac{D}{2}(1-[K]) + 0.57r \tag{5-19}$$

此时,预孔直径 d 为

$$d = [K]D \tag{5-20}$$

或

$$d = D + 1.14r - 2h_{max} \tag{5-21}$$

拉深高度 h' 为

$$h' = H - h_{max} + r \tag{5-22}$$

图 5-15 先拉深再翻孔的尺寸计算

翻边后的竖边厚度会有所变薄,变薄量可近似表达为:

$$t' = t\sqrt{d/D} = t\sqrt{K} \tag{5-23}$$

式中 t'——翻边后竖立直边的厚度;

t——翻边前坯料的原始厚度;

K——翻边系数。

(4)翻边力的计算

圆孔翻边力 F 一般不大,用圆柱形平底凸模翻孔时,可按下式计算:

$$F = 1.1\pi(D-d)t\sigma_s \tag{5-24}$$

式中 D——翻孔后的直径(按中线尺寸计算,mm);

d——翻孔前的预孔直径(mm);

t——材料厚度(mm);

σ_s——材料的屈服点(MPa)。

2. 异型孔翻边

异型孔由不同曲率半径的凸弧、凹弧和线段组成,各部分的受力状态与变形性质有所不同,如图 5-16 所示。可以将其分成 Ⅰ、Ⅱ、Ⅲ 三种性质不同的变形区。其中只有 Ⅰ 区属于圆孔翻边变形,Ⅱ 区为直边,属于弯曲变形,而 Ⅲ 区则与拉深变形性质相同。

由于材料是连续的,所以在异型孔翻边时,Ⅱ、Ⅲ 区两部分的变形可以减轻 Ⅰ 区的变形程度,故异型孔翻边系数 K_f(一般是指最小圆弧部分的翻边系数)可以小于相应圆孔翻边系数 K,两者的关系可表示为:

$$K_f = (0.85 \sim 0.95)K \tag{5-25}$$

如果考虑异型孔翻边在外凸圆弧部位的失稳起皱,则可使用压料装置。表 5-8 列出了低碳钢材料在异型孔翻边时,允许的极限翻边系数与孔缘线段对应的圆心角的关系。

图 5-16　非圆孔翻边

表 5-8　低碳钢非圆孔翻边的极限翻边系数$[K_f]$

$\alpha/(°)$	比　值 d/t						
	50	33	20	12.5～8.3	6.6	5	3.3
180～360	0.80	0.60	0.52	0.50	0.48	0.46	0.45
165	0.73	0.55	0.48	0.46	0.44	0.42	0.41
150	0.67	0.50	0.43	0.42	0.40	0.38	0.375
135	0.60	0.45	0.39	0.38	0.36	0.35	0.34
120	0.53	0.40	0.35	0.33	0.32	0.31	0.30
105	0.47	0.35	0.30	0.29	0.28	0.27	0.26
90	0.40	0.30	0.26	0.25	0.24	0.23	0.225
75	0.33	0.25	0.22	0.21	0.20	0.19	0.185
60	0.27	0.20	0.17	0.17	0.16	0.15	0.145
45	0.20	0.15	0.13	0.13	0.12	0.12	0.11
30	0.14	0.10	0.09	0.08	0.08	0.08	0.08
15	0.07	0.05	0.04	0.04	0.04	0.04	0.04
0	弯 曲 变 形						

5.2.2　外缘翻边

外缘翻边是沿坯料的边缘,通过对材料的拉伸或压缩,形成高度不大的竖边。根据变形性质的不同,外缘翻边可分为伸长类翻边和压缩类翻边。

1. 伸长类翻边

伸长类翻边是指在坯料或零件的外缘,沿不封闭的内凹曲线进行的翻边,如图 5-17 所示。

伸长类翻边类似于圆孔翻边,但由于翻边线的不封闭,变形区不是完整的环形,使得沿翻边线的应力、变形都不均匀。中部的切向拉应力最大,两端最小(为零),导致两端的材料

图 5-17 伸长类翻边

向中间倾斜，不垂直翻边线，而翻边高度比中部高。为了消除这一缺陷，得到高度平齐、两端垂直的翻边件，可修正坯料端部的形状和尺寸（按图 5-17 中的虚线），修正值根据材料变形程度和 α 角的大小而不同，可通过试模确定。翻边高度小、翻边线曲率半径大、要求不高时也可不做修正。

伸长类翻边的成形极限是材料中部边缘拉应力最大处开裂，是否开裂取决于变形程度，伸长类翻边的变形程度可表示如下：

$$\varepsilon_b = \frac{b}{R-b} \tag{5-26}$$

2. 压缩类翻边

压缩类翻边是指在坯料或零件的外缘，沿不封闭的外凸曲线进行的翻边，如图 5-18 所示。

图 5-18 压缩类翻边

压缩类翻边类似于拉深变形，但由于翻边线不封闭，凸缘区为不封闭的扇形，使得沿翻边线的应力、变形都不均匀。中部的切向压应力最大，两端最小（为零），导致两端的材料向外倾斜，不垂直翻边线，而翻边高度比中部低。为了消除这一缺陷，得到高度平齐、两端垂直的翻边件，可修正坯料端部的形状和尺寸，修正方向与伸长类翻边相反，如图 5-18 中的虚线所示。

压缩类翻边的成形极限为材料失稳起皱。对于压缩类翻边，其变形程度可表示如下：

$$\varepsilon_p = \frac{b}{R+b} \tag{5-27}$$

外缘翻边的极限变形程度见表 5-9。

表 5-9　翻边允许的极限变形程度

材料名称及牌号		$[\varepsilon_d]$ (%)		$[\varepsilon_p]$ (%)	
		橡皮成形	模具成形	橡皮成形	模具成形
铝合金	L4-M	25	30	6	40
	L4-Y	5	8	3	12
	LF21-M	23	30	6	40
	LF21Y	5	8	3	12
	LF2-M	20	25	6	35
	LF21-Y	5	8	3	12
	LF12-M	14	20	6	30
	LF12-Y	6	8	0.5	9
	LF11-M	14	20	4	30
	LF11-Y	5	6	0	0
黄铜	H62-M	30	40	8	45
	H62-Y2	10	14	4	16
	H68-M	35	45	5	55
	H68-Y2	10	14	4	16
钢	10	—	38	—	10
	20	—	22	—	10
	1Cr18Ni9-M		15	—	10
	1Cr18Ni9-Y		40	—	10
	2Cr18Ni9		40	—	10

5.2.3　翻边模设计要点及示例

1. 设计要点

(1)工作零件结构。由于翻边的高度一般较小,内缘翻边的凹模圆角半径和外缘翻边的凸模圆角半径对翻边成形的影响不大,一般可直接按零件圆角半径确定。而内孔翻边时的凸模圆角半径一般取得较大,翻边时变形区材料的变形是沿径向逐步进行,变形平缓,待变形部分能充分地补充材料,减轻开裂倾向,而平底凸模翻边时,变形区材料同时变形,外圈材料对内圈的补充较少,孔口处容易开裂。图 5-19 所示为圆孔翻边凸模的几种结构形式,图(a)、(b)、(c)分别为平底形、球形、抛物线形凸模,从利于翻孔成形看,抛物线形最好,平底形最差。图(d)、(e)为带有孔位导正部分的翻孔凸模,使翻孔位置尺寸更精确,沿周的材料变形更均匀。其中,图(d)常用于预制孔直径为 10mm 以上的翻孔,图(e)用于预制孔直径小于10mm 的翻孔。图(c)、(d)、用于无压边圈的翻孔,图 f)用于无预制孔的不精确翻孔。

(2)凸、凹模间隙。翻孔后,一般材料都变薄,所以凸、凹模单边间隙 Z 可小于料厚 t,一般取 $Z=(0.75\sim0.85)t$,其中系数说明:0.75 用于拉深后的翻孔,0.85 用于平板坯料的翻孔。外缘翻边则根据翻边类型和材料变形性质合理确定凸、凹模间隙。

2. 翻边模结构示例

如图 5-20 所示为采用倒装结构的翻边模,使用大圆角圆柱形翻边凸模,工件由托料板 8 和定位钉 9 定位,并依靠压力机标准弹顶器压料,工件若留在上模则由顶出器打下。模架选用滑动导向模架。

图 5-21 所示为内、外缘翻边复合模。工件于凸凹模上定位,弹压推件板兼起压料作用,若零件留在下模,则由顶件块顶出。

图 5-19 翻孔凸模结构形式

1-限位钉 2-顶杆 3、16-螺栓 4、13-销钉 5-下模板 6-固定板 7-凸模 8-托料板
9-定位钉 10-凹模 11-上顶出器 12-上模板 14-模柄 15-打料杆 17-导套 18-导柱

图 5-20 翻边模倒装结构

坯料图

零件图

图 5-21　内、外缘翻边复合模

（图中标注：弹压推件板、翻孔凸模、翻边凹模、凸凹模、顶件块）

5.3　缩　口

缩口是将预先成形的空心开口件或管材的口部直径缩小的一种成形方法,如图 5-22 所示。原直径为 d_0,高度为 H_0 的坯料,经缩口模将其缩成口部直径为 d,而高度为 H 的零件。

图 5-22　缩口成形

（图中标注：凹模、已变形区、变形区、待变形区（传力区）、d、t、H、H_1、H_0、d_0、t_0、α）

5.3.1　缩口变形特点

缩口属于压缩类成形,在变形过程中,坯料可划分为已变形区、变形区和传力区三个部分,变形区为与凹模锥面接触的部分(见图 5-22),有时缩口件无成形后的直壁,成形时就没有已变形区。

缩口变形特点如图 5-23 所示。缩口时,在压力 F 作用下,缩口凹模压迫坯料口部,使变形区的材料处于两向受压的平面应力状态和一向压缩、两向伸长的立体应变状态。在切向压缩主应力 σ_3 的作用下,产生切向压缩主应变 ε_3;此过程中的材料转移引起了高度和厚度方向的伸长应变 ε_1 和 ε_2,同时产生阻止 ε_1 的压应力 σ_1。由于材料厚度相对很小,阻止 ε_2 的料厚方向压应力近乎于零,故变形主要是直径因切向受压而缩小,同时高度和厚度有相应增加。

缩口成形的极限是变形区材料在切向压应力 σ_3 的作用下因刚度不足而失稳起皱,以及传力区(待变形区)在径向压应力作用下发生失稳弯曲。至此可以发现,缩口成形与圆筒形件多次拉深的后次拉深很相似,主要不同点是外力的性质和作用方向不同,拉深的外力作用于已变形区(传力区),径向为拉应力,故传力区的失效方式为开裂,缩口的外力通过待变形区传给变形区,为径向压应力,故传力区的失效方式为失稳弯曲。

图 5-23　缩口的应力应变特点

5.3.2　缩口工艺计算

1. 缩口系数

缩口变形主要危险是受压失稳起皱,其变形程度用缩口系数 m 表示:

$$m=\frac{d}{D} \tag{5-28}$$

式中　d——缩口后直径(mm);

　　　D——缩口前直径(mm)。

可见,缩口系数越小,其变形程度越大。缩口系数与材料性质、材料厚度、材料与模具工作零件表面之间的摩擦以及模具对筒壁的支撑方式等因素有关。材料塑性越好,厚度越大,与模具工作零件表面之间的摩擦系数越小,则缩口系数可越小。

如果缩口时模具对坯料壁部有支撑作用,则缩口系数也可小些。如图 5-24 所示模具对筒壁的三种不同支承方式中,图(a)是无支承方式,缩口过程中坯料的刚性差,易失稳,因而允许的缩口系数较大;图(b)是外支承方式,缩口时坯料的抗失稳能力较前者高,允许的缩口系数可小些;图(c)是内外支承方式,缩口时坯料的稳定性最好,允许的缩口系数为三者中最小。

(a)　　　　　　　　(b)　　　　　　　　(c)

图 5-24　不同支承方式的缩口

不同材料和厚度的平均缩口系数见表 5-10,不同支承方式所允许的极限缩口系数$[m]$见表 5-11。

表 5-10　平均缩口系数　m_0

材　　料	材　料　厚　度　t/mm		
	～0.5	＞0.5～1	＞1
黄铜	0.85	0.80～0.70	0.70～0.65
钢	0.80	0.75	0.70～0.65

表 5-11　极限缩口系数　$[m]$

材　　料	支　承　方　式		
	无支承	外支承	内外支承
软钢	0.70～0.75	0.55～0.60	0.30～0.35
黄铜 H62、H68	0.65～0.70	0.50～0.55	0.27～0.32
铝	0.68～0.72	0.53～0.57	0.27～0.32
硬铝(退火)	0.73～0.80	0.60～0.63	0.35～0.40
硬铝(淬火)	0.75～0.80	0.68～0.72	0.40～0.43

2. 缩口次数

当工件的缩口系数 m 大于允许的极限缩口系数$[m]$时,则可以一次缩口成形。否则,需多次进行缩口,每次缩口工序后进行中间退火。

多次缩口时,一般取首次缩口系数 $m_1 = 0.9m_0$,以后各次取 $m_n = (1.05～1.1)m_0$。缩口次数 n 可按下式估算:

$$n = \frac{\ln m}{\ln m_0} = \frac{\ln d - \ln D}{\ln m_0} \tag{5-29}$$

式中　m_0——平均缩口系数,见表 5-10。

3. 各次缩口直径

$$d_1 = m_1 D$$

$$d_2 = m_n d_1 = m_1 m_n D$$

$$d_3 = m_n d_2 = m_1 m_n^2 D$$

$$\vdots$$

$$d_n = m_n d_{n-1} = m_1 m_n^{n-1} D \tag{5-30}$$

d_n 应等于工件的缩口直径。缩口后,由于回弹,工件要比模具尺寸增大 $0.5\% \sim 0.8\%$。

4. 坯料高度

缩口前坯料的高度,一般根据变形前后体积不变的原则计算。不同形状工件缩口前坯料高度 H 的计算公式如下(图 5-25):

图 5-25(a)所示工件

$$H = 1.05 \left[h_1 + \frac{D^2 - d^2}{8D\sin\alpha} \left(1 + \sqrt{\frac{D}{d}} \right) \right] \tag{5-31}$$

图 5-25(b) 所示工件

$$H = 1.05 \left[h_1 + h_2 \sqrt{\frac{d}{D}} + \frac{D^2 - d^2}{8D\sin\alpha} \left(1 + \sqrt{\frac{D}{d}} \right) \right] \tag{5-32}$$

图 5-25(c)所示工件

$$H = h_1 + \frac{1}{4} \left(1 + \sqrt{\frac{D}{d}} \right) \sqrt{D^2 - d^2} \tag{5-33}$$

(a)　　　　　　　(b)　　　　　　　(c)

图 5-25 缩口坯料高度计算

5. 缩口力

图 5-25(a)所示工件在无心柱支承的缩口模上(见图 5-24(a))进行缩口时,其缩口力 F 可按下式计算:

$$F = K \left[1.1\pi Dt\sigma_b \left(1 - \frac{d}{D} \right) \left(1 + \mu \cot\alpha \right) \frac{1}{\cos\alpha} \right] \tag{5-34}$$

式中　μ——坯料与凹模接触面间的摩擦系数;

　　　σ_b——材料的抗拉强度(MPa);

　　　K——速度系数,在曲柄压力机工作时 $K = 1.15$。

其余符号如图 5-25(a)所示。

6. 料厚变化

缩口后零件口部材料略有增厚,其厚度可按下式计算:

$$t' = t\sqrt{D/d} = t\sqrt{1/m} \tag{5-35}$$

式中　t'——缩口后口部厚度;

　　　t——缩口前坯料的原始厚度;

　　　m——缩口系数。

5.3.3　缩口模设计要点及示例

1. 设计要点

(1)缩口角度。缩口角度 α(见图 5-22)越大,径向压应力越大,工件越容易失稳,允许的缩口系数越大。一般应使 $\alpha < 45°$,最好为 $\alpha < 30°$。

(2)缩口件刚度。缩口件刚度较差时,应在缩口模上设置支承坯料的结构(见图 5-24(b)、(c))。

(3)工作零件。缩口模的工作零件主要为凹模,凹模面应有较低粗糙度,一般为 Ra0.4以下。制件精度要求较高时,凹模口部尺寸应考虑缩口件的回弹补偿。

2. 缩口模示例

图 5-26 所示为气瓶及其缩口模。模具为正装结构,工件以垫块 6 和弹压外支承套 7 定位,成形过程中坯料全部直壁始终得到保护,增强稳定性。成形后,制件由打杆 12 和推件块 9 刚性推出凹模。

1-顶杆　2-下模座　3、14-螺钉　4、11-圆柱销钉　5-固定板　6-垫块　7-外支承套

8-凹模　9-推件块　10-上模座　12-打杆　13-模柄　15-导柱　16-导套

图 5-26　气瓶缩口模

图 5-27 所示为倒装式缩口模，导正圈 5 对坯料起定位及外支承作用。凸模 3 的台阶式结构，使其既直接对坯料施加缩口外力，又能于缩口过程中对坯料起内支承作用。缩口结束后，利用顶杆 9 将工件从凹模内顶出。该模具适用于较大高度零件的缩口，而且模具的通用性好，更换不同尺寸的凹模、导正圈和凸模，可进行不同孔径的缩口。

1-上模座　2-垫板　3-凸模　4-紧固套　5-导正圈　6-凹模　7-凹模套　8-下模座　9-顶杆

图 5-27　倒装式缩口模

5.4　校平与整形

校平与整形通常统称为校形，它们不是冲压件的主成形工序，而是对成形后的工序件进行校正，以提高制件的形状、尺寸精度。冲压生产中，许多冲压件的精度都须通过校形来最终获得，因此，校平与整形也是重要的冲压工序，它们的共同特点是：

（1）局部变形。校形只是对工序件的局部位置施压，使局部材料产生一定的塑性变形，以提高其形状和尺寸精度。

（2）冲压力大。虽然工件的变形较小，但由于校正的作用，变形性质类似于挤压，因而成形力较大，对压力机的刚度有较高要求，并应设置过载保护装置，以防设备损坏。

（3）模具精度高。校形的目的就是为了提高冲压件的精度，因而校形的模具精度相应也较高，并需承受较大的冲击载荷，强度和刚度要求也较高。

5.4.1　校平

将坯料或零件不平整的面压平，称为校平，主要用于提高平板零件的平面度。如果工件某个表面的平直度要求较高，则需在成形后校平。由于坯料不平或冲裁过程中材料的穹弯，尤其是斜刃冲裁和无压料冲裁，都会使冲裁件产生不平整的缺陷。因此，校平常在冲裁之后

进行,以消除冲裁过程中产生的不平直现象。

1. 校平变形特点

校平变形的情况如图 5-28 所示,在校平模的作用下,制件材料产生反向弯曲变形而被压平,并在压力机的滑块到达下止点时被强制压紧,使材料处于三向压应力状态。校平的工作行程不大,但需要较大的压力。

1-上模板 2-工件 3-下模板

图 5-28 校平变形情况

2. 校平方式

校平方式有多种,如模具校平、手工校平和在专门设备上校平等。模具校平多在摩擦压力机上进行,厚料校平多在精压机或摩擦压力机上进行。大批量生产中,厚板件还可成叠地在液压机上校平,此时压力稳定并可长时间保持。当校平与拉深、弯曲等工序复合时,可采用曲轴或双动压力机,这时需在模具或设备上安置保险装置,以防材料厚度的波动而损坏设备。对于不大的平板件或带料校正还可采用滚轮碾平。

当零件的两个面都不许有压痕或校平面积较大,对平直度有较高要求时,可采用加热校平。将成叠的制件用夹具压平,然后整体入炉加热,坯料温度升高使其屈服极限下降,压平时反向弯曲变形引起的内应力也随之下降,从而回弹大为减少,保证了较高的校平精度。

3. 平板校平模

平板零件的校平模主要有平面校平模和齿状校平模两种形式。对于材料较薄且表面不允许有细痕的零件,可采用平面校平模;对于材料较厚、平直度要求高且表面上允许有细痕的零件,可采用齿面校平模。

(1)平面校平模

由于平面校平模的单位压力较小,对改变坯料内的应力状态作用不大,校平后工件仍有相当大的回弹,因此校平效果一般较差。主要用于平直度要求不是很高、由软金属(如铝、软钢、铜等)制成的小型零件。为消除压力机台面与托板平直度不高的影响,通常采用浮动凸模或浮动凹模。

如图 5-29(a)所示为上模浮动式结构平面校平模,图 5-29(b)所示为下模浮动式结构平面校平模。

(a)上模浮动式 (b)下模浮动式

图 5-29 光面校平模

(2)齿面校平模

采用齿面校平模时,由于齿形压入坯料形成许多塑性变形的小坑,有助于彻底地改变材料原有的和由于反向弯曲所引起的应力应变状态,形成较强的三向压应力状态,因而校平效果较好。根据齿形不同,齿面校平模又有尖齿和平齿之分,见图5-30。

(a) 尖齿　　　　　　　　(b) 平齿

图 5-30　齿面校平模的齿形

采用尖齿模校平时,模具的尖齿挤入坯料达一定深度,坯料在模具压力作用下的平直状态可以保持到卸载以后,因此校平效果较好,可达到较高的平面度要求,主要用于平直度要求较高或强度极限较高的硬材料

平齿齿形的齿尖被削成具有一定面积的平齿面,因而压入坯料表面的压痕浅,生产中常用此类校平模,尤其是薄材料和软金属的制件校平。当零件的表面不允许有压痕时,可以采用一面是平面,而另一面是带齿模板的校平方法。

校平模结构比较简单,多采用通用结构。图5-31所示为带有自动弹出器的平板件校平模。它可更换不同的压板,校平不同要求、材料、尺寸的平板件。在上模上升时,自动弹出器3将平板件从下模板上弹出,顺滑道2离开模具。

1-上模板　2-工作滑道　3-自动弹出器
图 5-31　带自动弹出器的通用校平模

5.4.2 整形

整形是利用模具使已成形零件的局部产生少量塑性变形,以得到较准确尺寸和形状的工件。整形一般安排在拉深、弯曲或其他成形工序之后,提高受回弹、成形极限、成形工艺等因素所限制的冲压件局部尺寸和形状精度。

由于零件的形状和精度要求各不相同,冲压生产中所用的整形方法也有多种形式,下面主要介绍弯曲件和拉深件的整形。

1. 弯曲件的整形

弯曲件的整形方法有压校和镦校两种形式。

压校方法主要用于通过折弯方法得到的弯曲件,以提高折弯后零件的角度精度,同时对弯曲件两臂的平面也有校平作用,如图 5-32 所示。压校时,零件内部应力状态的性质变化不大,所以效果也不是很显著。

图 5-32 弯曲件的压校

弯曲件的镦校如图 5-33 所示,要取半成品的长度稍大于成品零件。在校形模具的作用下,使零件变形区域处于三向受压的应力状态。因此,镦校时得到弯曲件的尺寸精度较高。但是,镦校方法的应用也受到零件形状的限制,例如带孔的零件或宽度不等的弯曲件都不能用镦校的方法整形。

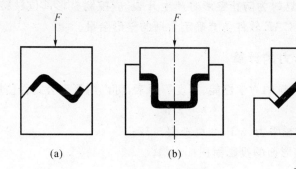

(a) (b) (c)

图 5-33 弯曲件的镦校

2. 拉深件的整形

根据拉深件的形状、精度要求的不同,在生产中所采用的整形方法也不一样。

对不带凸缘的直壁拉深件,通常都是采用变薄拉深的整形方法提高零件侧壁的精度,如图 5-34 所示。可以把整形工序和最后一道拉深工序结合在一起,以一道工序完成。此时应取稍大些的拉深系数,而拉深模的间隙可取为 0.9～0.95 倍的料厚,凸模圆角也应符合拉深工艺要求。

拉深件带凸缘时,整形目的通常包括校平凸缘平面、底部平面、侧壁和圆角半径等,如图 5-35 所示。其中,凸缘平面和底部平面的整形主要是利用模具的校平作用,模具闭

图 5-34 无凸缘拉深件的整形

图 5-35　带凸缘拉深件的整形

合时推件块与上模座、顶件块(压料圈)与固定板均应相互贴合,以传递并承受校平力。侧壁的整形与无凸缘拉深件的整形方法相同,主要采用负间隙拉深整形法。

对于不带拉深的、主要对圆角半径的整形,由于圆角半径变小,材料发生伸长变形,且一般无法从邻近区域补充材料(凸缘直径不大时,可对凸缘圆角的整形补充少量材料),整形后圆角区域的材料必然变薄,这时为防止整形时产生开裂,应控制整形部位材料的伸长量,一般凭经验确定,目前可借助 CAE 软件仿真确定合理的整形余量。

5.4.3　校平与整形力的计算

校平与整形力取决于材料的力学性能、厚度等因素,可以用下列公式作估算:

$$F = pA \qquad (5\text{-}36)$$

式中　p——单位面积上的校平力(MPa),可查表 5-12;

　　　A——校平面积或整形面的投影面积(mm^2)。

表 5-12　校平与整形单位面积压力

校 形 方 法	p/MPa	校 形 方 法	p/MPa
光面校平模校平	50～80	敞开形工件整形	50～100
细齿校平模校平	80～120	拉深件减小圆角及对底面、侧面整形	150～200
粗齿校平模校平	102～150		

校平力的大小与制件的材料性能、厚度和校平模的齿形等因素有关,因此,在确定校平力时,应根据实际情况对表 5-12 中的值作相应的调整。如材料相同、厚度不同时,校平厚板制件比薄板制件所需的校平力更大。

第六章　复杂冲压件的工艺及模具设计

　　前面的章节介绍了冲压成形的各种工艺及相应的模具,并给出了经典案例。实际生产中,冲压件的形状结构往往很复杂,其成形性质也非单一,有时获得零件局部形状、结构的工艺方式也有多种选择,其冲压工艺及模具设计过程要复杂得多,本章以几个较复杂的冲压件为例,说明其过程。

6.1　小变形量成形件的冲压工艺及模具设计

6.1.1　项目要求及工艺分析

　　【知识链接】　2.5.2　冲裁件的排样;4.4.3　带凸缘圆筒形件的拉深;5.1.2　平板坯料的局部胀形。

　　图 6-1 所示为自行车脚踏内板,材料为 Q215,料厚 t＝1.5mm,大批量生产。试设计其冲压工艺及模具。

　　该零件尺寸较小,生产批量大,采用条料连续冲压的生产方式为必然选择,根据零件形状特点,排样方式采用斜排也很自然,可以计算,按图 6-2 所示斜排,材料利用率最高。但由于中部凸台的存在,要分析其成形工艺。

　　根据拉深和胀形的工艺条件,凸台成形时,料宽方向为拉深,纵向为平面胀形(压包),凸台周围材料变形不均匀,中部位置的条料宽度收缩变窄(见图 6-2)。尽管变形程度很小,但工艺计算困难,精确参数需工艺试验,除非增加料

图 6-1　自行车脚踏内板

图 6-2　排样示意图

宽,使成为全部胀形变形,但料耗太大,极不经济。另外,凸台高度及直径的尺寸精度和位置精度较高,成形后应增加整形工序,对工件定位精度有较高要求。

6.1.2　冲压工艺方案及模具结构

【知识链接】 2.5　冲裁工艺设计;4.4.3　带凸缘圆筒形件的拉深;5.2.1　内孔翻边。

根据以上分析,采用条料或带料在级进模上生产该零件,级进模的工步安排有以下两种方式。

1. 方案一:浅拉深→整形、冲孔→落料

由于零件凸台高度小,经计算仅需一次浅拉深即可,因此此方案的优点是工步数较少,模具的轮廓尺寸小。但正如前面的分析,不确定因素多,工艺计算困难,条料宽度需合理增加。

2. 方案二:冲底孔→内孔翻边(不完全翻直)→整形、冲孔→落料。

此方案利用凸台底部有较大孔的特点,采用先冲孔再成形的方法,使凸台锥面完全由锥底的环形区域材料发生伸长变形而获得,圆锥外部的板料不向锥部流动,因而不会影响条料尺寸,只要按正常冲裁设计搭边值即可。当然,这种方案必须保证底部材料足够,且能一次成形,以防孔口开裂。此例中凸台高度较小,满足翻边要求(计算见后)。

比较两个方案,方案二的工艺稳定,材料利用率高,与大批量生产相适应,故采用第二方案。排样图如图 6-3 所示,共有 4 个工位:

图 6-3　方案二排样图

第 1 工位:冲 ϕ15 工艺孔;
第 2 工位:内缘翻边;
第 3 工位:冲 ϕ19、2-ϕ5.5 孔、凸台整形;
第 4 工位:落料。

模具使用条料,手工送进,由于第 2 工位翻边形成的凸包可用作以后工位的定位,模具无专用挡料零件,仅须在第 1、2 两个工位设置始用挡料销,另外,于第 2、4 工位设置导正销精确定位,即可保证零件的位置精度。查表 2-19 及考虑导料间隙影响,取前后搭边为 2mm,左右搭边均为 2.5mm,步距为 54.5mm,条料宽度 35mm。模具结构如图 6-4 所示(压

1-导料板　2、4、14、20-紧固螺钉　3、19-销钉　5-下模座　6-凹模板　7-导正销　8、21-冲孔凸模
9-弹簧　10-落料凸模　11-冲孔整形凸模　12-上模座　13-卸料螺钉　15-防转销　16-模柄　17-垫板
18-翻边凸模　22-凸模固定板　23-导柱　24-导套　25-承料板　26-始用挡料销　27-卸料板

图 6-4　模具总图

力中心距模柄中心线 11.6mm,在模柄截面范围内,符合要求)。

6.1.3 工艺计算

【知识链接】 2.4 冲压力和压力中心的计算;5.2.1 内孔翻边。

1. 翻边计算

1)预制孔直径。由于翻边时变形区材料仅切向产生伸长变形,径向流动很小,径向尺寸几乎不发生变化,可按弯曲变形展开计算。即:如图 6-5 所示虚线部位的材料翻边后移到实线位置,长度不变。根据图中几何关系(略去圆角),设 $\phi19$ 孔的冲裁余量为 2mm,按料厚中间层尺寸(双点划线)计算各部分长度为:

BD=2mm

DC=(26.25-23.25)/2=1.5mm

故:BC$=\sqrt{2^2+1.5^2}=2.5$mm。

另有:AB$=[23.25-(19-2)]/2=3.1$mm

由前面分析有:EC=AB+BC=5.6mm。

因此,可计算翻孔预制孔直径为:$d_0=26.25-2\times5.6=15.05\approx15$mm。

2)校核变形程度。查表5-7,极限翻边系数为 $K_{min}=0.52$,实际翻边系数为:

$K=15/17=0.88>K_{min}$

因此不会开裂。

2. 冲压力及压力中心计算

1)翻边力。按式(5-24)计算翻边力为:$F_b=1.1\pi\times1.5\times(17-15)\times220\approx2281$N。

2)冲裁力。根据式(2-11),分别计算第 1、3、4 工位的冲裁力为:$F_{1c}=24034$N,$F_{3c}=48042$N,$F_{4c}=82994$N。再根据式(2-13)、(2-14)及表2-11,对应的卸料力为:$F_{1x}=1202$N,$F_{3x}=2401$N,$F_{4x}=4150$N;推件力:$F_{1T}=5284$N,$F_{3T}=8954$N,$F_{4T}=18260$N。

3)整形力。按式(5-36)计算,取 $p=150$MPa,得整形力为:$Fz=39579$N。

因而可得各工位冲压力为:

第 1 工位冲孔:冲压力为:$F_{1c}+F_{1x}+F_{1T}=30520$(N);

第 2 工位翻边:冲压力为:2281(N);

第 3 工位整形+冲孔:由于整形时,冲裁已经结束,故冲压力为:

$Max(F_{3c}+F_{3x}+F_{3T},Fz+F_{3x}+F_{3T})=Max(59397,50934)=59397$(N);

第 4 工位冲孔:冲压力为:$F_{4c}+F_{4x}+F_{4T}=$,105404(N);

总冲压力等于各工步冲压力之和,计算得总冲压力为:197.6(kN),压力机公称压力可选 25 吨。

按式(2-24)、(2-25),可求得压力中心在第 3 工位中心线左侧 11.6mm 处,见图 6-3。

6.1.4 主要模具零件结构

1. 翻边凸模与翻边凹模

翻边凸模和翻边凹模的工作尺寸如图 6-6 所示,图中凸模的圆锥角 74°由零件图尺寸计算得出,圆角 R2mm 为综合考虑翻边和整形方便而定,导正部分与凸模为一体。凹模侧壁为直边,与凸模不吻合,模具在下死点时,材料未被压紧、校正,这是为了不影响第 3 工位的

整形精度,为其留下调整空间,否则,第 2、3 两工位同时对工件校正,对凹模的尺寸精度要求非常高,难以保证。

图 6-5　翻孔预制孔计算

图 6-6　翻边凸模与凹模的工作尺寸

2. 整形、冲孔凸模

$\phi 19$ 的冲孔凸模与整形凸模为一体结构,先冲孔,后整形,尺寸按零件要求设计。由于整形时材料受力比较均匀,且变形量小,所冲 $\phi 19$ 孔不会发生变形。凸模的工作尺寸见图 6-7。

6.1.5　项目总结

通过本项目的分析,我们可以受到以下启发:

1. 充分利用零件的结构尺寸确定其成形工艺

本项目的冲压件形状、结构均比较简单,很容易

图 6-7　整形、冲孔凸模工作尺寸

判断为平面胀形或浅拉深成形,而一旦按拉深成形考虑,就必定涉及坯料凸缘尺寸的变化,而该零件形状毕竟不规则,工艺计算十分麻烦。而平面胀形除了变形程度受材料伸长率限制外,凸缘尺寸必须足够大,否则会同时存在拉深变形的成分,而使坯料轮廓尺寸发生变化。本例中,如果零件中部无 $\phi 19$mm 孔,或孔径较小,则只能视为拉深或平面胀形,正是因为零件凸台中心有 $\phi 19$mm 的较大孔,设想采用内孔翻边成形获得凸台,成形工艺变得简单,并通过简单计算即可得知其可行性。可见,对冲压件进行工艺分析和拟定工艺方案时,必须结合零件的结构、尺寸特点,灵活运用冲压工艺理论知识,综合分析并结合计算,尽量拟出所有可行方案,才不致遗漏最佳方案。

2. 模具结构考虑制造、维修方便

此零件的主要特点有二:一是尺寸及位置精度较高,二是生产批量大。因此,模具结构应在保证产品技术要求的同时,着重考虑提高生产率和材料利用率,以及模具制造和维修的工艺性。第 2 工位的翻边凹模结构(见图 6-6)、第 4 工位导正销的结构就是考虑模具制造难度和维修方便而设计的。

当然,图 6-4 的模具结构还有可以改进之处,如:使用 2 个始用挡料销对生产率的影响

较大,可考虑用侧刃定距;由于零件 3.5±0.07mm 尺寸精度较高,冲裁刃口的修磨使闭合高度不得不减少时,影响整形工位,可考虑将整形和冲孔(ϕ19mm)凹模制成镶入式,必要时更换整形凸、凹模。另外,还可考虑将易损凸、凹模设计为快换结构。

6.2 复杂拉深件的冲压工艺及拉深模设计

6.2.1 项目要求及工艺分析

【知识链接】 4.3 拉深件的工艺性。

某冲压件数模如图 6-8 所示,产品为左、右件成对使用,并完全对称。材料为 B280P,料厚 1.2mm,总体尺寸为 140mm(X)×118mm(Y)×42mm(Z),零件上两孔的直径分别为 ϕ7mm 和 ϕ10mm,其他具体尺寸见数模。批量生产,要求表面光滑无损伤、暗伤,现要求设计其冲压工艺及成形模具。

图 6-8 冲压件

根据产品数模图可见,该零件总体为一带法兰边的拉深件,局部有胀形成分,形状不规则,结构不完整,不能直接成形,需修补工艺面使成为符合拉深工艺要求的冲压件,但由于左、右件完全对称,可合并成形,然后剖切为左、右件,为修补工艺补充面带来很大方便,也节省了材料。

本件拉深成形的困难在于:无论如何,底部球面和圆柱面部分的板料肯定先与凸模接触,并且,零件周边侧壁斜度较大(30°、40°、45°左右),这样在拉深的前期,板料悬空区域较大,容易失稳,必须增大进料阻力,但进料阻力若过大,底部 A 区(见图 6-8)因胀形成分最多,一直受双向拉应力,很可能开裂。加之零件形状不规则,拉深时沿周各区域材料流入凹模的速度不同(因为需要的材料补充量不同),因此,必需合理设置拉延筋以均衡延周进料

速度。

至于拉深次数,对于复杂的拉深件,一般均为一次成形,有时在后道工序增加局部整形、翻边、胀形等成形工序达到产品的形状、尺寸要求,这是因为多次拉深的中间工序件的确定十分困难,模具报废率高,经济损失大。因此,复杂拉深件(或其工艺补充面)的设计十分关键,必须保证制件能顺利成形。

由于$\phi 7$mm和$\phi 10$mm两孔所在平面平行,故拉深后的工序比较简单,仅切边冲孔一道复合工序即可。

制件材料B280P为含磷的高强度冷轧钢,冲压性能一般,对于本例拉深件,可以根据计算机仿真的结果虚拟试模,在比较安全的条件下确定拉深工艺参数。

6.2.2 工艺方案设计

由前面的工艺分析,将左右两件合并成形。在法兰面平面内,将左件镜像,左右两件结合处留17mm的切边余量,如图6-9所示。据此,可按以下步骤拟定工艺方案。

图 6-9 合并左右件

1. 工艺补充面设计及工序安排拟定

图6-9所示的合并件由于沿周形状仍很不规则、均匀,前侧壁呈V型角,过渡也不甚平缓,沿周必须补充工艺余料。基于UG等三维设计软件对产品数模进行操作,本例大致步骤为:

1)将图6-9所示产品边界向外延伸3~5mm,中间部分必须光滑连接。

2)继续扩大产品,将前部的V型边界扩展为直线型,并与两侧圆滑衔接,做立面,倒凸、凹圆角,仍需光滑过渡,尤其圆角、拐角处需进行曲面优化。

最后得到图6-10所示的拉深件完整造型,与图6-9相比,沿周结构形状均衡、圆滑、平缓得多。至此,可拟定冲压工序如下:

10)落料或剪裁。

20)拉深成形。

分
模
线

图 6-10　补充工艺面后的拉深件轮廓

30)切边、冲孔。如图 6-11 所示。

图 6-11　切边冲孔工序简图

2. 拉深方向与压料面确定

冲压方向亦可理解为成形后制件相对模具基面的方位,复杂拉深件的冲压方向至关重要,不合理的冲压方向易引起滑移线、起皱等缺陷,甚至会无法成形(存在死角)。确定冲压方向和压料面的原则有:

1)不能存在负角,即不能存在凸模接触不到拉深形状的局部区域(死角)。

2)保证凸模与坯料的初始接触面积尽量大,避免点接触,接触部位应尽量处于冲模中心,以避免成形时坯料的窜动。

3)应尽量保证各部位拉深深度均匀,以保证沿周进料阻力尽量均匀。

4)压料面尽量平缓,尽可能用平面。

5)如果有反拉深平面,应尽量使冲压方向与其垂直。

根据以上原则,首先确定基准点,取在零件的几何中心,冲压方向取在图 6-12 所示的 Z 方向,压料面则取零件法兰面平面,如图 6-13 所示。冲压方向与法兰面垂直。

图 6-12 冲压方向

图 6-13 压料面

3. 拉延筋设计与坯料尺寸计算

拉延筋的形状和尺寸十分微妙,传统的设计方法基本靠经验。目前在工艺分析阶段多根据预设的拉延筋中心线,利用 CAE 软件分析得到虚拟筋的阻力,以便于对虚拟筋的调整,但在工程上则直接采用实体拉延筋分析调试。本例根据图 6-10 分析,由于底部圆柱面横贯左右,拉深件前、后部进料最多,左、右两侧进料较少,且前、后不一(深度不同),四个角部进料最少,但进料阻力最大,因此应控制平坦部位的进料阻力,以预防因拉应力不均匀引起的局部起皱。据此,应设置四条拉延筋,这里先不妨只设三条拉延筋,观察成形仿真的情况,如图 6-14 所示,拉延筋底部(上表面)半径 R6mm,深度 3mm。

再根据展开料尺寸计算(CAE)及考虑切边余量等,得到拉深坯料尺寸如图 6-15 所示。

图 6-14　设置拉延筋后的拉深件造型

图 6-15　拉深件坯料

6.2.3　CAE 分析及虚拟试模

前面拟定了总体的冲压工艺方案及其要点,但其中许多工艺参数并不能确定或对拟定的参数无十分把握,比如:坯料大小、压边力大小、拉延筋的参数、工艺面形状是否完全合理等,均需模具调试时确定,影响了制模周期。若在冲压工艺及模具设计阶段借助 CAE 软件分析,对数模进行虚拟调试,则可使模具设计更加接近合理状态,缩短实体试模时间。

借助 CAE 软件分析的过程,总体上就是以假定的具体工艺参数输入,由计算机模拟冲压过程并输出结果,再根据结果(一般都会有缺陷)调整参数、修改模型,继续模拟,直至结果满意,从而得到工艺确定和模具设计的量化数据,进行模具设计,如图 6-16 所示。

各种 CAE 软件的操作过程均可大致分为前处理(网格划分)、计算求解、后处理(结果输出)三个阶段,下面简述本拉深件的分析操作过程。

1. 模型的准备、导入与网格划分

分模后拉深模型以分模线为界被分为两部分,分模线以内为“凸模”,以外为“压边圈”(实际上本例凸模应向内偏置 1~2mm),这样为后面的工艺设定提供方便。然后将模型导

图 6-16　CAE 辅助虚拟试模

入 CAE 软件。

　　在对成形过程进行模拟之前，需对产品模型进行网格划分，此过程对模拟分析十分重要，涉及有限元计算的精度，需根据模型各部分形状特征设定，在后续的模拟分析时，若发现网格划分不合理，则需重新设定。本例零件模型的网格剖分后显示如图 6-17 所示。

图 6-17　模型的网格剖分

2. 工艺及虚拟模具设定

　　工艺设定包括材料性能参数、压料面、压料力（本例初选 20 吨）、压力机（单动或双动，本例选单动）等，模具设定包括凸模和凹模及压边圈工作面设定（一般凸、凹模工作面相差 1.1 倍的料厚偏置量），完成这些参数设定以后，软件可自动组装虚拟模具，如图 6-18 所示。

图 6-18　虚拟模具

3. 计算求解、结果分析与参数修改

　　在完成所有参数设定后，即可提交计算，计算完成后经过后处理并输出模拟成形结果。图 6-19 所示为本例首次模拟的拉深件情况（FLD 云图），可见在零件底部两球面区，由于胀形成分多，材料受双向拉应力，减薄最严重，已经开裂，圆柱面后侧根部也发生了开裂，同时，工件前部发生大面积起皱及起皱趋向，而工件两侧成形状况良好，起始阶段也未发生板料失稳。

图 6-19　第一次 CAE 模拟的拉深情况

　　据上分析,可考虑在前侧增加拉延筋,去除两侧的拉延筋,并将拉延筋深度改为 1mm,同时,压边力仍取 20 吨。因此,将拉深数模改为图 6-20 所示,再次模拟结果如图 6-21 所示(数字为料厚变化量),可见相比第一次大有改善,开裂和起皱已经消除,只是延周大部分区域板料增厚,但均在安全范围内,实模调试时可适当增大压边力。

图 6-20　修改后的拉深数模

图 6-21　再次模拟拉深的结果

6.2.4　拉深模设计

　　在拉深工艺参数确定后,拉深模设计主要是结构设计,现将思路介绍如下。

1. 分模设计

　　按图 6-10 所示的分模线将模型分为内外两部分,内部为凸模,分模线向外偏置 1mm,其外为压边圈。压边圈与凸模分别如图 6-22 和图 6-23 所示。

2. 模具结构

　　下模由下模座、凸模、压边圈及其他附件组成。压边圈以 4 套卸料组件与下模座连接,坯料由安装于压边圈上的 6 个销钉定位,如图 6-24 所示。压料动力由 8 根顶杆传递,压边圈运动时由固定于下模座的 2 个直角导向块导向,在压边圈上沿型面四周均匀布置 6 处平衡块,位置需避开顶托杆孔位。同时在下模座底板上与平衡块对应位置安装 6 处墩死块。凸模与下模座以 2 个相互垂直的键定位(见图 6-25)。

图 6-22 压边圈

图 6-23 凸模

平衡块6件

定位销钉6件

压料面

卸料螺钉组件4套

墩死块6件

图 6-24 压边圈组件

压边圈导向面

凸模

压边圈导向块

下模座

图 6-25 下模座及凸模

上模由模柄、上模座、凹模及其他附件组成,仰视图见图 6-26。凹模与上模座由 4 个键定位,弹性销为保证顺利出件而设。

图 6-26　上模仰视图

3. 零件材料及标准件

由于坯料为高强度钢,模具冲压力较大,在零件材料选择上,压边圈和工作零件一样,均选用 Cr12MoV,淬硬至 58～62HRC,而上、下模座则选用 45 钢,并淬硬至 40～45HRC。

6.2.5　项目总结

从此项目过程可见,与规则形状相比,复杂件的拉深成形虽然原理一样,但工艺设计过程复杂得多,模具设计与制造也有独特之处,现简要总结如下。

1. 定性的工艺分析是根本。由于复杂拉深件的材料变形十分复杂,无法进行准确计算,要拟定工艺方案,只能依靠经验和“感觉”,比如工艺面如何修补、零件各部位材料变形的性质及成分、不同冲压方向下材料流动的不同、坯料大致形状和尺寸等都是无法用公式计算的,这要求工艺设计人员有扎实的冲压工艺理论知识,并具有相当经验,使在拟定各种工艺参数时,尽量趋近合理状态。即使应用 CAE 软件模拟分析,若工艺数模及各工艺参数与合理成形状态相差巨大,则模拟结果肯定更差,调试时间更长。再者,根据 CAE 模拟的结果修改工艺参数,本身就是在正确的定性分析基础上,根据经验进行的数值调整。

2. CAE 软件应用是关键之一。由于产品更新换代加快,要求模具开发周期缩短,对于复杂冲压件的工艺确定,CAE 软件是强大的工具,通过模拟冲压过程并反复调试,获得接近实际试模时的模具合理状态,可大大缩短模具制造周期。

3. 模具设计与制造。对于复杂冲压件,主要模具零件的形状结构自然也复杂,必须均采用 CAM 数控加工,复杂模具的 CAD、CAE、CAM 是紧密联系在一起的。同时,为缩短制模时间,模具设计多选用精密标准件,本例的拉深模设计,就选用了许多 MISUMI 标准件。

6.3　复杂成形件的工艺及成形模设计

6.3.1　项目要求及工艺分析

【知识链接】　5.1.2　平板坯料的局部胀形;5.2.2　外缘翻边;3.2　弯曲成形的要点。

1. 项目要求。某冲压件材料为10,料厚1.2mm,形状及大致轮廓尺寸如图6-27所示,其中,A、B两平面平行,间距8.6mm,与C面夹角7.2°要求表面光整。左右件对称(图为左件),大批量生产,试确定冲压工艺方案,设计成形模。

图 6-27　某冲压件

2. 工艺分析。此冲压件的形状、结构总体上很不规则,各区域变形性质多有不同,且均为局部变形,属于较复杂的成形件,包含弯曲、胀形、平面翻边、曲面翻边等多种变形。F部为弯曲半径为R4mm(图6-27中未标注)的弯曲变形,而中部的弯曲半径较大,在R20mm以上,定型困难;A、B平台及中部压筋均为胀形,其余则基本为翻边,其中,E、D两处正处于大圆角弯曲变形区,为曲面翻边。压筋胀形和曲面翻边极大地提高了制件的刚度,能很好地抑制大圆角弯曲的回弹,保证弯曲面的定型。翻边部分在两个R15mm圆角处,翻边高度仅为7mm(图中未注),曲面翻边的高度更小,仅5mm(图中亦未注),由于其变形性质相当于拉深,可以计算,即使按完整形状拉深计算,也远小于极限变形程度,不会发生起皱。综上分析,该冲压件可以成形。

6.3.2 工艺方案确定

1. 工序安排

根据前述分析,此零件为弯曲成形件,根据零件结构特点,安排冲压工序时要注意到,该零件不宜在成形后切边,因为切边模过于复杂,另一方面,零件展开料尺寸的获得并非十分困难,仅仅在圆弧翻边部分及其附近区域需要调试,借助 CAE 软件分析完全可以大致确定落料尺寸,当然,最终的落料尺寸仍需在成形模实物调试时确定,因此,落料模必须在成形模调试合格后进行设计和制造。

在成形工序,由于平面翻边部分相当于浅拉深,冲压方向应选择该部分的翻边方向,即图 6-28 中 ZC 方向。由于 ϕ26.5mm 孔中心距翻边线较远(27mm,见图 6-27),落料时可在该孔位预冲一 ϕ10mm 工艺孔(见图 6-28、图 6-29),供成形时坯料定位用,成形模调试时,坯料周边只需再确定一个挡料点(见图 6-29)。

图 6-28　成形工序件

另外,由于产品为左右对称件,且轮廓尺寸不大,为提高生产率,成形时可一模两件,同时还可平衡成形时的侧向弯曲力。

由于 A、B 两平面平行,2-ϕ10mm 孔可同一工序冲出,但两面与 C 平面成 7.2°角,若 ϕ26.5mm 孔也同一工序冲压,必须采用吊冲,模具太复杂,因此,成形后可安排两道冲孔工序,分别加工 2-ϕ10mm 和 ϕ26.5mm 孔。还需注意的是,成形时,零件 A 部(见图 6-28)的反向翻边最先进行,此时凸模尚未压料,会造成坯料移动,解决办法是将凸模局部改为活动分块,但模具太复杂,可将此部翻边放在冲孔工序完成。

至此,该冲压件的工序安排如下:

10)落料冲孔(ϕ10mm 工艺孔)。

20)成形(左、右件一模成形)。

30)翻边、冲孔(ϕ26.5mm 孔、A 部翻边)。

40)冲孔(2-ϕ10mm 孔)。

2. 坯料尺寸设定

利用 CAE 软件的钣金件展开料计算功能,可预求得坯料轮廓如图 6-29 所示。成形模试模时,可用线切割加工获得坯料,用三坐标测量机检测成形件,再修改坯料尺寸,直至制件合格,然后按调试所得坯料尺寸制作落料模。

图 6-29　预求坯料轮廓

3. CAE 成形分析及参数优化

由于产品形状特殊,为保证成形过程稳定可靠,将凹模分割为二,即:固定的弯曲及曲面翻边凹模和活动的平面翻边凹模,如图 6-30 所示,活动凹模兼起托料和顶件作用。为简化过程,这里按一次成形模拟。

图 6-30　分割凹模

将模型导入 CAE 软件,划分网格、设定材料等相关参数后,组装图 6-31 所示的虚拟成形模,提交求解后,得 FLD 云图如图 6-32 所示,凸包处材料减薄率过大,有开裂的危险,由于该凸包作用仅仅为了提高坯料刚度,减少回弹,可通过修改凸包圆角尺寸,由 R4mm 扩大为 R6mm,再次模拟成形,结果即满足质量要求。

图 6-31　虚拟成形模　　　　　　图 6-32　模拟结果分析

6.3.3　成形模设计与制造

1. 模具结构设计

凹模组件如图 6-33 所示,活动凹模组件由活动凹模和活动凹模垫板组成,可在固定凹模及其垫板的型腔内上、下活动,限位面为固定凹模底面和下模座,凹模与垫板的装配关系如图 6-34 所示。

(a)活动凹模组件　　　　　　　(b)固定凹模

图 6-33　凹模组件

坯料由活动凹模和固定凹模上的 2 个定位销定位,上模下行前,活动凹模被顶起并托料,冲压时活动凹模被压而下行,直至下死点时,固定凹模垫板与下模座接触,如图 6-35 所示。凸模则为整体结构,如图 6-36 所示。

模具总体结构如图 6-37 所示。根据零件结构,成形件一般不会附在凸模上,故上模未设卸料装置。下模的活动凹模组件由底部的顶杆提供动力,为便于模具的安装调试,模具两

图 6-34 凹模组件的装配关系

固定
凹模

固定
凹模
垫板

活动
凹模
组件

(a)活动凹模被顶起状态

(b)下死点状态

图 6-35 凹模组件工作状态

端分别设有限位块,控制闭合高度。

2. 主要零件的选材及加工

由于产品表面质量要求较高,要求模具成型工作面光滑、耐磨,并具一定韧性,并考虑加工工艺性,凸模、固定凹模和活动凹模均选用预硬模具钢 2738(德国标准),在预硬状态(28～32HRC)下加工,调试后,进行局部氮化处理,硬度可达 55HRC 以上。该钢种为中碳钢,由于添加了 Cr、Ni、Mn、Mo 等合金元素,切削、抛光性能好。工作面的精加工均在加工中心上进行(CAM),固定凹模上与活动凸模的滑配面可用线切割加工。销钉孔可在模具调试合格后与相关件组合加工。

图 6-36　凸模

图 6-37　模具总体结构

凹模垫板、活动凹模垫板则选用 45 钢,调质处理即可。

6.3.4　项目总结

此零件在工艺分析方面,对产品各区域的变形性质、变形程度以及相互影响的基本判断是要点,例如:零件中部的大圆角弯曲,单纯看工艺性较差,回弹会很严重,但由于变形区有压筋胀形和两侧翻边的存在,消除了弯曲变形程度不足对回弹的影响;所有的翻边变形,在圆角处的翻边高度都比较小。因此,零件看似形状复杂,但经综合分析,成形工艺性较好,只是模具结构要适应产品结构并保证成形稳定性。

在模具结构方面,主要特点是针对零件结构的特殊性,为使坯料在成形过程中不偏移,成形过程稳定、可靠,将凹模分割为活动和固定两部分是要点,只有这样才能保证坯料的可靠定位和压料。

本章的三个综合案例各有特点,从中可总结出复杂零件冲压工艺及模具设计的共性要求和一般步骤如下:

1. 判定主成形方式及总体工序安排

首先总体上确定零件是拉深件还是成形件或弯曲件,进而分析是单一变形还是包含多

种变形性质以及相互之间的影响。一般来说,拉深的变形程度较大,零件有较大的型腔结构,依靠外围较大区域材料的变形获得,成形则限于局部区域自有材料的变形,变形后的空间尺寸有限。对于复杂冲压件,一般各区域间的材料变形很不均匀,甚至变形性质大不相同,而某些区域形状还为多种变形的叠加,有时候,获得零件的某部形状可有多种成形方式,如此等等,需要根据产品质量要求、变形的工艺条件、生产成本等因素进行综合分析,确定主成形方式。

如案例一的图 6-1 所示零件,由于凸台高度很小,通过拉深、平面胀形、圆孔翻边三种成形方式均可获得,但通过比较,翻边成形最为简单,故采用翻边工艺。此例还可引申到一些大变形程度的拉深件的应用,如图 6-38 所示拉深件,经计算,需要 2 次拉深,但如果将筒壁的高度分为拉深和底部圆孔翻边两种成形方式共同获得,经计算一次拉深即可,用一副模具即可成形,同时还降低了料耗,方法是:在一次拉深到某高度(接近极限处),在坯料底部冲一合适直径的孔,后续行程即为翻边,直至零件深度尺寸。再如图 6-39 所示的带正、反拉深的覆盖件,由于在四个角部拉延深度较深,最深处达 90mm,从外向内进料阻力较大,工艺设计为:在反拉深成形到最深,将要产生破裂时,切出工艺切口,使角部拉深所需材料一部分由里向外流动来补充(相当于翻边),减少了外部材料的向内流动,消除了开裂的危险,降低了材料成形的难度。

图 6-38 带凸缘圆筒形拉深件

而例二的图 6-8(扩展至图 6-9)所示零件,由于明显带有较大的型腔,不可能依靠局部成形获得,因而必须拉深,但局部凸包等结构又必有胀形的性质,加之沿周形状不规则,各区域、各种性质的变形之间相互影响复杂而微妙,成形极限各不相同,成形参数需再三尝试而定。例三的图 6-27 所示零件总体上可视为一 Z 形弯曲件,再辅以周边的局部翻边和内域的局部胀形,它们之间的相互影响前文已分析,不再赘述。

在综合分析了材料的变形性质、特点及其相互影响后,即可根据工艺要求初步拟定零件的冲压工序安排。其中,主成形工序的工艺内容应根据零件结构和变形特点确定,不一定为某单一性质的变形,一般来说,尽可能一次冲压即大致成形。例如图 6-8 所示拉深件,虽然含有胀形成分,但不可能将二者决然分开,实际上,其底部的半圆柱形型腔由拉深和胀形叠加而得,只能一次成形。图 6-27 所示零件的成形也是如此,总体形状应一次成形,不可能先弯曲再胀形、翻边,因为其弯曲形状的定型要依赖其他的变形形式来提高坯料刚度,如果先

图 6-39 利用工艺切口减荷

弯曲,回弹量很大,形状很不稳定,后续工序的定位都很困难,故只能一次成形(该例方案为局部翻边因干涉而放在后道工序,与此不矛盾)。

2. 量化、细化工艺参数

在定性判定零件的主变形性质、特点及附加变形的影响并拟定了冲压工艺方案之后,必须进行量化分析才能确定主要成形工序的工艺参数,从而进行模具设计。这一过程的内容很多,包括拉深件的工艺面修补、坯料尺寸确定、冲压方向及压料面的确定、弯曲件的回弹补偿、局部成形的极限情况、冲压力等等,对于复杂冲压件,这一过程十分复杂,一般通过 CAE 软件调试获得近似合理的参数,实物试模时最终确定。

3. 模具结构设计

复杂冲压件的模具,尤其是主成形工序的模具,由于主要模具零件的形状、结构也比较复杂,零件数量也较多,在其选材、结构设计等方面除了要保证冲压过程稳定、可靠之外,还要充分考虑模具制造、调试、维修的工艺性。本章案例一的模具结构前文已有优劣两方面评述;案例二大量使用了标准件,缩短了制模周期;案例三则采用分体凹模结构及特种模具钢及特殊热处理,以便模具调试合格后能进行加工。

附　　录

附录 1　常用冲压金属材料力学性能

材料名称	牌　号	材料状态	力 学 性 能				
			抗剪强度 τ/MPa	抗拉强度 σ_b/MPa	屈服点 σ_s/MPa	伸长率 $\delta_{10}/\%$	弹性模量 $E/10^3\text{MPa}$
普通碳素钢	Q195	未经退火的	225～314	314～392		28～33	
	Q215		265～333	333～412	220	26～31	
	Q235		304～373	432～461	253	21～25	
	Q255		333～412	481～511	255	19～23	
碳素结构钢	08F	已退火的	216～304	275～383	177	32	
	08		255～333	324～441	196	32	186
	10F		216～333	275～412	186	30	
	10		255～333	294～432	206	29	194
	15		265～373	333～471	225	26	198
	20		275～392	353～500	245	25	206
	35		392～511	490～637	314	20	197
	45		432～549	539～686	353	16	200
	50		432～569	539～716	373	14	216
不锈钢	1Cr13	已退火的	314～373	392～416	412	21	206
	2Cr13		314～392	392～490	441	20	206
	1Cr18Ni9Ti	经热处理的	451～511	569～628	196	35	196
铝锰合金	LF21	已退火的	69～98	108～142	49	19	70
		半冷作硬化的	98～137	152～196	127	13	
硬铝（杜拉铝）	LY12	已退火的	103～147	147～211		12	71
		淬硬并经自然时效	275～304	392～432	361	15	
		淬硬后冷作硬化	275～314	392～451	333	10	
纯铜	T1,T2,T3	软的	157	196	69	30	106
		硬的	235	294		3	127
黄铜	H62	软的	255	294		35	98
		半硬的	294	373	196	20	
		硬的	412	412		10	
	H68	软的	235	294	98	40	108
		半硬的	275	343		25	
		硬的	392	392	245	15	113
铅黄铜	HPb59-1	软的	294	343	142	25	113
		硬的	392	441	412	5	91
锡磷青铜 锡锌青铜	QSn6.5-0.1 QSn4-3	软的	255	294	137	38	98
		硬的	471	539		3～5	
		特硬的	490	637	535	1～2	122
钛合金	TA2	退火的	353～471	441～588		25～30	
	TA3		432～588	539～736		20～25	
	TA4		628～667	785～834		15	102

附录 2　常用钢板规格

冷轧钢板规格（GB708—88）

按下列钢板宽度的最小和最大长度

公称厚度	600	650	700	(710)	750	800	850	900	950	1000	1100	1250	1400	(1420)	1500	1600	1700	1800	1900	2000
0.20 0.25 0.30 0.35 0.40 0.45	1200	1300	1400	1400	1500	1500	1500	1500	1500	1500	1500	—	—	—	—	—	—	—	—	—
	2500	2500	2500	2500	2500	2500	2500	3000	3000	3000	3000									
0.56 0.60 0.65	1200	1300	1400	1400	1500	1500	1.500	1500	1.500	1500	1500	1500	—	—	—	—	—	—	—	—
	2500	2500	2500	2500	2500	2500	2500	3000	3000	3000	3000	3500								
0.70 0.75	1200	1300	1400	1400	1500	1.500	1500	1500	1500	1500	1500	1500	2000	2000	—	—	—	—	—	—
	2500	2500	2500	2500	2500	2500	2500	3000	3000	3000	3000	3500	4000	4000						
0.80 0.90 1.00	1200	1300	1400	1400	1500	1500	1500	1500	1500	1500	1500	1504	2000	2000	2000	—	—	—	—	—
	3000	3000	3000	3000	3000	3000	3000	3500	3500	3500	3500	4000	4000	4000	4000					
1.1 1.2 1.3	1200	1300	1400	1400	1500	1500	1500	1500	1500	1500	1500	1500	2000	2000	2000	2000	2000	2000	2000	—
	3000	3000	3000	3000	3000	3000	3000	3500	3500	3500	3500	4000	4000	4000	4000	4000	4200	4200		
1.4 1.5 1.6 1.7 1.8 2.0	1200	1300	1400	1400	1500	1500	1500	1500	1500	1500	1500	1500	2000	2000	2000	2000	2000	2500	—	
	3000	3000	3000	3000	3000	3000	3000	3000	3000	4000	4000	6000	6000	6000	6000	6000	6000	6000		
2.2 2.5	200	1300	1400	1400	1500	1500	1500	1500	1500	1500	1500	2000	2000	2000	2000	2500	2500	2500	2500	2500
	3000	3000	3000	3000	3000	3000	3000	3000	3000	4000	4000	6000	6000	6000	6000	6000	6000	6000	6000	6000
2.8 3.0 3.2	1200	1300	1400	1400	1500	1500	1500	1500	1500	1500	1500	2000	2000	2000	2000	2500	2500	2500	2500	2500
	3000	3000	3000	3000	3000	3000	3000	3000	3000	4000	4000	6000	6000	6000	6000	2750	2750	2700	2700	2700
3.5 3.8 3.9	—	—	—	—	—	—	—	—	—	—	—	2000	2000	2000	2000	2000	2500	2500	2500	2500
												4500	4500	4500	4750	2750	2750	2700	2700	2700
4.0 4.2 4.5	—	—	—	—	—	—	—	—	—	—	—	2000	2000	2000	2000	1500	1500	1500	1500	1500
												4500	4500	4500	4500	2500	2500	2500	2500	2500
4.8 5.0	—	—	—	—	—	—	—	—	—	—	—	2000	2000	2000	2000	1500	1500	1500	1500	1500
												4500	4500	4500	4500	2300	2300	2300	2300	2300

附录3　常用压力机型号及参数

3-1　开式固定台压力机(部分)主要技术规格

型　号		JA21-35	JD21-100	JA21-160	J21-400A
公称压力/Kn		350	800	1000	1600
滑块行程/mm		130	160	可调10～120	160
滑块行程次数/(次/min)		50	40～75	75	40
最大闭合高度/mm		280	320	400	450
闭合高度调节量/mm		60	80	85	130
滑块中心线至床身距离/mm		205	310	325	380
立柱距离/mm		428		480	530
工作台尺寸/mm	前后	380	600	600	710
	左右	610	950	1000	1120
工作台孔尺寸/mm	前后	200		300	
	左右	290		420	
	直径	260			460
垫板尺寸/mm	厚度	60		100	130
	直径	22.5		200	
模柄孔尺寸/mm	直径	50	50	60	70
	深度	70	60	80	80
滑块底面尺寸/mm	前后	210		380	460
	左右	270		500	650

3-2　开式双柱可倾式压力机(部分)主要技术规格

型　号		J23-6.5	J23-10	J23-16	J23-25	J23-35	J23-40	J23-63	J23-80
公称压力/Kn		63	100	160	250	350	400	630	800
滑块行程/mm		35	45	55	65	80	100	100	130
滑块行程次数/(次/min)		170	145	120	55	50	80	40	45
最大闭合高度/mm		150	180	220	270	280	300	400	380
闭合高度调节量/mm		35	35	45	55	60	80	80	90
滑块中心线至床身距离/mm		110	130	160	200	205	220	310	290
立柱距离/mm		105	180	220	270	300	300	420	380
工作台尺寸/mm	前后	200	240	300	370	380	420	570	540
	左右	310	370	450	560	610	630	860	800
工作台孔尺寸/mm	前后	110	130	160	200	200	150	310	230
	左右	160	200	240	290	290	300	450	360
	直径	140	170	210	260	260	200	400	280
垫板尺寸/mm	厚度	30	35	40	50	60	80	80	100
	直径					150			200
模柄孔尺寸/mm	直径	30	30	40	40	50	50	50	60
	深度	55	55	60	60	70	70	70	80
滑块底面尺寸/mm	前后					190	230	360	350
	左右					210	300	400	370
床身最大可倾角		45°	35°	35°	30°	20°	30°	25°	30°

3-3　闭式单点压力机(部分)主要技术规格

型　号		J31-100	J31-160A	J31-250	J31-315	J31-400A	J31-630
公称压力/kN		100	1600	2500	3150	4000	6300
滑块行程/mm		165	160	315	315	400	400
滑块行程次数/(次/min)		35	32	20	25	20	12
最大闭合高度/mm		280	480	630	630	710	850
最大装模高度/mm		155	375	490	490	550	650
连杆调节长度/mm		100	120	200	200	250	200
床身两立柱间距离/mm		660	750	1020	1130	1270	1230
工作台尺寸/mm	前后	635	790	950	1100	1200	1500
	左右	635	710	1000	1100	1250	1200
垫板尺寸/mm	厚度	125	105	140	140	160	200
	直径	250	430	—	—	—	—
气垫工作压力/kN		—	—	100	250	630	1000
气垫行程/mm		—	—	150	160	200	200
主电动机功率/kW		7.5	10	30	30	40	55

附录4　标准公差

GB1800—79

表2　标准公差数值

基本尺寸/mm		公差等级																			
大于	至	IT01	IT0	IT1	IT2	IT3	IT4	IT5	IT6	IT7	IT8	IT9	IT10	IT11	IT12	IT13	IT14	IT15	IT16	IT17	IT18
		μm													mm						
1	3	0.3	0.5	0.8	1.2	2	3	4	6	10	14	25	40	60	0.10	0.14	0.25	0.40	0.60	1.0	1.4
3	6	0.4	0.6	1	1.5	2.5	4	5	8	12	18	30	48	75	0.12	0.18	0.30	0.48	0.75	1.2	1.8
6	10	0.4	0.6	1	1.5	2.5	4	6	9	15	22	36	58	90	0.15	0.22	0.36	0.58	0.90	1.5	2.2
10	18	0.5	0.8	1.2	2	3	5	8	11	18	27	43	70	110	0.18	0.27	0.43	0.70	1.10	1.8	2.7
18	30	0.6	1	1.5	2.5	4	6	9	13	21	33	52	84	130	0.21	0.33	0.52	0.84	1.30	2.1	3.3
30	50	0.6	1	1.5	2.5	4	7	11	16	25	39	62	100	160	0.25	0.39	0.62	1.00	1.60	2.5	3.9
50	80	0.8	1.2	2	3	5	8	13	19	30	46	74	120	190	0.30	0.46	0.74	1.20	1.90	3.0	4.6
80	120	1	1.5	2.5	4	6	10	15	22	35	54	87	140	220	0.35	0.54	0.87	1.40	2.20	3.5	5.4
120	180	1.2	2	3.5	5	8	12	18	25	40	63	100	160	250	0.40	0.63	1.00	1.60	2.50	4.0	6.3
180	250	2	3	4.5	7	10	14	20	29	46	72	115	185	290	0.46	0.72	1.15	1.85	2.90	4.6	7.2
250	315	2.5	4	6	8	12	16	23	32	52	81	130	210	320	0.52	0.81	1.30	2.10	3.20	5.2	8.1
315	400	3	5	7	9	13	18	25	36	57	89	140	230	360	0.57	0.89	1.40	2.30	3.60	5.7	8.9
400	500	4	6	8	10	15	20	27	40	63	97	155	250	400	0.63	0.97	1.55	2.50	4.00	6.3	9.7
500	630	4.5	6	9	11	16	22	30	44	70	110	175	280	440	0.70	1.10	1.75	2.8	4.4	7.0	11.0
630	800	5	7	10	13	18	25	35	50	80	125	200	320	500	0.80	1.25	2.00	3.2	5.0	8.0	12.5
800	1000	5.5	8	11	15	21	29	40	56	90	140	230	360	560	0.90	1.40	2.30	3.6	5.6	9.0	14.0
1000	1250	6.5	9	13	18	24	34	46	66	105	165	260	420	660	1.05	1.65	2.60	4.2	6.6	10.5	16.5
1250	1600	8	11	15	21	29	40	54	78	125	195	310	500	780	1.25	1.95	3.10	5.0	7.8	12.5	19.5
1600	2000	9	13	18	25	35	48	65	92	150	230	370	600	920	1.50	2.30	3.70	6.0	9.2	15.0	23.0
2000	2500	11	15	22	30	41	57	77	110	175	280	440	700	1100	1.75	2.80	4.40	7.0	11.0	17.5	28.0
2500	3150	13	18	26	36	50	69	93	135	210	330	540	860	1350	2.10	3.30	5.40	8.6	13.5	21.0	33.0

注：基本尺寸小于1mm时，无IT14至IT18。

附录5　标准模架(节选)

5-1　对角导柱模架(GB/T285.1—90)　(mm)

标记示例:

凹模周界 $L=200m$、$B=125mm$、闭合高度 $H=170\sim205mm$、Ⅰ级精度的对角导柱模架。模架200×125×170~205 Ⅰ GB/T2851.1

技术条件:

按GB/T2854的规定代替GB2851.1~2—81

凹模周界		闭合高度(参考)H		零件件号、名称及标准编号					
				1	2	3	4	5	6
				上模座 GB/T 2855.1	下模座 GB/T 2855.2	导柱 GB/T 2861.1		导套 GB/T 2861.6	
				数　量					
L	B	最小	最大	1	1	1	1	1	1
				规　格					
63	50	100	115	63×50×20	63×50×25	90	90	60×18	60×18
		110	125			16× 100	18× 100	16×	18×
		110	130	63×50×25	63×50×30	100	100	65×23	65×23
		120	140			110	110		

凹模周界		闭合高度（参考）H		零件件号、名称及标准编号					
				1	2	3	4	5	6
				上模座 GB/T 2855.1	下模座 GB/T 2855.2	导柱 GB/T 2861.1		导套 GB/T 2861.6	
				数量					
L	B	最小	最大	1	1	1	1	1	1
				规格					
63	63	100	115	63×63×20	63×63×25	16×90	18×90	16×60×18	18×60×18
		110	125	63×63×20	63×63×25	16×100	18×100	16×60×18	18×60×18
		110	130	63×63×25	63×63×30	16×100	18×100	16×65×23	18×65×23
		120	140	63×63×25	63×63×30	16×110	18×110	16×65×23	18×65×23
80		110	130	80×63×25	80×63×30	18×100	20×100	18×65×23	20×65×23
		130	150	80×63×25	80×63×30	18×120	20×120	18×65×23	20×65×23
		120	145	80×63×30	80×63×40	18×110	20×110	18×70×28	20×70×28
		140	165	80×63×30	80×63×40	18×130	20×130	18×70×28	20×70×28
100		110	130	100×63×25	100×63×30	18×100	20×100	18×65×23	20×65×23
		130	150	100×63×25	100×63×30	18×120	20×120	18×65×23	20×65×23
		120	145	100×63×30	100×63×40	18×110	20×110	18×70×28	20×70×28
		140	165	100×63×30	100×63×40	18×130	20×130	18×70×28	20×70×28
80	80	110	130	80×80×25	80×80×30	20×100	22×100	20×65×23	22×65×23
		130	150	80×80×25	80×80×30	20×120	22×120	20×65×23	22×65×23
		120	145	80×80×30	80×80×40	20×110	22×110	20×70×28	22×70×28
		140	165	80×80×30	80×80×40	20×130	22×130	20×70×28	22×70×28
100		110	130	100×80×25	100×80×30	20×100	22×100	20×65×23	22×65×23
		130	150	100×80×25	100×80×30	20×120	22×120	20×65×23	22×65×23
		120	145	100×80×30	100×80×40	20×110	22×110	20×70×28	22×70×28
		140	165	100×80×30	100×80×40	20×130	22×130	20×70×28	22×70×28
125		110	130	125×80×25	125×800×30	20×100	22×100	20×65×23	22×65×23
		130	150	125×80×25	125×800×30	20×120	22×120	20×65×23	22×65×23
		120	145	125×80×30	125×80×40	20×110	22×110	20×70×28	22×70×28
		140	165	125×80×30	125×80×40	20×130	22×130	20×70×28	22×70×28
100	100	110	130	100×100×25	100×100×30	20×100	22×100	20×65×23	22×65×23
		130	150	100×100×25	100×100×30	20×120	22×120	20×65×23	22×65×23
		120	145	100×100×30	100×100×40	20×110	22×110	20×70×28	22×70×28
		140	165	100×100×30	100×100×40	20×130	22×130	20×70×28	22×70×28
125		120	150	125×100×30	125×100×35	22×110	25×110	22×80×28	25×80×28
		140	165	125×100×30	125×100×35	22×130	25×130	22×80×28	25×80×28

续表

凹模周界		闭合高度（参考）H		零件件号、名称及标准编号					
				1	2	3	4	5	6
				上模座 GB/T2855.1	下模座 GB/T2855.2	导柱 GB/T2861.1		导套 GB/T2861.6	
				数 量					
L	B	最小	最大	1	1	1	1	1	1
				规 格					
125		140	170	125×100×35	125×100×45	22×130	25×130	22×80×33	25×80×33
		160	190			22×150	25×150		
160	100	140	170	160×100×35	160×100×40	25×130	28×130	25×85×33	28×85×33
		160	190			25×150	28×150		
		160	195	160×100×40	160×100×50	25×150	28×150	25×90×38	28×90×38
		190	225			25×180	28×180		
200		140	170	200×100×35	160×100×40	25×130	28×130	25×85×38	28×85×33
		160	190			25×150	28×150		
		160	195	200×100×40	200×100×50	25×150	28×150	25×90×38	28×90×38
		190	225			25×180	28×180		
125		120	150	125×125×30	125×125×35	22×110	25×110	22×80×28	25×80×28
		140	165			22×130	25×130		
		140	170	125×125×35	125×125×45	22×130	25×130	22×85×33	25×85×38
		160	190			22×150	25×150		
160		140	170	160×125×35	160×125×40	25×130	28×130	25×85×33	28×85×33
		160	190			25×150	28×150		
	125	170	205	160×125×40	160×125×50	25×160	28×160	25×95×38	28×95×38
		190	225			25×180	28×180		
200		140	170	200×125×35	200×125×40	25×130	28×130	25×35×33	28×85×33
		160	190			25×150	28×150		
		170	205	200×125×40	200×125×50	25×160	28×160	25×95×38	28×95×38
		190	225			25×180	28×180		
250		160	200	250×125×40	250×125×45	28×150	32×150	28×100×38	32×100×38
		180	220			28×170	32×170		
		190	235	250×125×45	250×125×55	28×180	32×180	28×110×43	32×110×43
		210	255			28×200	32×200		
160		160	200	160×160×40	160×160×45	28×150	32×150	28×100×38	32×100×38
		180	220			28×170	32×170		
	160	190	235	160×160×45	160×160×55	28×180	32×180	28×110×43	32×110×43
		210	255			28×200	32×200		

续表

凹模周界		闭合高度（参考）H		零件件号、名称及标准编号					
				1	2	3	4	5	6
				上模座 GB/T2855.1	下模座 GB/T2855.2	导柱 GB/T2861.1	导柱	导套 GB/T2861.6	导套
				数量					
L	B	最小	最大	1	1	1	1	1	1
				规格					
200	160	160	200	200×160×40	200×160×45	28×150	32×150	28×100×38	32×
200	160	180	220	200×160×40	200×160×45	28×170	32×170	28×100×38	
200	160	190	235	200×160×45	200×160×55	28×180	32×180	28×120×43	
200	160	210	255	200×160×45	200×160×55	28×200	32×200	28×120×43	
250	160	170	210	250×160×45	250×160×50	32×160	35×160	32×105×43	35×
250	160	200	240	250×160×45	250×160×50	32×190	35×190	32×105×43	
250	160	200	245	250×150×50	250×160×60	32×190	35×190	32×115×48	
250	160	220	265	250×150×50	250×160×60	32×210	35×210	32×115×48	
200	200	170	210	200×200×45	200×200×50	32×160	35×160	30×105×43	35×
200	200	200	240	200×200×45	200×200×50	32×190	35×190	30×105×43	
200	200	200	245	200×200×50	200×200×60	32×190	35×210	30×115×48	
200	200	220	265	200×200×50	200×200×60	32×210	35×210	30×115×48	
250	200	170	210	250×200×45	250×200×50	32×160	35×160	30×105×43	
250	200	200	240	250×200×45	250×200×50	32×190	35×190	30×105×43	
250	200	200	245	250×200×50	250×200×60	32×190	35×190	30×115×48	
250	200	220	265	250×200×50	250×200×60	32×210	35×210	30×115×48	
315	200	190	230	315×200×45	315×200×55	35×180	40×180	35×115×43	40×
315	200	220	260	315×200×45	315×200×55	35×210	40×210	35×115×43	
315	200	210	255	315×200×50	315×200×65	35×200	40×200	35×125×48	
315	200	240	285	315×200×50	315×200×65	35×230	40×230	35×125×48	
250	250	190	230	250×250×45	250×250×55	35×180	40×180	35×125×43	
250	250	220	260	250×250×45	250×250×55	35×210	40×210	35×125×43	
250	250	270	255	250×250×50	250×250×65	35×200	40×200	35×125×48	
250	250	240	285	250×250×50	250×250×65	35×230	40×230	35×125×48	
315	250	215	250	315×250×50	315×250×60	40×200	45×200	40×125×48	45×
315	250	245	280	315×250×50	315×250×60	40×230	45×230	40×125×48	
315	250	245	290	315×250×55	315×250×70	40×230	45×230	40×140×53	
315	250	275	320	315×250×55	315×250×70	40×260	45×260	40×140×53	
400	250	215	250	400×250×50	400×250×60	40×200	45×200	40×125×48	
400	250	245	280	400×250×50	400×250×60	40×230	45×230	40×125×48	

5-2　后侧导柱模架（GB/T2851.3—90）　　　　　　　（mm）

标记示例：

凹模周界 L=200mm、B=125mm、闭合高度 H=170~
205mm、Ⅰ级精度的后侧导柱模架。模架200×125×
170~205 Ⅰ GB/T 2851.3

技术条件：

按GB/T2854的规定代替GB2851.3—81

凹模周界		闭合高度 （参考） H		零件件号、名称及标准编号			
				1	2	3	4
				上模座 GB/T2855.5	下模座 GB/T 2855.6	导柱 GB/T 2861.1	导套 GB/T 2861.6
				数　量			
L	B	最小	最大	1	1	2	2
				规　格			
63	50	100	115	63×50×20	63×50×25	16×　90	16×　60×18
		110	125			100	
		110	130	63×50×25	63×50×30	100	65×23
		120	140			110	
63		100	115	63×63×20	63×63×25	90	60×18
		110	125			100	
		110	130	63×63×25	63×63×30	100	65×23
		120	140			110	
80	63	110	130	80×63×25	80×63×30	18×　100	18×　65×23
		130	150			120	
		120	145	80×63×30	80×63×40	110	70×28
		140	165			130	
100		110	130	100×63×25	100×63×30	100	65×23
		130	150			120	
		120	145	100×63×30	100×63×40	110	70×28
		140	165			130	

续表

凹模周界		闭合高度（参考）H		零件件号、名称及标准编号			
				1	2	3	4
				上模座 GB/T2855.5	下模座 GB/T2855.6	导柱 GB/T2861.1	导套 GB/T2861.6
				数　量			
L	B	最小	最大	1	1	2	2
				规　格			
80		110	130	80×80×25	80×80×30	100	65×23
		130	150			120	
		120	145	80×80×30	80×80×40	110	70×28
		140	165			130	
100	80	110	130	100×80×25	100×80×30	100	65×23
		130	150			120	
		120	145	100×80×30	100×100×40	110	70×28
		140	165			130	
125		110	130	125×80×25	125×80×30	20× 100	65×23
		130	150			120	
		120	145	125×80×30	125×80×40	110	70×28
		140	165			130	
100		110	130	100×100×25	100×100×30	100	65×23
		130	150			120	
		120	145	100×100×30	100×100×40	110	70×28
		140	165			130	
125	100	120	150	125×100×30	125×100×35	110	80×28
		140	165			130	
		140	170	125×100×35	125×100×45	22× 130	80×33
		160	190			150	
160		140	170	160×100×35	160×100×40	130	85×33
		160	190			150	
		160	195	160×100×40	160×100×50	150	90×38
		190	225			180	
200		140	170	200×100×35	200×100×40	25× 130	25× 85×33
		160	190			150	
		160	195	200×100×40	200×100×50	150	90×38
		190	225			180	

续表

凹模周界 L	凹模周界 B	闭合高度（参考）H 最小	闭合高度（参考）H 最大	上模座 GB/T2855.5 数量1	下模座 GB/T 2855.6 数量1	导柱 GB/T 2861.1 数量2	导套 GB/T 2861.6 数量2
125	125	120	150	125×125×30	125×125×35	22×110	22×80×28
		140	165			22×130	
		140	170	125×125×35	125×125×45	22×130	22×85×33
		160	190			22×150	
160	125	140	170	160×125×35	160×125×40	25×130	25×85×33
		160	190			25×150	
		170	205	160×125×40	160×125×50	25×160	25×95×38
		190	225			25×180	
200	125	140	170	200×125×35	200×125×40	25×130	25×85×33
		160	190			25×150	
		170	205	200×125×40	200×125×50	25×160	25×95×38
		190	225			25×180	
250	125	160	200	250×125×40	250×125×45	28×150	28×100×38
		180	220			28×170	
		190	235	250×125×45	250×125×55	28×180	28×110×43
		210	255			28×200	
160	160	160	200	160×160×40	160×160×45	28×150	28×100×38
		180	220			28×170	
		190	235	1260×160×45	160×160×55	28×180	28×110×43
		210	255			28×200	
200	160	160	200	200×160×40	200×160×45	28×150	28×100×38
		180	220			28×170	
		190	235	200×160×45	200×160×55	28×180	28×110×43
		210	255			28×200	
250	160	170	210	250×160×45	250×160×50	32×160	32×105×43
		200	240			32×190	
		200	245	250×160×50	250×160×60	32×190	32×115×48
		220	265			32×210	

续表

凹模周界		闭合高度（参考）H		零件件号、名称及标准编号			
				1 上模座 GB/T2855.5	2 下模座 GB/T2855.6	3 导柱 GB/T2861.1	4 导套 GB/T2861.6
				数　量			
				1	1	2	2
L	B	最小	最大	规　格			
200	200	170	210	200×200×45	200×200×50	160	105×43
		200	240			190	
		200	245	200×200×50	200×200×60	190	115×48
		220	265			210	
250		170	210	250×200×45	250×200×50	160	105×43
		200	240			190	
		200	245	250×200×50	250×200×60	190	115×48
		220	265			210	
315		190	230	315×200×45	315×200×55	180	115×43
		220	260			210	
		210	255	315×200×50	315×200×65	200	125×48
		240	285			230	
250	250	190	230	250×250×45	250×250×55	180	115×43
		220	260			210	
		210	255	250×250×50	250×250×65	200	125×48
		240	285			230	
315		215	250	315×250×50	315×250×60	200	125×48
		245	280			230	
		245	290	315×250×55	315×250×70	230	140×53
		275	320			260	
400		215	250	400×250×50	400×250×60	200	125×48
		245	280			230	
		245	290	400×250×55	400×250×70	230	140×53
		275	320			260	

导柱规格前缀：L=200、250 组为 32×，L=315、250 组为 35×，L=315、400 组为 40×。
导套规格前缀：对应为 32×、35×、40×。

5-3 后侧导柱窄形模架（GB/T2851.4—90） （mm）

标记示例：

凹模周界L=355mm、B=125mm、闭合高度H=200~245mm、Ⅰ级精度的后侧导柱窄形模架。模架 355×125×200~245ⅠGB/T 2851.4

技术条件：

按GB/T2854的规定代替GB2851.4—81

凹模周界		闭合高度（参考）H		零件件号、名称及标准编号			
				1	2	3	4
				上模座 GB/T2855.5	下模座 GB/T2855.5	导柱 GB/T2861.1	导套 GB/T2861.6
				数 量			
				1	1	2	2
L	B	最小	最大	规 格			
250	80	170	210	250×80×45	250×80×50	32× 160	32×105×43
		200	240			190	
315		170	210	315×80×45	315×80×50	35× 160	105×43
		200	240			190	35×
315	100	200	245	315×100×45	315×100×55	190	115×43
		220	265			210	
400		200	245	400×100×50	400×100×60	40× 190	40×115×48
		220	265			210	
355	125	200	245	355×125×50	355×125×60	190	
		220	265			210	
500		210	255	500×125×50	500×125×65	45× 200	45×125×48
		240	285			230	
500	160	245	290	500×160×55	500×160×70	50× 230	50×140×53
		275	320			260	
710		245	290	710×160×55	710×160×70	230	
		275	320			260	
630	200	275	320	630×200×60	630×200×75	55× 250	55×160×58
		305	350			280	
800		275	320	800×200×60	800×200×75	250	
		305	350			280	

5-4　中间导柱模架（GB/T2851.5—90）　　　　　　　　（mm）

标记示例：

凹模周界L=250mm、B=200mm、闭合高度H=200~245mm、Ⅰ级精度的中间导柱模架。模架250×200×200~245 Ⅰ GB/T 2851.5

技术条件：

按GB/T2854的规定代替GB2851.5—81

凹模周界		闭合高度（参考）H		零件件号、名称及标准编号					
				1	2	3	4	5	6
				上模座 GB/T2855.9	下模座 GB/T2855.10	导柱 GB/T2861.1		导套 GB/T2861.6	
				数　量					
				1	1	1	1	1	1
L	B	最小	最大	规　格					
63	50	100	115	63×50×20	63×50×25	90 100	90 100	60×18	60×18
		110	125						
		110	130	63×50×25	63×50×30	100 110	100 110	65×23	65×23
		120	140			16×	18×	16×	18×
63		100	115	63×63×20	63×63×25	90 100	90 100	60×18	60×18
		110	125						
		110	130	63×63×25	63×63×30	100 110	100 110	65×23	65×23
		120	140						
80	63	110	130	80×63×25	80×63×30	100 120	100 120	65×23	65×23
		130	150						
		120	145	80×63×30	80×63×40	110 130	110 130	70×28	70×28
		140	165			18×	20×	18×	20×
100		110	130	100×63×25	100×63×30	100 120	100 120	65×23	65×23
		130	150						
		120	145	100×63×30	100×63×40	110 130	110 130	70×28	70×28
		140	165						

数量：各零件均为 1。

凹模周界 L	B	闭合高度（参考）H 最小	最大	1 上模座 GB/T 2855.9	2 下模座 GB/T 2855.10	3 导柱 GB/T 2861.1	4 导柱 GB/T 2861.1	5 导套 GB/T 2861.6	6 导套 GB/T 2861.6
80	80	110	130	80×80×25	80×80×30	20×100	22×100	20×65×23	22×65×23
80	80	130	150	80×80×25	80×80×30	20×120	22×120	20×65×23	22×65×23
80	80	120	145	80×80×30	80×80×40	20×110	22×110	20×70×28	22×70×28
80	80	140	165	80×80×30	80×80×40	20×130	22×130	20×70×28	22×70×28
100	80	110	130	100×80×25	100×80×30	20×100	22×100	20×65×23	22×65×23
100	80	130	150	100×80×25	100×80×30	20×120	22×120	20×65×23	22×65×23
100	80	120	145	100×80×30	100×80×40	20×110	22×110	20×70×28	22×70×28
100	80	140	165	100×80×30	100×80×40	20×130	22×130	20×70×28	22×70×28
125	80	110	130	125×80×25	125×80×30	20×100	22×100	20×65×23	22×65×23
125	80	130	150	125×80×25	125×80×30	20×120	22×120	20×65×23	22×65×23
125	80	120	145	125×80×30	125×80×40	20×110	22×110	20×70×28	22×70×28
125	80	140	165	125×80×30	125×80×40	20×130	22×130	20×70×28	22×70×28
100	100	110	130	100×100×25	100×100×30	20×100	22×100	20×65×23	22×65×23
100	100	130	150	100×100×25	100×100×30	20×120	22×120	20×65×23	22×65×23
100	100	120	145	100×100×30	100×100×40	20×110	22×110	20×70×28	22×70×28
100	100	140	165	100×100×30	100×100×40	20×130	22×130	20×70×28	22×70×28
125	100	120	150	125×100×30	125×100×35	22×110	25×110	22×80×28	25×80×28
125	100	140	165	125×100×30	125×100×35	22×130	25×130	22×80×28	25×80×28
125	100	140	170	125×100×35	125×100×45	22×130	25×130	22×80×33	25×80×33
125	100	160	190	125×100×35	125×100×45	22×150	25×150	22×80×33	25×80×33
160	100	140	170	160×100×35	160×100×40	25×130	28×130	25×85×33	28×85×33
160	100	160	190	160×100×35	160×100×40	25×150	28×150	25×85×33	28×85×33
160	100	160	195	160×100×40	160×100×50	25×150	28×150	25×90×38	28×90×38
160	100	190	225	160×100×40	160×100×50	25×180	28×180	25×90×38	28×90×38
200	100	140	170	200×100×35	200×100×40	25×130	28×130	25×85×33	28×85×33
200	100	160	190	200×100×35	200×100×40	25×150	28×150	25×85×33	28×85×33
200	100	160	195	200×100×40	200×100×50	25×150	28×150	25×90×38	28×90×38
200	100	190	225	200×100×40	200×100×50	25×180	28×180	25×90×38	28×90×38
125	125	120	150	125×125×30	125×125×35	22×110	25×110	22×80×28	25×80×28
125	125	140	165	125×125×30	125×125×35	22×130	25×130	22×80×28	25×80×28

续表

凹模周界		闭合高度（参考）H		零件件号、名称及标准编号					
				1 上模座 GB/T 2855.9	2 下模座 GB/T 2855.10	3 导柱 GB/T 2861.1	4	5 导套 GB/T 2861.6	6
				数量					
L	B	最小	最大	1	1	1	1	1	1
				规格					
125		140	170	125×125×35	125×125×45	22× 130	25× 130	22× 85×33	25×85×33
		160	190			150	150		
160		140	170	160×125×35	160×125×40	130	130	85×33	85×33
		160	190			150	150		
		170	205	160×125×40	160×125×50	160	160	95×38	95×38
		190	225			180	180		
200	125	140	170	200×125×35	200×125×40	25× 130	28× 130	25× 85×33	28× 85×33
		160	190			150	150		
		170	205	200×125×40	200×125×50	160	160	95×38	95×38
		190	225			180	180		
250		160	200	250×125×40	250×125×45	150	150	100×38	100×38
		180	220			170	170		
		190	235	250×125×45	250×125×55	180	180	110×43	110×43
		210	255			200	200		
160		160	200	160×160×40	160×160×45	150	150	100×38	100×38
		180	220			170	170		
		190	235	160×160×45	160×160×55	28× 180	32× 180	28× 110×43	32× 110×43
		210	255			200	200		
200	160	160	200	200×160×40	200×160×45	150	150	100×38	100×38
		180	220			170	170		
		190	235	200×160×45	200×160×55	180	180	110×43	110×43
		210	255			200	200		
250		170	210	250×160×45	250×160×50	160	160	105×43	105×43
		200	240			190	190		
		200	245	250×160×50	250×160×60	190	190	115×48	115×48
		220	265			32× 210	35× 210	32×	35×
200	200	170	210	200×200×45	200×200×50	160	160	105×43	105×43
		200	240			190	190		
		200	245	200×200×50	200×200×60	190	190	115×48	115×48
		220	265			210	210		

续表

凹模周界		闭合高度（参考）H		零件件号、名称及标准编号					
				1	2	3	4	5	6
				上模座 GB/T 2855.9	下模座 GB/T 2855.10	导柱 GB/T 2861.1		导套 GB/T 2861.6	
				数 量					
L	B	最小	最大	1	1	1	1	1	1
				规 格					
250	200	170	210	250×200×45	250×200×50	32×160	32×160	32×105×43	35×105×43
		200	240			32×190	32×190		
		200	245	250×200×50	250×200×60	32×190	32×190	32×115×48	35×115×48
		220	256			32×210	32×210		
315	200	190	230	315×200×45	315×200×55	35×180	40×180	35×115×43	40×115×43
		220	260			35×210	40×210		
		210	255	315×200×50	315×200×65	35×200	40×200	35×125×48	40×125×48
		240	285			35×230	40×230		
250	250	190	230	250×250×45	250×250×55	35×180	40×180	35×115×43	40×115×43
		220	260			35×210	40×210		
		210	255	250×250×50	250×250×65	35×200	40×200	35×125×48	40×125×48
		240	285			35×230	40×230		
315	250	215	250	315×250×50	315×250×60	40×200	45×200	40×125×48	45×125×48
		245	280			40×230	45×230		
		245	290	315×250×55	315×250×70	40×230	45×230	40×140×53	45×140×53
		275	320			40×260	45×260		
400	250	215	250	400×250×50	400×250×60	40×200	45×200	40×125×48	45×125×48
		245	280			40×230	45×230		
		245	290	400×250×55	400×250×70	40×230	45×230	40×140×53	45×140×53
		275	320			40×260	45×260		

5-5 中间导柱圆形模架（GB/T2851.6—90） （mm）

标记示例：

凹模周界 D_0=200mm、闭合高度 H=200~245mm、Ⅰ级精度的中间导柱圆形模架。模架 200×200×~245 Ⅰ GB/T 2851.6

技术条件：

按 GB/T2854 的规定代替 GB2851.6—81

续表

凹模周界	闭合高度（参考）H		零件件号、名称及标准编号					
			1	2	3	4	5	6
			下模座 GB/T 2855.11	下模座 GB/T 2855.12	导柱 GB/T 2861.1		导套 GB/T 2861.6	
			数 量					
$D_。$	最小	最大	1	1	1	1	1	1
			规 格					
63	100	115	63×20	63×25	16×90	18×90	16×60×18	18×60×18
	110	125			16×100	18×100		
	110	130	63×25	63×30	16×100	18×100	16×65×23	18×65×23
	120	140			16×110	18×110		
80	110	130	80×25	80×30	20×100	22×100	20×65×23	22×65×23
	130	150			20×120	22×120		
	120	145	80×30	80×40	20×110	22×110	20×70×28	22×70×28
	140	165			20×130	22×130		
100	110	130	100×25	100×30	20×100	22×100	20×65×23	22×65×23
	130	150			20×120	22×120		
	120	145	100×30	100×40	20×110	22×110	20×70×28	22×70×28
	140	165			20×130	22×130		
125	120	150	125×30	125×35	22×110	25×110	22×80×28	25×80×28
	140	165			22×130	25×130		
	140	170	125×35	125×45	22×130	25×130	22×85×33	25×85×33
	160	190			22×150	25×150		
160	160	200	160×40	160×45	28×150	32×150	28×100×38	32×100×38
	180	220			28×170	32×170		
	190	235	160×45	160×55	28×180	32×180	28×110×43	32×110×43
	210	255			28×200	32×200		
200	170	210	200×45	200×50	32×160	35×160	32×105×43	35×105×43
	200	240			32×190	35×190		
	200	245	200×50	200×60	32×190	35×190	32×115×48	35×115×48
	220	265			32×210	35×210		
250	190	230	250×45	250×55	35×180	40×180	35×115×43	40×115×43
	220	260			35×210	40×210		
	210	255	250×50	250×65	35×200	40×200	35×125×48	40×125×48
	240	280			35×230	40×230		
315	215	250	315×50	315×60	45×200	50×200	45×125×48	50×125×48
	245	280			45×230	50×230		
	245	290	315×55	315×70	45×230	50×230	45×140×53	50×140×53
	275	320			45×260	50×260		
400	245	290	400×55	400×65	45×230	50×230	45×140×53	50×140×53
	275	315			45×260	50×260		
	275	320	400×60	400×75	45×260	50×260	45×150×58	50×150×58
	305	350			45×290	50×290		
500	260	300	500×55	500×65	50×240	55×240	50×150×53	55×150×53
	290	325			50×270	55×270		
	290	330	500×65	500×80	50×270	55×270	50×160×63	55×160×63
	320	360			50×300	55×300		

附录6 标准模柄(节选)

A型　　　　　　　B型

JB/T 7646.1—2008

6-1 压入式模柄 （mm）

d js10	d_1 m6	d_2	L	L_1	$L_2 S$	L_3	d_3	d_4 H7
20	22	29	60	20		2		
			65	25				
			70	30			7	
25	26	33	65	20	4	25		
			70	25				
			75	30				
			80	35				6
32	34	42	80	25	5	3		
			85	30				
			90	35				
			95	40			11	
40	42	50	100	30	6	4		
			105	35				
			110	40				
			115	45				
			120	50				
50	52	61	105	35	8	5	15	8
			110	40				
			115	45				
			120	50				
			125	55				
			130	60				
60	62	71	115	40	8	5	15	8
			120	45				
			125	50				
			130	55				
			135	60				
			140	65				
			145	70				

材料:Q235A,或45。

JB/T 7646.2—2008

6-2 旋入式模柄 （mm）

d_2 js10	d_1	L	L_1	L_2	S	d_2	d_3	d_4	b	C
20	M16×1.5	58	40	2	17	14.5	11	M6	2.5	1
25	M16×1.5	68	45	2.5	21	14.5				
32	M20×1.5	79	56	3	27	18.0			3.5	1.5
40	M24×1.5	91	68	4	36	21.5				
50	M30×1.5			5	41	27.5	15	M8	4.5	2
60	M36×1.5	100	73		50	33.5				

A型　　　　　　　　　B型　　　　　　　　　C型

JB/T 7646.3—2008

6-3　凸缘式模柄　　　　　　　　　　　　（mm）

d js10	d_1	L	L_1	L_2	d_2	d_3	d_4	d_5	h
20	67	58	18	2	11	41	9	14	9
25	82	63		2.5		53			
32	97	79		3		65			
40	122	91	23	4		81			
50	132					91	11	17	11
60	142	96		5	15	101	13	20	13
70	152	100				110			

材料：Q235，或 45。

1—凹球面模柄； 2—凸球面垫块； 3—锥面压圈； 4—螺钉。

JB/T 7646.5—2008

6-4 浮动式模柄 (mm)

基本尺寸				锥面压圈	凹球面模柄	凸球面垫块	螺 钉
d	D	D_1	H				
25	46	74	21.5	74	25×44	46	M6×20
	50	80		80	25×48	50	
32	55	90	25	90	30×53	55	M8×25
	65	100		100	30×63	65	
	75	110	25.5	110	30×73	75	
	85	120	27	120	30×83	85	
40	65	100	25	100	40×63	65	
	75	110	25.5	120	40×73	75	
	85	120	27	120	50×83	85	
		130		130			
	95	140		140	40×93	95	M10×30
	105	150	29	150	40×103	105	
50	85	130	27	130	50×83	85	
	95	140		140	50×93	95	
	105	150	29	150	50×103	105	
	115	160		160	50×113	115	
	120	170	31.5	170	50×118	120	M12×30
	130	180		180	50×128	130	

注：螺钉数量：当D_1≤100mm为四件，D_1>100mm为六件。

附录 7　卸料螺钉(节选)

7-1　圆柱头卸料螺钉(CB2867.5—81)　　　　　　　　(mm)

(1) 标记示例:
　　直径d=10mm、长度L=48mm的
　　圆柱头卸料螺钉:
　　卸料螺钉10×48 GB2867.5—81
(2) 材料:45钢 GB699—88
(3) 热处理硬度:35~40HRC
(4) 技术条件:按GB89—85的规定

d	L(h8)		d_1	l	D	H	n	t	$r \leqslant$	$r_1 \leqslant$	d_2	b	C
	基本尺寸	极限偏差											
4	20	$\begin{array}{c}0\\-0.033\end{array}$	M3	5	7	3	1	1.4	0.2	0.3	2.2	1	0.6
	22												
	25												
	28												
	30												
	32	$\begin{array}{c}0\\-0.039\end{array}$											
	35												
5	20	$\begin{array}{c}0\\-0.033\end{array}$	M4	5.5	8.5	3.5	1.2	1.7	0.4	0.5	3	1.5	0.8
	22												
	25												
	28												
	30												
	32	$\begin{array}{c}0\\-0.039\end{array}$											
	35												
	38												
	40												

续表

d	$L(h8)$		d_1	l	D	H	n	t	$r \leqslant$	$r_1 \leqslant$	d_2	b	C
	基本尺寸	极限偏差											
6	25	0 −0.033	M5	6	10	4	1.5	2			4	1.5	1
	28												
	30												
	32	0 −0.039											
	35												
	38												
	40												
	42												
	45												
	48												
	50												
8	25	0 −0.033	M6	7	12.5	5	2	2.5	0.4	0.5	4.5	2	1.2
	28												
	30												
	32	0 −0.039											
	35												
	38												
	40												
	42												
	45												
	48												
	50												
	55	0 −0.046											
	60												
	65												
	70												
10	30	0 −0.033	M8	8	15	6	2.5	3	0.5		6.2		1.5
	32	0 −0.039											
	35												
	38												
	40												

7-2 圆柱头内六角卸料螺钉(CB2867.6－81) (mm)

(1) 标记示例:
　　直径d=10mm、长度L=40mm的
　　圆柱头内六角卸料螺钉:
　　卸料螺钉10×40 GB2867.6—81
(2) 材料:45钢 GB699—88
(3) 热处理硬度:35~40HRC
(4) 技术条件:按GB89—76的规定

d	L(b8) 基本尺寸	L(b8) 极限偏差	d_1	l	D	H	t	S	D_1	D_2	$r\leqslant$	$r_1\leqslant$	b	d_2	C	C_1
8	35		M6	7	12.5	8	4	6	7.5	6.9	0.4			4.5	1	0.3
	40	0 −0.039														
	45															
	50															
	55															
	60	0 −0.046														
	65															
	70															
10	40	0 −0.039	M8	10	15	10	5	8	9.8	9.2		0.5	2	6.2	1.2	
	45															
	50															
	55															
	60															
	65	0 −0.046									0.5					0.5
	70															
	75															
	80															
12	45	0 −0.039	M10	12	18	12	6	10	12	11.5		1	3	7.8	1.5	
	50															
	55	0 −0.046														
	60															

参 考 文 献

[1] 翁其金.冷冲压技术.北京:机械工业出版社,2001

[2] 徐政坤.冲压模具及设备.北京:机械工业出版社,2005

[3] 模具实用技术丛书编委会.冲模设计应用实例.北京:机械工业出版社,2000

[4] 冲模设计手册编写组.冲模设计手册.北京:机械工业出版社,2001

[5] 姜奎华.冲压工艺与模具设计.北京:机械工业出版社,2003

[6] 甄瑞麟.模具制造技术.北京:机械工业出版社,2005

[7] 胡石玉.精密模具制造工艺.南京:东南大学出版社,2004

[8] 李发致.模具先进制造技术.北京:机械工业出版社.2003

[9] 华中科技大学.冲压件可成形性分析培训手册

[10] 华锋精益科技有限公司 冲压工艺及模具结构设计培训手册

配套教学资源与服务

一、教学资源简介

本教材通过 www.51cax.com 网站配套提供两种配套教学资源：

■ 新型立体教学资源库：**立体词典**。"立体"是指资源多样性，包括视频、电子教材、PPT、练习库、试题库、教学计划、资源库管理软件等等。"词典"则是指资源管理方式，即将一个个知识点（好比词典中的单词）作为独立单元来存放教学资源，以方便教师灵活组合出各种个性化的教学资源。

■ 网上试题库及组卷系统。教师可灵活地设定题型、题量、难度、知识点等条件，由系统自动生成符合要求的试卷及配套答案，并自动排版、打包、下载，大大提升了组卷的效率、灵活性和方便性。

二、如何获得立体词典？

立体词典安装包中有：1）立体资源库。2）资源库管理软件。3）海海全能播放器。

■ 院校用户（任课教师）

请直接致电索取立体词典（教师版）、51cax 网站教师专用账号、密码。其中部分视频已加密，需要通过海海全能播放器播放，并使用教师专用账号、密码解密。

■ 普通用户（含学生）

可通过以下步骤获得立体词典（学习版）：在 www.51cax.com 网站"请输入序列号"文本框中输入教材封底提供的序列号，单击"兑换"按钮，即可进入下载页面；2）下载本教材配套的立体词典压缩包，解压缩并双击 Setup.exe 安装。

四、教师如何使用网上试题库及组卷系统？

网上试题库及组卷系统仅供采用本教材授课的教师使用，步骤如下：

1）利用教师专用账号、密码（可来电索取）登录 51CAX 网站 http://www.51cax.com；2）单击"在线组卷系统"键，即可进入"组卷系统"进行组卷。

五、我们的服务

提供优质教学资源库、教学软件及教材的开发服务，热忱欢迎院校教师、出版社前来洽谈合作。

电话：0571－28811226,28852522

邮箱：market01@sunnytech.cn，book@51cax.com

机械精品课程系列教材

序号	教材名称	第一作者	所属系列
1	AUTOCAD 2010 立体词典:机械制图(第二版)	吴立军	机械工程系列规划教材
2	UG NX 6.0 立体词典:产品建模(第二版)	单岩	机械工程系列规划教材
3	UG NX 6.0 立体词典:数控编程(第二版)	王卫兵	机械工程系列规划教材
4	立体词典:UGNX6.0 注塑模具设计	吴中林	机械工程系列规划教材
5	UG NX 8.0 产品设计基础	金杰	机械工程系列规划教材
6	CAD 技术基础与 UG NX 6.0 实践	甘树坤	机械工程系列规划教材
7	ProE Wildfire 5.0 立体词典:产品建模(第二版)	门茂琛	机械工程系列规划教材
8	机械制图	邹凤楼	机械工程系列规划教材
9	冷冲模设计与制造(第二版)	丁友生	机械工程系列规划教材
10	机械综合实训教程	陈强	机械工程系列规划教材
11	数控车加工与项目实践	王新国	机械工程系列规划教材
12	数控加工技术及工艺	纪东伟	机械工程系列规划教材
13	数控铣床综合实训教程	林峰	机械工程系列规划教材
14	机械制造基础—公差配合与工程材料	黄丽娟	机械工程系列规划教材
15	机械检测技术与实训教程	罗晓晔	机械工程系列规划教材
16	机械 CAD(第二版)	戴乃昌	浙江省重点教材
17	机械制造基础(及金工实习)	陈长生	浙江省重点教材
18	机械制图	吴百中	浙江省重点教材
19	机械检测技术(第二版)	罗晓晔	"十二五"职业教育国家规划教材
20	逆向工程项目实践	潘常春	"十二五"职业教育国家规划教材
21	机械专业英语	陈加明	"十二五"职业教育国家规划教材
22	UGNX 产品建模项目实践	吴立军	"十二五"职业教育国家规划教材
23	模具拆装及成型实训	单岩	"十二五"职业教育国家规划教材
24	MoldFlow 塑料模具分析及项目实践	郑道友	"十二五"职业教育国家规划教材
25	冷冲模具设计与项目实践	丁友生	"十二五"职业教育国家规划教材
26	塑料模设计基础及项目实践	褚建忠	"十二五"职业教育国家规划教材
27	机械设计基础	李银海	"十二五"职业教育国家规划教材
28	过程控制及仪表	金文兵	"十二五"职业教育国家规划教材